Pflanzen im Terrarium

Anleitung zur Pflege von Terrarienpflanzen, zur Gestaltung naturnaher Terrarien und Auswahl geeigneter Pflanzenarten

Beat Akeret

1205 Fotos
1 Karte

Terrarien NTV Bibliothek
Natur und Tier - Verlag

Bildnachweis Umschlag
Frontumschlag: *Monolena primuliflora*, *Echinopsis huascha*, *Ceropegia africana* *Ceropegia albisepta*
Rückumschlag: *Phalaenopsis*-Hybride, *Neoregelia princeps* *Leucospermum cordifolium*, *Faucaria tigrina*
Umschlaghintergrund: Aquaterrarium mit diversen lateinamerikanischen Pflanzen
Fotos: B. Akeret

ISBN 978-3-86659-223-0

2. überarbeitete und erweiterte Auflage 2015

An der Kleimannbrücke 39/41
48157 Münster
Geschäftsführung: Matthias Schmidt
Lektorat: Mike Zawadzki
Layout: Dr. sc. nat. Beat Akeret
Umschlaggestaltung: Michael Kolmogortsev
Druck: Pario Print, Krakau

Inhalt

Danksagung und Bildnachweis

Nur dank der Hilfe vieler Terrarianer, Botaniker, Gärtner und geduldiger Familienmitglieder war es mir möglich, das vorliegende Buch zu schreiben. Ein besonderer Dank gebührt meiner Frau Claudine und meiner Tochter Denise, die während der langen Vorbereitungszeit und meiner zahlreichen Ausflüge in botanische und zoologische Gärten auf ihren Mann bzw. Vater verzichteten, meine Tiere pflegten oder aber, falls sie auf den Reisen mit dabei waren, geduldig warteten, bis ich meine Tier- und Pflanzenbilder geschossen hatte. Besonders erwähnen möchte ich P.-H. Stettler (Bern): Er ist mein großes Vorbild bei der Bepflanzung von Terrarien. Leider konnte er aus gesundheitlichen Gründen nicht, wie geplant, das Geleitwort schreiben. Stattdessen stellte er mir ein Bild eines seiner Terrarien zur Verfügung, wofür ich ihm ganz herzlich danke. Ein großer Dank gebührt Dr. U. Eggli (Sukkulentensammlung Zürich) für die fachliche Beratung, die kritische Durchsicht des Manuskriptes und die Hilfe bei der Bestimmung von Sukkulenten. Weiter möchte ich B. Vetterli (Gärtnerfachlehrer Berufsbildungsschule Winterthur) und M. Grubenmann (Förderverein Sukkulentensammlung Zürich) für die vielen wertvollen Fachgespräche und die fachliche Unterstützung danken. Ein Dankeschön gebührt außerdem D. Périsset (Zürich) und M. Zawadzki (Hamburg) für das Lektorat. H. Werning danke ich für die Angaben zur Fauna der chilenischen Hartlaubwaldregion und das Bild eines dort lebenden Leguans. Dr. A. Kwet (Stuttgart) gebührt Dank für die fachliche Unterstützung beim Kapitel über die südamerikanischen, subtropischen Feuchtwälder und das passende Bild. Ein herzlicher Dank auch an alle botanischen Gärten, Zoos und Terrarianer, bei denen ich Pflanzen, Tiere oder Terrarien fotografieren und die Bilder für dieses Buch verwenden durfte. Die Bilder in diesem Buch wurden vom Autor gemacht, außer: S. 5 (P.-H. Stettler), S. 181 (Dr. A. Kwet) und S. 279 (H. Werning).

Geleitwort

Schon als Kind verbrachte ich viel Zeit an einem kleinen Wiesenbach, um Stichlinge und Grundeln zu fangen, oder ich fuhr mit dem Fahrrad in eine nahe gelegene Kiesgrube, um Frösche, Kröten, Molche und Zauneidechsen zu beobachten. Mit zehn Jahren kaufte ich mir vom gesparten Taschengeld ein Pärchen Ruineneidechsen und richtete mithilfe meiner Eltern mein erstes Terrarium für diese Tiere ein. Seither haben mich insbesondere die Amphibien und Reptilien, aber auch Spinnen, Skorpione, Gottesanbeterinnen und andere Terrarientiere in ihren Bann gezogen und nicht mehr losgelassen.

Eines meiner ersten Terrarienbücher war das „Handbuch der Terrarienkunde" von PAUL-HEINRICH STETTLER (1978). Ich war von Beginn an fasziniert vom Grundgedanken dieses Werkes, wenn immer möglich, Tiere und Pflanzen aus der gleichen Region und demselben Lebensraum gemeinsam im Terrarium zu pflegen. Schon bald begann ich, die Idee von STETTLER nachzuleben und meine Terrarien ebenfalls nach geografischen Gesichtspunkten zu bepflanzen. So konnte ich über viele Jahre Erfahrungen in der gemeinsamen Pflege von Tieren und Pflanzen sammeln – nicht zuletzt auch durch den persönlichen Kontakt zu PAUL-HEINRICH STETTLER, aber auch zu vielen anderen Terrarianern, Gärtnern, Botanikern und Zoologen. Ein besonderes Highlight war es für mich, in der Sukkulentensammlung Zürich eine Sonderausstellung über Amphibien, Reptilien und Sukkulenten einrichten und dabei aus dem riesigen Fundus lebender Pflanzen genau die Arten für die Bepflanzung der Terrarien aussuchen zu dürfen, die im Lebensraum der ausgestellten Tiere vorkommen. Als ich auf einer DGHT-Jahrestagung Bilder dieser Ausstellung zeigte, fragte mich Heiko Werning vom Natur und Tier - Verlag, ob ich nicht Lust hätte, ein Buch über Terrarienpflanzen zu schreiben. Dieses liegt nun in seiner überarbeiteten und erweiterten 2. Auflage vor Ihnen, geschätzte Leser, und ich hoffe, dass es Ihnen mithilfe der folgenden Seiten in Zukunft genauso viel Freude bereiten wird wie mir, schön bepflanzte Terrarien zu gestalten.

Beat Akeret (Rümlang, Schweiz), August 2014

Regenwald-Aquaterrarium für Amphibien, Reptilien, Fische und Krebse aus Südostasien, 163 x 75 x 183 cm, mit Land-, Sumpf- und großem Wasserteil. Beleuchtung: Leuchtstoffröhren 9 x 65 W. Über dem Wasserteil wachsen Orchideen (*Laelia*, *Paphiopedilum*, *Phalaenopsis*, *Vanda*), verschiedene andere Epiphyten und Kletterpflanzen aus Südostasien an einem Epiphytenstamm. Der Wasserteil ist bepflanzt mit Sumpf- und Wasserpflanzen aus der gleichen Region. Querstromlüfter saugen die Luft an den Stirnseiten aus dem Terrarium. Frischluft kann unter den Profilen hindurch, oberhalb der Wasseroberfläche nachströmen. Ein großer Aquarienfilter sorgt für kristallklares Wasser. Die für das gute Pflanzenwachstum benötigte, hohe Luftfeuchtigkeit wird mithilfe eines Verneblers erzielt. Die elektrischen Installationen und die Steuerung ist im 33 cm hohen Sockel untergebracht. Das Aquaterrarium ist von allen Seiten zugänglich. Sowohl die beiden Stirnscheiben als auch die schiebbaren Längsscheiben können entfernt werden. Dies erleichtert die Reinigung der Scheiben, ist aber auch für die Pflege der Pflanzen und Tiere ideal (STETTLER 1978).

1. Einleitung

Kaum ein Aquarianer verzichtet heutzutage auf Pflanzen in seinen Schaubecken. Geradezu zur Berühmtheit haben es hierbei die holländischen Pflanzenaquarien gebracht. Im Gegensatz dazu bepflanzen aber immer noch nur wenige Terrarianer ihre Anlagen, und wenn, dann sehr oft einfallslos immer mit den gleichen Pflanzen. Selbst in Terrarienpflanzenforen im Internet werden auf Fragen, welche Pflanze für dieses oder jenes Terrarium geeignet sei, immer wieder die gleichen Arten empfohlen: Kakteen für Trockenterrarien oder Benjamins-Feige (*Ficus benjamina*), Efeutute (*Epipremnum aureum*), Baumfreund (*Philodendron scandens*) und Bromelien für Feuchtterrarien.

Bereits SCHREITMÜLLER (1938) versuchte mittels umfangreicher Listen und kurzen Angaben zur Pflege vieler, für unterschiedliche Terrarientypen geeigneter Pflanzen, dem interessierten Terrarianer das Bepflanzen seiner Becken zu vereinfachen. Bei MEUSE (1977) findet sich eine Reihe von Bildern dicht bepflanzter Freiland- und Zimmerterrarien, welche einem holländischen Pflanzenaquarium in keiner Weise nachstehen. Trotzdem schrieb SCHNEIDER (1979): „Ich habe öfters den Einwand gehört: Ein Terrarium ist nicht so schön und natürlich anzuschauen wie ein Aquarium, es erinnert mehr an einen Käfig.“ Und er vermerkt dazu, dass dies ein Grund sei, weshalb es mehr Aquarianer als Terrarianer gäbe.

Viele Terrarianer behaupten, dass Pflanzen im Terrarium nicht lange überleben würden. Große Schlangen, Echsen oder Schildkröten würden die Pflanzen niedertreten, zerkratzen oder fressen. Und die hohen Temperaturen im Terrarium ließen die Pflanzen binnen kurzer Zeit absterben. Dies stimmt zwar sicherlich in manchen Fällen. Durch eine geschickte Auswahl der Pflanzen, eine ausreichend starke Beleuchtung sowie mithilfe einiger Tricks und der heute zur Verfügung stehenden Technik gelingt es in vielen Fällen trotzdem, Tiere und Pflanzen erfolgreich miteinander zu vergesellschaften. Selbst bei der Pflege von Riesenschlangen oder Großwaranen muss man nicht auf Pflanzen verzichten, falls das Terrarium ausreichend groß dimensioniert ist.

Pflanzen erhöhen nicht nur den Schauwert eines Terrariums, in vielen Fällen verbessern sie auch das Klima und bieten den Tieren Deckung und Versteckplätze. Manche Amphibien und Reptilien sind außerdem sehr eng an gewisse Pflanzen gebunden. Viele Frösche nutzen z. B. Pflanzen für ihre Fortpflanzung. So legen Rotaugen-Laubfrösche (*Agalychnis* spp.) aus Mittelamerika ihre Eier auf Blättern ab; der südamerikanische *Dendropsophus sarayacuensis* bevorzugt bemooste Felsen als Eiablageort; die Kaulquappen vieler kleiner Dendrobatiden-Arten entwickeln sich in der Natur in den Blatttrichtern von Bromelien oder Heliconien. Viele bodenbewohnende Schlangen verbergen sich in der Natur unter Büschen oder im Blattwerk von Sträuchern; ohne Deckung sind Bambus- und Buschvipern (*Trimeresurus* und *Atheris*) erheblich aggressiver und bissiger, als wenn man sie in bepflanzten Terrarien pflegt, wo sie sich in die Vegetation zurückziehen können. Pflanzen erfüllen im Terrarium also eine ganze Reihe von Funktionen und sollten deshalb eigentlich, wo immer möglich, Bestandteil der Einrichtung sein.

Mit diesem Buch soll gezeigt werden, welche Pflanzen für welchen Terrarientyp geeignet sind. Dabei wird nicht die sonst in der Terrarienliteratur übliche Einteilung in geheizte oder ungeheizte bzw. trockene oder feuchte Terrarien verwendet. Vielmehr wird anhand von Vegetationszonen und geografischer Großregionen eine auf die Bedürfnisse von Tieren und Pflanzen abgestimmte Einteilung von Terrarientypen vorgenommen. Ziel ist es, dem Leser zu zeigen, wie mithilfe von Pflanzen aus der Heimatregion der gepflegten Tiere ein ästhetisch ansprechender Ersatzlebensraum gestaltet werden kann, in dem sowohl die Pflanzen als auch die Tiere gut gedeihen.

2. Pflanzenbiologie

2.1. Ernährung

Pflanzen sind Lebewesen, welche sich mithilfe des Sonnenlichts von anorganischen Substanzen ernähren können. Sie nehmen dabei Kohlendioxid (CO_2) und Wasser (H_2O) aus der Luft und dem Boden auf und verbinden den Kohlenstoff und den Wasserstoff zusammen mit einem Teil des Sauerstoffes zu Traubenzucker (Glucose, $C_6H_{12}O_6$). Dabei geben sie den überschüssigen Sauerstoff (O_2) an die Umgebung ab.

Reaktionsgleichung der Fotosynthese:

$$\underset{\text{Kohlendioxid}}{6\,CO_2} + \underset{\text{Wasser}}{6\,H_2O} \rightarrow \underset{\text{Traubenzucker}}{C_6H_{12}O_6} + \underset{\text{Sauerstoff}}{6\,O_2}$$

Neben Kohlendioxid, Wasser und Sonnenlicht benötigen die Pflanzen auch noch eine Reihe weiterer Substanzen. Für den Aufbau von Proteinen (Eiweiße), Chlorophyll und Nucleinsäuren (DNA, RNA) müssen die Pflanzen Stickstoff (N) aufnehmen. Dieses Element kann am besten aufgenommen werden, wenn es in Form von Ammonium (NH_4^+) oder Nitrat (NO_3^-) bzw. Nitrit (NO_2^-) vorliegt. DNA und RNA enthalten weiter große Mengen Phosphor (P), den die Pflanzen als Phosphat (PO_4^{3-}) oder Hydrogenphosphat (HPO_4^{2-}) aufnehmen. Der für die Fotosynthese zuständige Pflanzenfarbstoff Chlorophyll ist für die grüne Färbung vieler Pflanzenteile verantwortlich. Chlorophyll enthält Magnesium, welches die Pflanze als Mg^{2+} aus der Umgebung aufnehmen muss. Bei einem Magnesiummangel ist die Chlorophyllsynthese nicht mehr gewährleistet und die Pflanze wird chlorotisch, d. h., sie verliert ihre grüne Färbung, wird weißlich gelb und verhungert, da sie nicht mehr zur Fotosynthese fähig ist. Zwei weitere wichtige Elemente sind Natrium (Na) und Kalium (K). Diese beiden Alkalimetalle sind für die Funktion diverser Stoffwechselvorgänge in den Pflanzenzellen von Bedeutung. In etwas geringeren Mengen werden auch noch andere Elemente benötigt wie Schwefel (S), Calcium (Ca) sowie eine Reihe von Spurenelementen wie Bor (B), Eisen (Fe), Kupfer (Cu) und diverse andere. Fehlen diese Stoffe oder liegen sie nicht in einer pflanzenverfügbaren Form vor, so leiden die Pflanzen unter oft charakteristischen Mangelkrankheiten. Bei der Kultur ist es deshalb wichtig, dass alle nötigen Stoffe in den jeweils erforderlichen Mengen pflanzenverfügbar sind.

2.2. Licht

Mit Ausnahme weniger, parasitischer Arten benötigen alle Pflanzen Licht. Die Lichtmenge ist artspezifisch jedoch sehr unterschiedlich. Viele Moose und Farne wachsen in der Natur in schattigen Wäldern oder in lichtarmen Schluchten. Es sind oft ausgesprochene Schattenpflanzen, und sie gedeihen bereits bei geringen Lichtmengen hervorragend. Eine zu hohe Lichtintensität führt bei ihnen zu Sonnenbrand und im Extremfall zum Absterben. Umgekehrt sind viele Sukkulenten wie Kakteen, Agaven oder *Aloe* in der Lage, auch bei starker Sonneneinstrahlung zu überleben. Dadurch können sie Halbwüsten und Savannen oder sonnenexponierte Stellen im Gebirge besiedeln. Werden diese Pflanzen zu schattig kultiviert, so vergeilen oder verkümmern sie.

Neben der Lichtintensität ist auch die Tages- bzw. Nachtlänge ein wichtiger Faktor für die Pflanzen. Sehr gut untersucht ist dabei der Einfluss der Tages- bzw. Nachtlänge auf die Blütenbildung. Man unterscheidet dabei vereinfacht zwischen Langtags- und Kurztagsblühern. Langtagsblüher blühen bei Tageslängen von deutlich über 12 h, d. h. in gemäßigten Breiten im Sommer. Kurztagsblüher entfalten ihre Blüten dagegen bei Tageslängen von 12 h oder weniger. Diese Arten blühen deshalb in gemäßigten Breiten im Frühwinter oder Herbst. Bei manchen Arten kann auch ein Wechsel zwischen Kurz- und Langtag bzw. umgekehrt für die Blütenbildung ausschlaggebend sein. Zu den Kurztagsblühern gehören viele Tropenpflanzen, da hier die Tage nahezu das ganze Jahr über rund 12 h lang sind. Die Blütenbildung kann aber auch noch durch andere Faktoren als die Tageslänge beeinflusst werden. Streng genommen sind die Bezeichnung Langtags- bzw. Kurztagspflanze nicht ganz korrekt. Besser wäre es, von Kurz- und Langnachtpflanzen zu sprechen, weil weniger die Tages- als vielmehr die Nachtlänge der bestimmende Faktor ist. Durch den Einfluss des Lichtes wird ein lichtempfindlicher Stoff (Phytochrom) in der Pflanze relativ schnell in eine andere Form umgewandelt. Fehlt das Licht in der Nacht, so findet der umgekehrte Prozess statt, und die Pflanze wandelt das Phytochrom innerhalb einiger Stunden wieder in seine ursprüngliche Form zurück. Das Verhältnis zwischen den beiden Formen des Phytochroms wirkt sich auf die Blütenbildung aus und sorgt dafür, dass die meisten Pflanzen artspezifische Blütezeiten haben.

2.3. Wasser

Alle Pflanzen benötigen zum Leben Wasser. Wie viel, wie häufig und in welcher Form ist aber, ähnlich wie der Lichtbedarf, artspezifisch sehr unterschiedlich.

Grundsätzlich muss man unterscheiden zwischen flüssigem Wasser, das den Pflanzen im Porengefüge des Bodens zur Verfügung steht und dem als Luftfeuchtigkeit bezeichneten, gasförmigen Wasser in der Luft. Flüssiges Porenwasser nehmen die Pflanzen über Wurzelhaare auf. Weil der Gehalt an gelösten Salzen und Zuckern in der Zelle im Normalfall höher ist als im die Wurzeln umgebenden Wasser, diffundieren die Wassermoleküle in die Pflanzenzellen und verdünnen so die Konzentration der Salze und Zucker im Zellplasma. Man bezeichnet diesen Vorgang als Osmose. Dabei wandern die Wassermoleküle immer von der weniger konzentrierten Lösung in die konzentriertere. Je größer der Konzentrationsunterschied osmotisch aktiver Teilchen ist, desto stärker ist der „Drang" der Wassermoleküle, die konzentrierte Lösung zu verdünnen. Trocknet der Boden aus, so führt dies zu einer Verringerung der Wassermenge bzw. zu einer relativen Erhöhung der Salzkonzentration. Als Folge verringert sich der osmotische Druckunterschied zwischen Boden und Pflanzenzelle. Die Pflanze bekommt zunehmend Probleme mit der Wasseraufnahme und beginnt zu welken. Sinkt der Wassergehalt des Bodens unter einen bestimmten Wert, so kann der Pflanze sogar Wasser entzogen werden, und sie verdorrt.

Pflanzen haben für den Gasaustausch in den Blättern sogenannte Spaltöffnungen. Es handelt sich dabei um Öffnungen, häufig auf der Blattunterseite, welche mittels spezieller Schließzellen geschlossen werden können. Bei ausreichender Wasserversorgung sind die Spaltöffnungen geöffnet. Sinkt der Wassergehalt in der Pflanze, so verschließt sie die Spaltöffnungen, um einen übermäßigen Wasserverlust zu vermeiden. Dadurch wird aber auch der Gasaustausch stark verringert und als Folge davon die Fotosynthese und die Atmung beeinträchtigt. Länger anhaltende Trockenperioden können deshalb dazu führen, dass die Pflanze hungern muss.

Neben dem im Boden gespeicherten Wasser spielt auch die Luftfeuchtigkeit eine wichtige Rolle für die Pflanze. Die Luftfeuchtigkeit beeinflusst die Transpiration, d. h. die Abgabe von Wasserdampf. Bei zu trockener Luft kann der Pflanze übermäßig viel Wasser entzogen werden. Ein gerade in geheizten Trockenterrarien nicht zu unterschätzendes Problem.

Eine übermäßig hohe Luftfeuchtigkeit kann sich ebenfalls negativ auf die Transpiration auswirken und den Stoffwechsel stark einschränken. Die Pflanze wächst nur noch langsam und bleibt oft kleiner als unter weniger feuchten Bedingungen. Sehr gut kann man dieses Phänomen in den sogenannten Feenwäldern beobachten. Es handelt sich hierbei um einen Waldtyp, der in der Wolkenstufe tropischer Gebirge zu finden ist. Der ständige Nebel reduziert die Transpiration und dämpft gleichzeitig das Sonnenlicht. Beide Faktoren vermindern das Wachstum und führen dazu, dass selbst viele Jahrzehnte alte Bäume nur wenige Meter hoch werden und nur sehr dünne Stämme ausbilden. Außerhalb der Wolkenzone sind dieselben Pflanzenarten dagegen normalwüchsig.

Eine hohe Luftfeuchtigkeit fördert das Wachstum von Moosen, Algen, Bakterien und Pilzen (manche pflanzenpathogene Pilze, wie z. B. Mehltau verursachende Arten, sind allerdings an trockene Bedingungen angepasst). Gerade Pflanzen aus Trockengebieten können bei ständig hoher Luftfeuchtigkeit empfindlich auf Krankheitserreger und Schädlinge reagieren. Sie erkranken oder beginnen gar zu faulen. Besonders kritisch sind im Terrarium eine hohe Luftfeuchtigkeit kombiniert mit einer unzureichenden Belüftung. Gerade viele käufliche Standardterrarien besitzen mehrheitlich zu kleine Lüftungsgitter. Die dadurch entstehende Stauluft kann aber nicht nur die Pflanzen schädigen. Auch die Tiere erkranken in feuchten, schlecht belüfteten Becken leichter an Bakterien- und/oder Pilzinfektionen als in gut durchlüfteten Terrarien. Hierbei ist auch zu bedenken, dass die Luftfeuchtigkeit in einem bepflanzten Terrarium höher ist, als in einem unbepflanzten.

2.4. Wärme

Damit eine Pflanze wachsen kann, benötigt sie ausreichend Wärme. Liegt die Temperatur unterhalb von 0 °C, so gefriert das Wasser in den Pflanzenzellen, sofern nicht Salze, Kohlenhydrate, Alkohole oder andere Substanzen den Gefrierpunkt noch um ein paar Grad Celsius senken. Ist das Wasser in den Zellen gefroren, so ist kein Stoffwechsel möglich und somit auch kein Pflanzenwachstum. Weil ein gefrorener Boden physiologisch trocken ist, werfen viele Pflanzen kühl gemäßigter und kalter Zonen im Winter ihre Blätter ab, denn sie können das im Boden zwar vorhandene, aber gefrorene Wasser nicht aufnehmen. Um nicht zu vertrocknen, wird die Transpirationsfläche reduziert, d. h., die Blätter werden fallen gelassen.

Mit steigenden Temperaturen nimmt auch das Wachstum von Pflanzen zu. Eine Temperaturerhöhung um 10 °C führt annäherungsweise zu einer Verdoppelung der Geschwindigkeit chemischer Reaktionen (RGT-Regel) und somit auch zu einer starken Stimulierung des Stoffwechsels einer Pflanze. Umgekehrt können bei Temperaturen von mehr als 50–55 °C die Enzyme, welche die biochemischen Reaktionen in den Zellen ermöglichen, in ihrer dreidimensionalen Form verändert (denaturiert) und somit funktionsuntüchtig werden. Dadurch können die notwendigen Reaktionen nicht mehr ablaufen, und die Pflanze stirbt ab. Im Extremfall können zusätzlich auch noch giftige Abbauprodukte zellschädigend wirken.

Je nach Herkunft der Pflanzen sind die Enzyme an einen bestimmten Temperaturbereich angepasst. Ober- und unterhalb dieses Bereiches ist die katalytische Wirkung abnehmend. Jede Pflanze benötigt somit artspezifisch ein Mindestmaß an Wärme, um überhaupt wachsen zu können. Eine zu hohe Temperatur kann aber umgekehrt auch wieder schädlich sein. Pflanzen aus kalten Zonen beginnen bereits bei sehr tiefen Temperaturen zu wachsen und blühen manchmal bereits kurz nach dem Auftauen des Bodens. Wärmebedürftige Tropenpflanzen benötigen dagegen oft mindestens 15–20 °C um zu wachsen. Deutlich tiefere Temperaturen können für sie tödlich sein.

Die Hitzeresistenz der meisten Pflanzen liegt im Bereich von 50–60 °C (Walter & Breckle 1999). Doch auch für längere Zeit anhaltende Temperaturen unter 50 °C können eine Pflanze bereits so stark stressen, dass sie daran zu Grunde geht. Insbesondere Gebirgspflanzen oder Arten aus hohen Breitengraden reagieren zum Teil sehr empfindlich auf anhaltend hohe Temperaturen.

3. Pflanzenpflege

Die wichtigste Voraussetzung für eine erfolgreiche Pflege von Pflanzen und Tieren im Terrarium ist die Kenntnis ihrer Lebensansprüche. Stammen die zusammen gepflegten Arten aus demselben Lebensraum, so haben sie in vielen Fällen zumindest vergleichbare Grundbedürfnisse. Wenig Erfolg wird einem beschert sein, wenn man etwa einen Warzenkaktus (*Mammillaria*) aus einer mexikanischen Halbwüste in einem Regenwaldterrarium für Bromelienlaubfrösche (*Dendropsophus ebraccatus*, *D. leucophyllatus*) oder Pfeilgiftfrösche (*Dendrobates*, *Epipedobates*, *Phyllobates* usw.) pflegen will. Die Kakteen werden sehr schnell faulen und die Frösche verletzen sich an den Kaktusdornen. Umgekehrt werden Farne aus dem Regenwald in einem Terrarium mit Halsbandleguanen (*Crotaphytus collaris*) oder Wüstenleguanen (*Dipsosaurus dorsalis*) aus der Sonorawüste nicht lange überleben. Werden die zarten Farne nicht binnen kurzer Zeit von den pflanzenfressenden Echsen verspeist, so verdorren sie mit Sicherheit innerhalb weniger Stunden bis Tage im heißen und lufttrockenen Terrarium. Vielleicht führen sie bei den Echsen aber auch noch zu einer Magenverstimmung, da viele Farne Giftstoffe enthalten, um sich vor Fressfeinden zu schützen.

Wer jetzt schmunzelnd denkt, dass doch wohl niemand solche Kombinationen in einem Terrarium arrangieren würde, der hat vermutlich noch nie gesehen, mit wie wenig Sachkenntnis sowohl bei privaten Terrarianern als auch in manchen zoologischen Gärten Tiere und Pflanzen zusammen in ein Terrarium gesteckt werden. So konnte man vor noch nicht so langer Zeit in einem wissenschaftlich geführten Zoo südamerikanische Binsenkakteen (*Rhipsalis* sp.), welche in der Natur mehrheitlich epiphytisch auf den Ästen von Regenwaldbäumen wachsen, in einem Terrarium mit nordafrikanischen Dornschwanzagamen (*Uromastyx acanthinura*) sehen. Durch intensives Gießen und einem für die pflanzenfressenden Echsen unerreichbaren Standort überlebten die Pflanzen erstaunlich lange. In einem anderen Fall werden graue, epiphytische Tillandsien, welche in Zentralmexiko in nebelreichen Bergwäldern wachsen, in einem Wüstenterrarium mit Seitenwinderklapperschlangen (*Crotalus cerastes*) gepflegt. Die Schlangen stammen aus den zumindest während des größten Teils des Jahres ausgesprochen lufttrockenen (< 20 % relative Luftfeuchte), heißen und nahezu baumlosen Wüstengebieten im Südwesten der USA und Nordwestmexiko. Da die Pflanzen regelmäßig besprüht werden, durch die Glasscheiben im Dach des Gebäudes viel Licht eindringt und weil das mehrere Quadratmeter große, oben offene Terrarium in einem Raum mit diversen, ebenfalls offenen Aqua- und Regenwaldterrarien steht, überleben sie schon seit mehreren Jahren. Auch wenn solche Kombinationen durch entsprechende Pflege lange Zeit funktionieren können, sollte man sie vermeiden, da entweder die Tiere oder die Pflanzen unter suboptimalen Bedingungen leben müssten.

Wie bereits im vorhergehenden Kapitel ausgeführt, benötigen Pflanzen für ein gesundes Wachstum ausreichend Licht, Wärme, Luft, Wasser und Nährstoffe.

3.1. Frischluft

Am einfachsten zu befriedigen ist im Allgemeinen das Bedürfnis nach Frischluft – in erster Linie Kohlendioxid (CO_2) und Sauerstoff (O_2). Grundvoraussetzung hierfür ist ein großzügig dimensioniertes Terrarium mit möglichst großen Lüftungsflächen. Durch die Lüftungsflächen findet der Gasaustausch mit der Umgebung statt, wobei aber neben den Gasen der Luft auch Wasserdampf ein- bzw. vor allem aber austreten kann. Gleichzeitig geht über die Lüftungsflächen auch Wärme verloren. Trotzdem sollte man die Lüftungsflächen nicht zu klein dimensionieren, denn abdecken kann man sie im schlimmsten Fall ja immer noch. Vergrößern ist hingegen meist mit einem erheblichen, baulichen Aufwand verbunden. Gerade bei gekauften Standardterrarien sind die Lüftungsflächen erfahrungsgemäß so gut wie immer zu klein dimensioniert. Da der Kohlendioxidgehalt in der Luft nur gerade bei rund 0,03 % liegt, besteht in schlecht belüfteten, aber dicht bepflanzten Terrarien mit einem geringen Tierbestand auch die Gefahr, dass das CO_2 von den Pflanzen verbraucht wird und diese in der Folge hungern müssen.

Bei größeren Terrarien hat es sich bewährt, kleine Elektroventilatoren zur Be- bzw. Entlüftung einzusetzen. Wichtig ist, dass keinesfalls kalte Luft ins Terrarium geblasen wird. Ansonsten besteht die Gefahr, dass die Tiere Schaden nehmen. Besser ist es, die Luft mit einem Ventilator aus dem Terrarium herauszusaugen. Die einströmende Luft gelangt dann mit geringerer Geschwindigkeit über die großen Lüftungsflächen ins Terrarium, als wenn sie durch einen Ventilator kanalisiert hineingeblasen würde. Viele Pflanzen wachsen besser, wenn die Luft mittels eines im Terrarium befindlichen Ventilators bewegt wird. Gerade graue, atmosphärische Tillandsien sind in kleinen Terrarien oder Pflanzenvitrinen oft nur mit Schwierigkeiten über längere Zeit am Leben zu erhalten, wenn sie nicht in bewegter Luft wachsen können. Sie trocknen nach dem Sprühen schneller ab, wenn ständig ein feiner Luftstrom über sie hinwegstreicht. Die Gefahr, dass sie zu faulen beginnen, wird dadurch stark vermindert. Mithilfe von Ventilatoren kann man außerdem die Kondenswasserbildung an der Terrarienfrontscheibe vermindern.

3.2. Nährstoffversorgung

Wie alle Pflanzen sind auch die im Terrarium gepflegten auf die bereits im Kapitel „Pflanzenbiologie" erwähnten Nährstoffe und Spurenelemente angewiesen. In natürlichen Ökosystemen werden die von den Pflanzen gebundenen Stoffe bei deren Tod wieder freigesetzt. Oft werden Pflanzenteile auch von Tieren gefressen, und die Substanzen gelangen zumindest teilweise über deren Kot wieder in die Umwelt. Prinzipiell ist dies auch im Terrarium nicht anders. Man sollte aber trotzdem nun nicht versuchen, die Terrarienpflanzen auf „natürliche" Art zu düngen, indem man etwa den Kot der Tiere oder gar deren Kadaver nicht entfernt! Die Gefahr, dass sich wegen mangelnder Hygiene Krankheitserreger ausbreiten könnten, ist außerordentlich groß. Außerdem kann es, insbesondere bei großen Tieren, die entsprechende Kotmengen absetzen, auch zu unangenehmen Geruchsbelästigungen kommen. Besser bewährt hat sich der Einsatz spezieller Pflanzendünger. Man sollte Dünger jedoch sparsam einsetzen und sie keinesfalls dem Sprühwasser beimischen, um zu verhindern, dass die Tiere sie beim Trinken aufnehmen. Besser ist es, den Dünger über das Gießwasser den Pflanzen gezielt zur Verfügung zu stellen. Am besten gießt man, wenn die Tiere, z. B. am Abend, bereits in ihren Verstecken sind. Bezüglich der Düngerkonzentration halte man sich an die Angaben auf der Verpackung. Recht gut bewährt haben sich Langzeitdüngergranulate oder noch besser -pellets. Diese mischt man ins Substrat, wo sie über Monate oder gar Jahre langsam die in ihnen enthaltenen Nährstoffe abgeben. Bisher konnte nicht beobachtet werden, dass Spinnen, Skorpione oder Amphibien Düngerpellets gefressen hätten. Etwas größere Vorsicht ist bei Reptilien, Vögeln und Säugetieren geboten, denn bei ihnen kann es leichter geschehen, dass sie Düngerpellets mit Futter verwechseln. Neben dem Einsatz von Kunstdünger kann man die Pflanzen auch durch einen Austausch des Kultursubstrates mit neuen Nährstoffen versorgen. In einem Terrarium sollte man ohnehin in regelmäßigen Abständen den von Kot- und Harnstoffresten durchsetzten Bodengrund austauschen. Das hat auch noch den positiven Nebeneffekt, dass dadurch gleichzeitig die von den Pflanzen häufig ausgeschiedenen und im Boden angereicherten Giftstoffe entfernt werden.

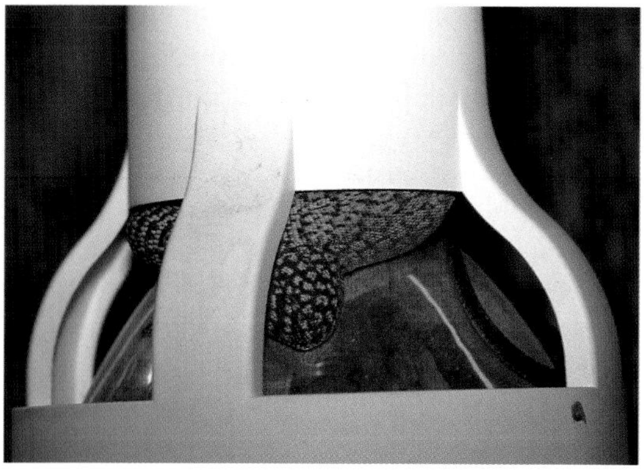

Ein Trauerwaran (*Varanus tristis orientalis*) hat sich im Innern einer HQL-Lampe versteckt. Wäre die Lampe in dieser Situation eingeschaltet worden, so hätte sich der Waran mit großer Wahrscheinlichkeit Verbrennungen zugezogen.

3.3. Beleuchtung

Jede im Terrarium gepflegte Pflanze muss, je nach Art, mit mehr oder weniger Licht versorgt werden. Dabei ist insbesondere von Bedeutung, dass eine ausreichend hohe Lichtintensität erreicht wird. In den wenigsten Fällen dürfte es möglich sein, ein Zimmerterrarium ausschließlich mit natürlichem Sonnenlicht zu beleuchten. Das bedeutet, dass in jedem bepflanzten Terrarium eine bestimmte Menge an Lampen in der richtigen Qualität vorhanden sein muss. In der Regel werden heute in der Terraristik Leuchtstoffröhren, Metalldampf- (HQI) und/oder Quecksilberdampflampen (HQL) verwendet. Letztere eignen sich jedoch wegen der – im Vergleich zu Leuchtstoffröhren und HQI-Lampen – schlechteren Lichtausbeute besser als lokale Lichtquellen. Wegen der relativ starken Wärmeentwicklung haben sich HQL-Lampen auch als lokale Wärmequellen mit einer recht hohen Lebensdauer bewährt. Im Gegensatz zu normalen Glühwendellampen, die man jeweils bereits nach wenigen Wochen ersetzen muss, liefern HQL-Lampen ohne Weiteres während zwei oder noch mehr Jahren Licht und Wärme. Zu beachten ist aber, dass die Lichtintensität aller Lampen mit zunehmendem Alter abnimmt und man sie ersetzen sollte, bevor sie defekt ist.

Als minimale Beleuchtung von Terrarien mit Leuchtstoff- und/oder HQI-Lampen haben sich in der Praxis folgende Lampenleistungen bewährt (Akeret 2003a; Blauscheck 1995).
Regenwaldterrarien:
Bis 50 cm Höhe: 80 W/m^2
50–100 cm Höhe: 120 W/m^2
100–150 cm Höhe: 180 W/m^2
Savannen- und Wüstenterrarien:
Bis 50 cm Höhe: 120 W/m^2
50–100 cm Höhe: 200 W/m^2
100–150 cm Höhe: 250 W/m^2
Verwendet man Leuchtstoffröhren, so sollte man möglichst Typen wählen, die über die gesamte Terrarienlänge reichen. Bei der Berechnung der minimalen Leistung ist jeweils auf eine ganze Anzahl Leuchtstoffröhren aufzurunden.
Beispiele:
a) Regenwaldterrarium 80 x 50 x 80 cm (Grundfläche 0,4 m^2). Beleuchtung mit 60 cm langen Leuchtstoffröhren (18 W).
Minimale Beleuchtung für Terrarien 50 –100 cm Höhe: 120 W/m^2
Benötigte Leistung:
120 W/m^2 x 0,4 m^2 = 48 W
Anzahl Leuchtstoffröhren:
48 W/18 W pro Röhre = 2,67 Röhren
Es werden demnach mindestens drei Leuchtstoffröhren zu je 18 W Leistung benötigt.
b) Savannenterrarium 130 x 80 x 125 cm (Grundfläche 1,04 m^2). Beleuchtung mit 120 cm langen Leuchtstoffröhren (36 W).
Minimale Beleuchtung für Terrarien 100–150 cm Höhe: 250 W/m^2
Benötigte Leistung:
250 W/m^2 x 1,04 m^2 = 260 W
Anzahl Leuchtstoffröhren:
260 W/18 W pro Röhre = 7,2 Röhren
Es werden folglich mindestens 7–8 Leuchtstoffröhren zu je 36 W Leistung benötigt. Oder besser noch eine HQI-Lampe 150 W plus 3–4 Leuchtstoffröhren zu je 36 W.

Die hier angegebenen Lichtmengen für Trockenterrarien beziehen sich auf Pflanzenarten ohne besonderen Sonnenschutz. Dicht bedornte, „weiße“ Kakteen und ähnliche Pflanzen können mit so wenig Licht selbstverständlich nicht lange überleben! BLAUSCHECK (1995) weist außerdem darauf hin, dass das Wasser in einem Aquaterrarium oder Paludarium viel Licht „schluckt“. Man muss deshalb bei solchen Becken deutlich mehr Licht einsetzen als bei „normalen“ Terrarien.

Beim Einsatz einer größeren Anzahl Leuchtstoffröhren lohnt sich der Einsatz elektronischer Vorschaltgeräte, um ein Überhitzen des Terrariums zu vermeiden und um Energiekosten zu sparen. Diese Geräte verbrauchen deutlich weniger elektrische Energie und erzeugen deshalb auch weniger Abwärme als konventionelle Geräte. Ein konventionelles Leuchtstoffröhren-Vorschaltgerät verbraucht zusätzlich zur Lampe je nach Ausführung ca. 30–50 % der Lampenleistung. Das bedeutet, dass eine 18-W-Leuchtstoffröhre eine effektive Leistungsaufnahme von 23–27 W besitzt. Dementsprechend erwärmen sich konventionelle Vorschaltgeräte stark. Elektronische Vorschaltgeräte haben dagegen nur eine zusätzliche Leistungsaufnahme von weniger als 10 % der Lampenleistung; d. h., bei einer 18-W-Leuchtstoffröhre verbraucht das elektronische Vorschaltgerät nur gerade 1–2 W. Diese Geräte werden deshalb nur handwarm. Zudem lohnt es sich, zwei Lampen mit nur einem Vorschaltgerät zu betreiben und so den Energieverbrauch und damit gleichzeitig die Abwärme zu reduzieren. Für 18-W-Leuchtstoffröhren gibt es sogar Vorschaltgeräte der Marke Osram Quicktronic für drei bzw. vier Leuchten. Außerdem verlängert der Einsatz elektronischer Vorschaltgeräte die Lebensdauer der Leuchtstoffröhren bei gleichzeitiger Erhöhung der Lichtintensität.

Seit einiger Zeit ist ein Leuchtstoffröhrentyp auf dem Markt, der sich in der Zwischenzeit zum Standard für die Beleuchtung bepflanzter Terrarien entwickelt hat. Diese als T5 bezeichneten Röhren haben einen geringeren Durchmesser (5/8" = 18 mm) als die alten T8-Röhren (8/8" = 26 mm) und andere Längen. Man benötigt für den Betrieb spezielle Lampenfassungen und spezielle, elektronische Vorschaltgeräte. Der wesentliche Vorteil der T5-Leuchtstoffröhren liegt in der Lichtausbeute. Sie produzieren ein viel intensiveres Licht als T8-Röhren und können daher Terrarien besser ausleuchten. Die Firma Osram gibt für T5-HE-Leuchten (HE = High Efficiency) eine Lichtausbeute von bis 90–104 lm/W an. Nicht ganz so hoch ist die Lichtausbeute beim Typ HQ (HQ = High Quality). Zum Vergleich: Qualitativ hochwertige T8-Leuchtstoffröhren besitzen eine Lichtausbeute von 60–90 lm/W. Empfehlenswert sind Leuchtstoffröhren der Typen „Daylight“ mit einer Farbtemperatur von rund 6.000 K und „Cool White“ mit ca. 4.000 K. Erhältlich sind T5-Leuchtstoffröhren in folgenden Längen: 54,9 cm (24 W), 84,9 cm (39 W), 114,9 cm (54 W) und 144,9 cm (80 W). Auch für T5-Leuchtstoffröhren sind elektronische Vorschaltgeräte erhältlich, mit denen zwei Leuchten betrieben werden können.

Neben der Lichtmenge und der täglichen Beleuchtungsdauer spielt auch die Lichtfarbe, d. h. die Wellenlänge, für das Pflanzenwachstum eine wichtige Rolle. Die für die Fotosynthese zuständigen Fotopigmente können nicht den gesamten Spektralbereich des sichtbaren Lichtes verwerten. Rotes und blaues Licht kann genutzt werden, grünes wird dagegen reflektiert. Aus diesem Grund erscheinen die Blätter der meisten Pflanzen grün. Für die Pflanzen wäre eine auf die Fotosynthese abgestimmte Beleuchtung ideal. Die entsprechenden Lampen (z. B. Osram Fluora) senden aber ein unnatürlich lilafarbenes Licht aus, weil hier der Grünanteil fehlt. Im Allgemeinen wird man deshalb diese speziellen Pflanzenleuchten höchstens in Kombination mit anderen Lampen verwenden. Doch auch bei den scheinbar weißen Leuchtstoffröhren unterscheidet man eine ganze Reihe unterschiedlicher Typen. Ich verwende in meinen Terrarien seit Jahren mehrheitlich Leuchtstoffröhren des Typs „Tageslicht“, z. B. Osram Lichtfarbe 10, 11 oder 12 (SAUER 1989; SAUER et al. 2004), teilweise ergänzt mit anderen Typen wie ReptiSun oder Grolux.

Metalldampflampen (HQI) haben sich in bepflanzten Terrarien besonders gut bewährt. Sowohl Tiere als auch Pflanzen erhalten mit diesen Lampen im Strahlungsbereich der Lampen punktuell sehr große Lichtmengen, was insbesondere bei Savannen- und Wüstenpflanzen von großer Bedeutung ist. Auch bei den HQI-Lampen sollte man möglichst Tageslichttypen (Typ D bzw. 5.000–6.000 Kelvin) wählen. Im Gegensatz zu den meist billigeren NDL-Typen (3.000–4.000 Kelvin) mit leicht gelblichem oder orangefarbenem Licht haben Tageslichttypen ein Spektrum, das demjenigen des Sonnenlichts erheblich näher kommt. Auch ist die Farbwiedergabe besser.

Aus Energiespargründen werden in der kommerziellen Pflanzenzucht oft Natriumdampflampen in Gewächshäusern verwendet, um im Winterhalbjahr die Tageslänge künstlich zu verlängern. Natriumdampflampen haben einen sehr hohen Wirkungsgrad. Solche Lampen könnten prinzipiell auch für die Beleuchtung von Terrarien eingesetzt werden. Sie senden jedoch ein sehr unnatürliches, intensiv gelbes Licht aus. Pflanzen können gelbes Licht durchaus zur Fotosynthese nutzen. Ob aber diese Lichtfarbe für die Tiere im Terrarium auf längere Sicht ideal ist, scheint zumindest fraglich. Allenfalls für bepflanzte Anlagen mit nachtaktiven Tieren erscheinen sie geeignet. Falls Natriumdampflampen zur Beleuchtung eines Terrariums verwendet werden, dann höchstens in Kombination mit anderen, tageslichtähnlichen Lampen.

Seit einiger Zeit hat ein weiterer Typ von Lampen Einzug in die Terraristik gehalten. Es handelt sich dabei um Licht emittierende Dioden, meist abgekürzt als LED bezeichnet. LEDs bestehen im Prinzip aus vier Hauptbauelementen: dem eigentlichen LED-Chip, einem Reflektor mit Kontakt zur Kathode, einem Golddraht als Kontakt zur Anode und einer Kunststoff-Linse, welche die anderen Bauteile in sich vereint, fixiert und das Licht, je nach Linsenform, mehr oder weniger stark bündelt.

Wer sich für LED-Lampen interessiert, muss zwischen zwei grundlegend unterschiedlichen Typen unterscheiden: Auf der einen Seite ist dies die Multi-, Mehrchip- oder RGB-LED. Bei dieser emittieren drei LEDs Licht in den Farben Rot, Grün und Blau; deshalb die Bezeichnung RGB. Durch die Kombination dieser drei Lichtfarben erscheint das Licht für das menschliche Auge mehr oder weniger weiß. Allerdings leidet die Farbwiedergabe darunter, dass kein durchgängiges Farbspektrum vorhanden ist. Außerdem können sich bei Tieren, die Fotorezeptoren mit einer anderen Farbempfindlichkeit besitzen als wir Menschen, unter Umständen deutliche Farbverschiebungen gegenüber dem Sonnenlicht ergeben, sodass RGB-LEDs als Terrarienbeleuchtung nicht geeignet sind. Allenfalls kann man blaue LEDs als „Mondlicht" verwenden, um nachtaktive Tiere bei einer schwachen, bläulichen Beleuchtung beobachten zu können. Rote LEDs eignen sich für Sonnenauf- und Untergangssimulationen (Akeret 2011).

Beim anderen LED-Typ handelt es sich um sogenannte Lumineszenzkonversions-LEDs. Diese besitzen nur einen blauen LED-Chip, der mit einem Lumineszenzfarbstoff kombiniert wird. Das blaue LED-Licht regt den Farbstoff zum Leuchten an, sodass dieser ein gelbliches Licht emittiert. In Kombination mit dem blauen Licht der Diode ergibt diese additive Lichtmischung ein Licht mit einer guten spektralen Verteilung, das wir als weiß empfinden. Das Farbspektrum dieser LEDs ist über den gesamten Bereich des sichtbaren Lichtes fast kontinuierlich und relativ sonnenlichtähnlich, wenn man von einer kleinen Lücke im Türkisbereich absieht.

Bezüglich Lichtleistung gibt es bei den LEDs beträchtliche Unterschiede. Während viele der im normalen Lampenfachhandel erhältlichen LEDs eine relativ bescheidene Helligkeit haben, strahlen die teureren, aber qualitativ erheblich besseren Power-LEDs erstaunlich hell und erzielen eine gute Farbwiedergabe wie auch eine gute Energieausbeute. Letztere liegt derzeit (2012) bei 80–100 Lumen pro Watt, was vergleichbar ist mit einer qualitativ hochwertigen Leuchtstoffröhre. Vermutlich ist in den kommenden Jahren noch mit einer weiteren Steigerung der Lichtausbeute zu rechnen.

Im Gegensatz zu FL-Röhren strahlen LEDs ihr Licht nicht gleichmäßig in alle Richtungen. Vielmehr wird das Licht durch die Linse gebündelt und in eine bestimmte Richtung abgestrahlt, wobei der Abstrahlwinkel je nach verwendeter Linse variiert werden kann. So gibt es heute LEDs mit Abstrahlwinkeln zwischen 30 und 120°. So kann man diese Lampen sowohl als relativ breitstrahlige Leuchte einsetzen oder aber als auf einen bestimmten Punkt ausgerichteten Spot, der gezielt einzelne Bereiche im Terrarium stärker beleuchtet.

Neben LED-Spots werden im Fachhandel auch sogenannte Flächenstrahler verkauft. Es handelt sich hierbei um relativ flache Lampen, bei denen mehrere LEDs hinter einer Milchglasplatte stehen. Um zu verhindern, dass die einzelnen LEDs durch das Glas hindurch zu erkennen sind, strahlen weitere LEDs seitlich in die Platte. Das Streulicht im Innern der Glasplatte kaschiert die unterschiedliche Helligkeit zwischen Stellen mit und solchen ohne LEDs. Aufgrund dieser Konstruktion ist die Lichtausbeute allerdings gegenüber LED-Spots deutlich reduziert, sodass man besser Leuchtstoffröhren zur gleichmäßigen Beleuchtung größerer Flächen einsetzt.

Ich verwende seit einiger Zeit LED-Spots zur Beleuchtung meiner Terrarien. Dabei zeigte sich, dass selbst relativ kostengünstige LED-Strahler, die ohne Vorschaltgerät in normale E27-Fassungen eingeschraubt werden können, als lokale Lichtquelle zum Einsatz kommen können. So beleuchte ich in einem Regenwaldterrarium eine zuvor an einem recht schattigen Platz wachsende *Aglaonema costatum* mit einem 3 x 1-W-LED-Spot, der rund 1 m über der Pflanze platziert wurde. Bereits nach wenigen Wochen reagierte die Pflanze mit einer veränderten Wuchsform. War sie zuvor eher aufrecht wachsend, legte sie ihre Blätter unter dem LED-Strahler stärker dem Boden an und zeigte nach ein paar Monaten eine deutlich kompaktere Wuchsform.

LED-Einbauspot mit 12 x 1 W-Leuchtdioden

In einem anderen, über 2 m hohen Terrarium integrierte ich zwei Einbaustrahler mit je 12 x 1-W-Power-LEDs ins Aluminium-Lochblech des Deckels. Mithilfe der schwenkbaren Strahler konnte ich in diesem Becken wiederum einzelne Pflanzen gezielt beleuchten und so für ein gutes Wachstum sorgen. Denn im Gegensatz zu HQI- oder HQL-Strahlern ist die Wärmeabstrahlung von LEDs relativ bescheiden. Dadurch heizen sich die Pflanzen weniger auf und erleiden dadurch weniger Hitzestress. Allerdings muss darauf geachtet werden, dass die LEDs sich selbst nicht zu stark aufheizen, weil dies ihre Lebensdauer beträchtlich verkürzen kann. So sollte man bereits beim Kauf darauf achten, dass die LED-Strahler möglichst viele Kühlrippen haben, über welche die produzierte Abwärme abgeführt werden kann. Einbau-LED-Strahler haben den Vorteil, dass sie das Licht nach unten ins Terrarium strahlen, während die Abwärme über die außerhalb des Beckens befindlichen Kühlrippen abgeführt wird. Ein allfälliges Vorschaltgerät sollte ebenfalls außerhalb des Terrariums platziert werden. So kann man verhindern, dass sich das Terrarium allzu stark aufheizt. Weiter ist es wichtig, dass man die Strahler keinesfalls in geschlossene Lampenkästen einbaut, wo es leicht zu einem Wärmestau kommen kann. Und die Kühlrippen dürfen keinesfalls abgedeckt werden!

Obwohl schon seit vielen Jahren in der Entwicklung, ist ein weiterer Lampentyp, der sich insbesondere für die effiziente Beleuchtung von Großterrarien eignet, erst seit Kurzem allgemein erhältlich. Es handelt sich hierbei um die Sulfur-Plasma-Lampe. Diese besteht aus einer Röhre etwa in der Größe eines Gummibärchens, die ein Schwefelplasma enthält und einen Magnetron, der Mikrowellen erzeugt. Durch die Bestrahlung mit Mikrowellen wird das Schwefelplasma zum Leuchten angeregt. Weil es keine elektrischen Kontakte zwischen der Lampe und der Energiequelle braucht, sind Sulfur-Plasma-Leuchtmittel sehr langlebig – gemäß Herstellerangaben bis 60.000 h. Die Lampen erzeugen eine geringere Ultraviolett- und Infrarot-Strahlung als andere Lampen vergleichbarer Lichtstärke. Das Lichtspektrum ist sehr sonnenähnlich, wobei die Lampen in unterschiedlichen Farbtemperaturen (Lichtfarben) hergestellt werden (3.000 – 6.000 K). Leider gibt es momentan nur sehr lichtstarke Sulfur-Plasma-Lampen, die zur Beleuchtung normaler Terrarien viel zu stark sind. Die am häufigsten verkaufte Version hat eine Leistungsaufnahme von 700 W. Damit können, je nach Montagehöhe, 5–20 m^2 so gut ausgeleuchtet werden, dass selbst lichthungrige Pflanzen gedeihen und sogar blühen, zumal die Infrarotstrahlung relativ gering ist. Die minimale Leistung einer Sulfur-Plasma-Lampe liegt aufgrund technischer Gegebenheiten bei ca. 100 W. Gute Erfahrungen mit diesen Lampen gibt es in der Meerwasseraquaristik sowie bei den Indoor-Hanfproduzenten. Aus der Terraristik liegen mir bisher keine Erfahrungsberichte vor, da aufgrund des hohen Anschaffungspreises (mehrere Tausend Euro für eine 700-W-Lampe) alle mir bekannten Terrarianer, die sich bisher mit dieser Lampe beschäftigten, vor einer Anschaffung zurückschreckten.

Vorsicht ist beim Einsatz von UV-Lampen geboten. Oft reagieren Pflanzen empfindlicher auf eine UV-Bestrahlung als Reptilien. Man sollte deshalb darauf achten, dass die Pflanzen nicht im Strahlungsbereich dieser Lampen stehen. Eine wichtige Ausnahme von dieser Regel bilden Palmfarne (Cycadaceae). Damit diese Pflanzen schöne, dicht gefiederte Blätter ausbilden, benötigen sie während des Blattaustriebes eine intensive UV-Bestrahlung. Hier lohnt sich der Einsatz spezieller UV-Lampen (Böttcher 2007; Sauer et. al. 2004), welche direkt über der entsprechenden Pflanze montiert werden – und dieses zusätzliche UV-Licht kommt in vielen Fällen auch den Reptilien zugute. Auch HQI-Lampen strahlen je nach Typ mehr oder weniger UV-Licht aus, wobei der UV-Anteil dieser Lampen in den letzten Jahren von den Herstellern stark reduziert wurde. Betreibt man HQI-Lampen ohne Schutzglas, so leben die meisten Pflanzen nur kurze Zeit und sterben mit Strahlungsschäden ab. Andererseits bilden manche Arten beim Einsatz von HQI-Lampen besondere Lichtschutzstoffe aus, und ihre Blätter verfärben sich wie in der Natur an einem sonnigen Standort rot oder violett. Das Schutzglas schützt aber nicht nur vor etwaigen gefährlichen UV-Strahlen: Sollte das Leuchtmittel explodieren – das ist bei mir bereits vorgekommen, ohne dass jemand an der Lampe manipulierte – fängt das Schutzglas die herumfliegenden Glassplitter auf und verhindert außerdem, dass allenfalls sogar der beim Betrieb über 1.000 °C heiße Kern der HQI-Lampe ins Terrarium fallen und dadurch die Einrichtung beschädigen, Tiere und Pflanzen verletzen und im schlimmsten Fall sogar einen Brand auslösen kann.

Neben der Lichtmenge sollte auch die tägliche Beleuchtungsdauer auf die natürlichen Gegebenheiten in der Natur angepasst werden. Viele Pflanzen wachsen zwar unter ganzjährig gleichbleibenden Bedingungen. In den meisten Fällen wird die Blütenbildung aber ausbleiben. Um eine dem Tagesverlauf angenäherte Beleuchtung zu simulieren und gleichzeitig Energiekosten zu sparen, kann man die Beleuchtung am Morgen über 1–3 Stunden stufenweise ein- und am Abend wieder ausschalten.

Elektrische Lampen, die mit Wechselstrom betrieben werden, flackern je nach Lampentyp immer mehr oder weniger stark mit der Geschwindigkeit des Wechselfeldes; in Mitteleuropa mit 50 Hertz, d. h. 50 Mal pro Sekunde. Aufgrund des geringen zeitlichen Auflösungsvermögens des menschlichen Auges können wir diese Helligkeitsschwankungen nicht wahrnehmen. Gerade viele Insekten haben aber ein deutlich größeres zeitliches Auflösungsvermögen als wir. Für sie flackern elektrische Lampen. Ob solche Helligkeitsschwankungen für Terrarientiere ein Problem darstellen, scheint bisher nicht bekannt zu sein. Für die Terrarienpflanzen sind diese Schwankungen auf jeden Fall bedeutungslos. Weitergehende Informationen mit einer Vielzahl technischer Details zur Beleuchtung von Aquarien und Terrarien finden sich bei SAUER (1989) und SAUER et al. (2004).

3.4. Wasserversorgung

Lebende Pflanzen muss man in regelmäßigen Abständen mit Wasser versorgen. Die erforderliche Wassermenge und der Gießrhythmus sind jedoch von einer Reihe von Faktoren abhängig. In erster Linie bestimmt die Art der gepflegten Pflanzen die Wassermenge: Arten aus Regen- und anderen Feuchtwäldern benötigen deutlich mehr und häufiger Wasser als Savannen- oder Wüstenpflanzen. Daneben beeinflussen aber auch die Luft- und Bodentemperatur den Wasserhaushalt. Je Wärmer es ist, desto größer ist der Wasserbedarf. Weiter beeinflussen die Bodenstruktur sowie die Höhe des Bodengrundes den Gießrhythmus und die Gießmenge. Torf und Lauberde speichern erheblich mehr Wasser als ein kiesiger oder sandiger Untergrund. Dementsprechend muss man in Kies oder Sand wachsende Pflanzen häufiger, aber mit geringeren Wassermengen versorgen als in Torf oder Erde gepflanzte. Je höher der Bodengrund ist, desto mehr Wasser kann er speichern. Demzufolge muss bei großer Substratdicke weniger häufig gegossen werden, als wenn nur eine geringe Bodenmächtigkeit vorhanden ist. Wenn auch nicht sehr ausgeprägt, so bestimmt zusätzlich auch die Größe der Lüftungsflächen bis zu einem gewissen Grad den Wasserhaushalt im Terrarium.

Um die richtige Wassermenge sowie den korrekten Gießrhythmus zu finden, bedarf es einiger Erfahrung. Wenn man jedoch seine Pflanzen bzw. das Kultursubstrat regelmäßig beobachtet, so merkt man meist sehr schnell, ob man erneut gießen muss oder besser noch etwas abwartet.

Sukkulenten sollte man während der Wachstumsphase alle 2–3 Wochen kräftig gießen und das Substrat vor der nächsten Wassergabe abtrocknen lassen. Hier gilt: Besser nicht zu häufig, aber wenn, dann kräftig gießen.

Waldpflanzen sollten ein ständig feuchtes, aber keinesfalls nasses Substrat haben. Hier sollte man gießen, sobald die Oberfläche beginnt abzutrocknen.

Epiphyten aus Regenwäldern müssen in der Regel alle 1–2 Tage gegossen werden. Je wärmer es ist, desto häufiger. Die Trichter von Bromelien müssen immer mit Wasser gefüllt sein. In regelmäßigen Abständen sind die Blatttrichter kräftig zu spülen, sodass Kot und andere Abfallprodukte ausgewaschen werden. Andernfalls kann es zu Fäulnis kommen.

Um ein kräftiges Pflanzenwachstum zu gewährleisten, sind Xaxim-Rückwände täglich kräftig zu besprühen. So können darin befindliche Samen und Sporen keimen, sodass die Xaxim-Platten nach einiger Zeit mit Moosen, Farnen und anderen Pflanzen bewachsen werden.

Ein besonderes Problem stellen manche Sträucher und Bäume aus Trockengebieten dar (z. B. *Callistemon*, *Tamarix*). Diese Halbwüsten- und Savannenpflanzen treiben in der Natur ihre Wurzeln oft viele Meter tief bis ins Grundwasser. Im Terrarium ist dies jedoch nicht möglich. Will man sie trotzdem im Terrarium pflegen, so müssen sie regelmäßig gegossen werden. Sie besitzen im Gegensatz zu den Sukkulenten keine wasserspeichernden Gewebe und transpirieren bei den hohen Temperaturen in warmen und intensiv beleuchteten Terrarien sehr stark. Der dadurch entstehende ständige Wasserverlust muss durch den Pfleger ausgeglichen werden. Ansonsten verdorren die Pflanzen binnen weniger Tage. Für solche Arten hat es sich bewährt, eine automatische Bewässerung zu installieren (Akeret 2003b), entweder in Form einer Tröpfchenbewässerung oder indem man Sprühdüsen an der Stammbasis installiert und den Wurzelballen alle 1–2 Tage befeuchtet. An die ideale Einstellung des Bewässerungssystems muss man sich herantasten. Dabei ist es wichtig, dass man die Reaktionen der Pflanzen beobachtet und die Substratfeuchte regelmäßig kontrolliert. Wichtig ist, dass der Bodengrund im Terrarium weder austrocknet noch zu nass wird. Eventuell lassen sich mit solchen Bewässerungsanlagen auch einige Gräser erfolgreicher im Terrarium am Leben erhalten. Ausführlichere Angaben zum spezifischen Wasserbedarf einzelner Pflanzengruppen finden sich im Kapitel „Pflanzentypen".

Am einfachsten versorgt man die Pflanzen im Terrarium mittels einer Gießkanne mit Wasser. Es empfiehlt sich, diese vorne mit einer Brause zu versehen. Ohne Brause besteht die Gefahr, dass man den Bodengrund ausschwemmt und dadurch die Wurzeln der Pflanzen freigelegt werden. Je feiner die Brause, desto langsamer fließt das Wasser aus der Gießkanne und desto geringer ist somit auch die Ausschwemmgefahr. Die Brause sollte man so auf die Gießkanne montieren, dass die Ausflusslöcher nach oben zeigen. Auf diese Weise kann man „sanfter" gießen. Das Wasser wird nicht mit Druck aus der Brause gedrückt und schießt auf die Pflanzen runter, sondern fällt wie bei einem Regen auf einer breiten Fläche auf die Pflanzen und den Boden. Wer Pflanzen in einem Giftschlangenterrarium gießen muss, der kauft sich am besten eine Gießkanne mit besonders langem Ausflussrohr. So kann man selbst weit hinten im Terrarium wachsende Pflanzen gefahrlos gießen. Solche Gießkannen haben sich auch für die Pflanzenpflege in breiten Terrarien bewährt.

Von besonderer Bedeutung beim Gießen ist es, darauf zu achten, dass der Bodengrund keinesfalls vernässt, außer bei Sumpfpflanzen im Aquaterrarium bzw. Paludarium. Gerade Substrate mit einem hohen Anteil organischen Materials fangen ansonsten an zu faulen und entwickeln übel riechende Gase. Wegen mangelnder Sauerstoffversorgung sterben oft auch die Wurzeln ab, was im Normalfall den Tod der Pflanzen zur Folge hat.

Neben Gießkannen gehören auch Sprühgeräte zur Grundausrüstung der Terrarienpflanzenpflege. Kleine Becken kann man mit einfachen und billigen Handsprühern versorgen. Wer mehrere Becken pflegen muss sollte sich aber auf jeden Fall eine Druckspritze anschaffen. Diese sind in jedem Gartencenter in unterschiedlichen Preisklassen erhältlich. Hat man die Wahl, so lohnt es sich langfristig, ein etwas teureres Markengerät zu kaufen. Im Gegensatz zu den Billigprodukten sind für die Markengeräte in der Regel Ersatzteile erhältlich. Insbesondere Dichtungsringe müssen regelmäßig ersetzt werden. Bei defekten Dichtungen fließt sonst Wasser aus dem Gerät, wenn man es unter Druck stehen lässt. Dies kann auf einem Teppich- oder gar Parkettboden sehr unangenehm sein. Der Austausch einer Dichtung ist dann deutlich weniger teuer, als wenn man die ganze Druckspritze ersetzen muss. Lassen Sie sich vom Fachpersonal beim Kauf einer Druckspritze beraten.

Insbesondere bei der Pflege von Gifttieren oder anderer, potenziell gefährlicher Arten, sollte man sich eine Druckspritze mit einem langen Sprührohr kaufen. Nur so kann vermieden werden, dass man beim Sprühen gebissen oder anderweitig verletzt wird. Gerade bei größeren Giftschlangen kann es sich außerdem lohnen, ähnlich wie bei einem Degen, einen speziellen Handschutz im Bereich des Sprühventiles zu befestigen. Dies kann z. B. ein Drahtkorb oder eine halbierte Kunststoffkugel sein.

Beim Besprühen der Pflanzen und der Einrichtung muss man darauf achten, dass auch wirklich alle Pflanzen benetzt werden. Bei Humusepiphyten muss man besonders den Wurzelraum sehr kräftig wässern. Andernfalls besteht die Gefahr, dass die Wurzeln vertrocknen und die Pflanze abstirbt. In Regenwaldterrarien muss man täglich, oft sogar mehrmals sprühen. In Trockenterrarien reicht es in der Regel, wenn man ein- bis zweimal pro Woche alle Pflanzen kräftig anfeuchtet.

Insbesondere beim Einsatz automatischer Bewässerungs- und Sprühanlagen in kleinen Terrarien ist die Gefahr groß, dass zu viel Wasser ins Becken gelangt und der Bodengrund überflutet wird. Hier hat sich ein doppelter Boden bewährt. Überschüssiges Wasser sammelt sich im unteren Teil und kann leicht abgesogen oder über einen Ablauf im Terrarienboden abgelassen werden. Umgekehrt kann der Doppelboden auch als Wasserreservoir für einen Bachlauf genutzt werden. Außerdem wird durch das Wasser im Reservoir die Luftfeuchtigkeit im Terrarium erhöht.

Bei der Konstruktion eines Doppelbodens wird zunächst ein Kunststoffrost (im Orchideenkulturbedarfshandel erhältlich) einige Zentimeter über dem Terrarienboden z. B. auf kleine Blumentöpfe oder etwas Ähnliches gestellt. Auf den Rost kommt eine Lage Drainagematte (im Baustoffhandel erhältlich) oder Aquarienfilterwatte. Diese wird nun mit einem grobkörnigen Material abgedeckt, in welches man die Pflanzen einsetzt (siehe Kapitel „Tropischer Regenwald"). Bei großen Exemplaren kann der Topf auch in einem Loch des Kunststoffrostes versenkt werden. In diesem Fall sollte man dann die Pflanzen in ein mineralisches Substrat umtopfen, wie es für die Hydrokultur verwendet wird. Als Abdeckmaterial eignen sich Lavakies, grober Aquarienkies oder ein vergleichbares, wasserdurchlässiges Material. Ebenfalls gute Erfahrungen konnten bei der Haltung von Pfeilgift- und Laubfröschen (Dendrobatidae, Hylidae) mit nicht zu groben Kiefern- oder Redwood-Rindenschnitzeln (Orchideenkulturmaterial) gemacht werden. Diese Materialien haben den Vorteil, dass sie antibakteriell wirkende Gerbstoffe ausscheiden und den pH-Wert des Wassers senken. Das Wasser wird dadurch rötlich braun. Sie zersetzen sich jedoch binnen 3–6 Jahren und müssen dann ausgewechselt werden. Weniger geeignet ist Seramis™, ein poröses, gebranntes Tongranulat. Dieses und andere stark hygroskopische Materialien können im trockenen Zustand an Tieren festkleben und ihnen Wasser entziehen. So konnte eine junge Wagners Bergotter (*Montivipera wagneri*), an deren Zunge ein trockenes Seramiskorn haften blieb, zwar gerettet werden, eine halbwüchsige Buschviper (*Atheris squamigera*) verstarb aber, nachdem einige Seramiskörner an ihrer Lippe festklebten und dadurch die Mundschleimhaut austrocknete. In beiden Fällen konnten die Schlangen die Körner anscheinend nicht selbstständig abstreifen. Vermutlich könnten ähnliche Probleme auch auftreten, wenn sich trockene Seramiskörner auf der feuchten Haut von Amphibien festheften. Dieses in vielen Gärtnereien als hervorragender, wasserspeichernder Pflanzstoff angepriesene Material sollte deshalb im Terrarium nur dort eingesetzt werden, wo gewährleistet ist, dass die Substratoberfläche nicht austrocknen kann, z. B. wenn ein ständig fließender Bach vorhanden ist.

Neben der Wassermenge ist auch die Wasserqualität für viele Pflanzen von Bedeutung. Wo immer möglich, sollte man zur Bewässerung sauberes Regenwasser verwenden. Leitungswasser ist je nach Region teilweise sehr kalkhaltig, was nicht alle Pflanzen mögen. Außerdem bilden sich beim Einsatz kalkhaltigen Wassers auf Blättern und an den Terrarienscheiben sehr schnell unschöne Kalkflecken. In vielen Gebieten wird das Trinkwasser außerdem chloriert, was für die Pflanzen ebenfalls schädlich sein kann.

Regenwasser sammelt man am einfachsten mittels eines handelsüblichen Regensammlers, den man ans Dachwasser-Ablaufrohr anbaut. Insbesondere in dicht besiedelten oder stark industriell genutzten Gegenden muss man bei der Gewinnung und beim Einsatz von Dachwasser auf jeden Fall folgende Punkte beachten:

- Keinesfalls darf man den ersten Wasserschwall sammeln und benutzen. Während Trockenperioden sammelt sich eine Vielzahl schädlicher und giftiger Schmutzpartikel auf dem Dach und in der Luft. Wenn immer möglich, sollte man nach dem Einsetzen des Regens einige Zeit warten, bevor man das Wasser auffängt.

- Das gesammelte Wasser sollte vor dem Einsatz ein paar Tage stehen gelassen werden, damit feine Staubpartikel, die auch noch nach stundenlangen Niederschlägen noch im Regenwasser vorhanden sind, sedimentieren können.
- Wird das Regenwasser zum Betrieb einer automatischen Sprühanlage benutzt, so sollte es auf jeden Fall erst noch einen feinen Filter passieren. Man vermeidet damit, dass die Düsen verstopfen. Dies ist insbesondere bei sehr feinen Hochdruckdüsen wichtig. Deren im Düseninnern vorhandenen feinen Siebe verstopfen sonst binnen weniger Monate. Sie müssen dann demontiert, auseinandergeschraubt und mühsam gereinigt werden.

Ich verwende seit vielen Jahren – unter Beachtung der oben aufgeführten Regeln – fast ausschließlich Regenwasser zur Bewässerung meiner Terrarien. Obwohl das Wasser in der Nähe einer größeren Stadt und in unmittelbarer Umgebung eines Großflughafens gesammelt wird, traten bisher weder bei den Tieren noch bei den Pflanzen Gesundheitsprobleme auf.

Kann oder will man kein Regenwasser sammeln, so gibt es auch Alternativen: So konnte etwa mit Wasser, das mittels einer handelsüblichen Umkehrosmoseanlage (Aquaristikzubehör) entsalzt wurde, sehr gute Erfahrungen gemacht werden. Eine weitere Möglichkeit ist der Einsatz von Kondenswasser, das bei Klimaanlagen anfällt. Umkehrosmose- wie auch Kondenswasser aus Klimaanlagen haben den Vorteil, dass keine Feinpartikel oder ausgefällte Salze die Sprühdüsen verstopfen oder die Membranen von Ultraschallverneblern verkrusten können.

Ganz allgemein sind vor der Verwendung von Wasser folgende Aspekte zu berücksichtigen: Keinesfalls darf man kaltes Wasser zum Gießen oder Sprühen verwenden. Dieses sollte man vor dem Einsatz temperieren, allenfalls indem man es mit heißem Wasser mischt. Idealerweise lagert man mindestens die jeweils für den nächsten Tag benötigte Menge im Terrarienraum. Nicht nur viele Terrarientiere lieben es nicht, wenn der Pfleger sie mit

Düse zum Besprühen der Pflanzen (*Asplenium*, *Dischidia*, *Hydnophytum*) auf einer mit Torf bestrichenen Epiweb-Platte. Rechts ein Weißbart-Ruderfrosch (*Polypedates leucomystax*)

kaltem Wasser besprüht oder gar übergießt. Auch die Pflanzen können durch zu kaltes Sprüh- oder Gießwasser geschädigt werden. So starb bei mir nach der Reinigung eines dicht mit Kletterfeigen (*Ficus pumila*) und anderen Arten bepflanzten Regenwaldterrariums mit kaltem Wasser direkt aus der Trinkwasserleitung der gesamte Pflanzenbestand innerhalb weniger Tage ab.

Leitungswasser sollte man vor dem Gebrauch im Terrarium außerdem einige Stunden bis Tage stehen lassen, wenn es stark mit Chlor versetzt ist. Chlor wird verwendet, um eventuell im Trinkwasser vorhandene Keime abzutöten. Neben vielen Pflanzen reagieren auch Amphibien und Fische empfindlich auf gechlortes Wasser, wenngleich manche Art wie z. B. der australische Wüstenlaubfrosch (*Litoria rubella*) sich selbst in stark gechlorten Schwimmbädern paart und Laich absetzt (Akeret 2003c).

Neben dem flüssigen Wasser spielt auch die Luftfeuchtigkeit für Pflanzen und Tiere eine wichtige Rolle. Gerade in Trockenterrarien ist die Luftfeuchtigkeit oft sehr niedrig. Köhler (1996) führt eine Reihe von häufigen Erkrankungen bei Reptilien, wie z. B. Häutungsschwierigkeiten, auf zu trockene Haltungsbedingungen zurück. Zu trockene Luft kann aber auch Pflanzen schädigen. Um dem drohenden Wasserverlust vorzubeugen, verschließen sie ihre Spaltöffnungen auf der Blattunterseite und unterbinden dadurch die Transpiration und den Gasaustausch, sodass sie im Extremfall verhungern können. Umgekehrt kann eine zu hohe Luftfeuchtigkeit ebenfalls schädlich wirken. Entweder indem dadurch Krankheiten gefördert oder die Transpiration eingeschränkt wird. Es ist somit wichtig, dass man die Luftfeuchtigkeit im Terrarium regelmäßig kontrolliert und gegebenenfalls den Bedürfnissen der Tiere und Pflanzen anpasst.

Bei einer ausreichenden Belüftung dürfte die Luftfeuchtigkeit in einem Terrarium kaum über längere Zeit so hoch liegen, dass die Pflanzen mangels Transpiration geschädigt werden. Zu trockene Luft ist jedoch ein häufiges Übel in Terrarien. Der Grund liegt darin, dass viele Terrarien beheizt werden. Das Wasserspeichervermögen der Luft ist abhängig von der Temperatur. Je höher diese ist, desto mehr Wasser kann die Luft speichern. Für die Pflanzen von Bedeutung ist aber weniger die absolute Wassermenge in der Luft als viel mehr der relative Anteil – meist in Prozent (%) ausgedrückt, wobei 100 % relative Luftfeuchtigkeit dem maximalen Fassungsvermögen der Luft bei der jeweiligen Temperatur entspricht. Erwärmt man kalte Luft mit dem darin vorhandenen Wasser, so bleibt die absolut vorhandene Wassermenge unverändert. Da aber das maximal mögliche Fassungsvermögen in der warmen Luft größer ist als in der kalten, sinkt die relative Luftfeuchtigkeit. Heizt man die Luft in einem Terrarium auf, so sinkt die relative Luftfeuchtigkeit.

Eine zu hohe Luftfeuchtigkeit kann man vermindern, indem man die Luft aufheizt oder aber durch eine stärkere Belüftung, vorausgesetzt die Luftfeuchtigkeit im Terrarienraum ist niedriger als im Terrarium selbst. Erhöhen kann man die Luftfeuchtigkeit entweder mit technischen Mitteln oder aber mit der Hilfe von Pflanzen. Gerade Farne und Sumpfpflanzen verdunsten sehr viel Wasser und erhöhen die Luftfeuchtigkeit im Terrarium beträchtlich. Technisch kann man eine Feuchtigkeitserhöhung entweder durch Sprühen oder aber durch spezielle Verneblungsanlagen erzielen. Seit einigen Jahren haben sich Ultraschallvernebler sehr gut bewährt. Wichtig ist, dass man ein Gerät kauft, das auch bei hoher Luftfeuchtigkeit noch vernebelt und nicht durch eine Steuerung bereits bei 60 oder 70 % ausschaltet. Andernfalls kann es sein, dass man während Regenperioden oder in feuchten Räumen seine Terrarien nicht mehr mit Nebel versorgen kann. Insbesondere teure, elektronische Geräte besitzen oft eine entsprechende Regelung. Den Nebel leitet man über ein handelsübliches Abwasserrohr ins Terrarium. Damit keine Tiere ins Rohr hineinkriechen können, sollte man das Ende mit einem rostfreien Metall oder Kunststoffgitter (z. B. Kaffeesieb) verschließen. Werden kräftige Tiere wie große Agamen, Leguane, Tejus oder Warane im Terrarium gepflegt, so sollte man vorsichtshalber ein stabiles Metallgewebe verwenden und dieses gut sichern.

Der Vernebler wird über eine Schaltuhr betrieben. Wichtig ist, dass man das Gerät ausreichend lange laufen lässt. Idealerweise sollten die Pflanzen beim Abschalten jeweils kräftig benetzt sein, was insbesondere für graue, atmosphärische Tillandsien von Bedeutung ist. In der Natur kommt es meist in den Morgenstunden zu Taubildung. Durch den Einsatz des Verneblers kurz vor dem Einschalten der Terrarienbeleuchtung kann dieses Phänomen imitiert werden. Die Pflanzen haben dann im Laufe des Tages ausreichend Zeit abzutrocknen. Je nach Biotop sollte man auch in der zweiten Tageshälfte weitere Nebelintervalle einschalten, denn gerade in höheren Lagen kommt es im Laufe des Tages oft zu Nebelbildung, wenn sich Wolken an den Berghängen stauen.

Ultraschallvernebler eignen sich nicht bloß für Regenwaldterrarien. Auch in Trockenterrarien können sie zur Erhöhung der Luftfeuchtigkeit eingesetzt werden. Im Allgemeinen dürfte das morgendliche Taubildungsintervall ausreichen. Eine Ausnahme hiervon bilden Nebelwüsten (Atacama, Namib). Hier kommt es in der Natur sehr häufig zu Nebelbildung, und viele Tiere und Pflanzen sind daran angepasst. So reicht es

z. B. vollkommen aus, die sandbewohnenden Tillandsien aus der Atacama (z. B. *Tillandsia purpurea*) im Terrarium über eine Nebelanlage mit Wasser zu versorgen.

Ultraschallvernebler sollte man mit entkalktem Wasser betreiben. Gut geeignet ist Regen-, Umkehrosmose- und Ionentauscherwasser oder das Kondensationswasser aus einer Klimaanlage. Weiter sollte man darauf achten, dass das Gerät niemals ganz leerläuft, weil dadurch die Ultraschallmembran beschädigt werden kann. Gute Geräte haben einen Schwimmschalter, der den Vernebler ausschaltet, sobald der Wasserstand zu stark absinkt. Außerdem sollte man darauf achten, dass das Gerät bei hoher Luftfeuchtigkeit nicht durch einen Hygrostaten automatisch abgeschaltet wird.

Keinesfalls sollte man versuchen, die Luftfeuchtigkeit mittels eines Heißwasserverdunsters zu erhöhen. Diese Geräte können zu schweren Verbrühungen bei Tieren und Pflanzen führen.

3.5. Heizung

Viele Terrarien für Reptilien aus tropischen oder subtropischen Regionen müssen beheizt werden. Dies geschieht in der Regel entweder mittels einer Bodenheizung (Heizkabel, Heizplatte) oder mithilfe von Lampen, die neben sichtbarem Licht auch immer einen mehr oder weniger großen Anteil an Wärmestrahlen (Infrarotstrahlung) abgeben. So wichtig diese Heizquellen gerade für Reptilien sind, so bedrohlich können sie für die Pflanzen im Terrarium sein. Bodenheizungen erwärmen das Substrat und erhöhen dadurch die Wasserverdunstung, was dazu führt, dass der Boden im Einflussbereich der Heizung sehr schnell austrocknet. Den Pflanzen fehlt dadurch das nötige Wasser. Sie welken und sterben über kurz oder lang ab. Grundsätzlich gilt: Pflanzen sollten im Terrarium immer möglichst weit weg von Bodenheizungen stehen.

Viele Pflanzen wachsen zwar besser, wenn die Bodentemperatur etwas höher ist als die Lufttemperatur; es gilt die alte Gärtnerweisheit „warme Füße/kühler Kopf". Der Temperaturunterschied darf aber nicht zu groß sein, und die im Terrarium befindlichen Lampen heizen das Substrat immer etwas auf, auch ohne dass Bodenheizungen vorhanden sind. Es gibt aber auch Pflanzen, wie z. B. die insektenfangende und für Freiland- oder ungeheizte Zimmerterrarien geeignete Kobralilie (*Darlingtonia californica*), die an kühle Bedingungen im Wurzelbereich angepasst ist. Kobralilien wachsen im Bereich von Quellen oder in Quellsümpfen, wo kühles Grundwasser an die Oberfläche tritt und somit den Wurzelbereich kühl hält. Auch bei manchen Epiphyten wie Orchideen aus mittleren und höheren Lagen ist ein kühles Substrat wichtig. Diese Arten gedeihen deshalb sehr gut, wenn sie auf poröse, mit Wasser gefüllte Tonröhren aufgebunden werden, denn das verdunstende Wasser auf der äußeren Oberfläche der Röhre senkt die Temperatur (Verdunstungskälte).

Um im Terrarium Pflanzenverluste durch Überhitzung zu vermeiden, ist zu bedenken, dass auch Wärmelampen und starke Lichtquellen eine Pflanze aufheizen. Pflanzen sind aber – im Gegensatz zu Tieren – nicht in der Lage, sich bei zu hohen Temperaturen in den Schatten oder an andere kühlere Orte zurückzuziehen. Man sollte die Pflanzen deshalb so anordnen, dass sie nicht in unmittelbarer Nähe starker Wärmestrahler stehen. Wachsen Pflanzen mit der Zeit zu nahe an eine Lampe heran, so sollte man sie entweder zurückschneiden oder aber umpflanzen. Blätter und Triebe weisen oft schon Verbrennungen auf, wenn sie mit Leuchtstoffröhren in Berührung kommen. Leuchtstoffröhren erreichen ohne Weiteres Oberflächentemperaturen von teilweise deutlich über 50 °C, wobei die höchsten Werte an den Enden der Lampen erreicht werden. HQI- und HQL-Lampen heizen sich sogar auf weit über 100 °C auf. Berührt eine Pflanze eine solche Wärmequelle führt dies unweigerlich zu Verbrennungen. Bei starken Lampen kann sogar akute Brandgefahr bestehen!

4. Pflanzentypen

4.1. Sukkulenten

Sukkulenten sind Pflanzen, die in der Lage sind, Wasser in ihrem Körper zu speichern (lat. „succus" = Saft). Um zu verhindern, dass das aufgenommene Wasser verdunstet, besitzen diese Pflanzen oft eine besonders zähe Haut. Als zusätzlichen Verdunstungsschutz haben viele Arten ihre Blätter stark verkleinert, zu Dornen reduziert oder sie verzichten ganz darauf. Und eine Reihe von Arten hat auch noch einen besonders wassersparenden Stoffwechsel ausgebildet (Crassulaceen-Säurestoffwechsel). Alle diese Maßnahmen zur Verminderung von Wasserverlusten sind wichtig, da die meisten Sukkulenten aus Trockengebieten stammen. Halbwüsten, Savannen und Trockenwälder sind ihre Hauptverbreitungsgebiete. Daneben gibt es aber auch einzelne Saison- und Regenwaldbewohner wie die epiphytischen Binsenkakteen (*Rhipsalis*). Diese Sukkulenten haben sich an ein Leben in den relativ trockenen Baumkronen angepasst und können mit ihrem Wasserspeicher kurze Trockenperioden gut überstehen.

Je nachdem, welcher Pflanzenteil als Wasserspeicher dient, können die Sukkulenten in eine der folgenden Gruppen eingeteilt werden (Eggli 2000):

Stammsukkulenten nutzen ihren Stamm und manchmal auch ihre Zweige als Wasserspeicher. Sie haben ihre Blätter oft reduziert, und der grüne Spross hat die Aufgabe der Fotosynthese übernommen. In diese Gruppe gehören die Kakteen (Cactaceae) und viele sukkulente Wolfsmilchgewächse (Euphorbiaceae).

Caudex-Pflanzen nutzen nur einen Teil ihrer Sprossachse als Wasserspeicher – meist die Stammbasis in Bodennähe. Diese ist deshalb verdickt. Dünne, nicht sukkulente Triebe und Blätter sprossen während der Vegetationszeit aus der Wasser speichernden Basis. In diese Gruppe gehören z. B. eine Reihe von sukkulenten Storchschnabelarten (*Pelargonium*), einige Kürbis-Gewächse (Cucurbitaceae) oder die Schildkrötenpflanzen (*Dioscorea*, früher *Testudinaria*).

Pachycaule Pflanzen sind Bäume oder Sträucher, die ihren gesamten Stamm als Wasserspeicher nutzen. Er ist dabei meist überproportional verdickt. Pachycaul sind z. B. die Baobabs (*Adansonia*) in Afrika, Madagaskar und Nordaustralien.

Blattsukkulenten speichern Wasser in ihren verdickten Blättern. Typische Blattsukkulenten sind die Dickblattgewächse (Crassulaceae), *Aloe* und Agaven.

Wurzelsukkulenten nutzen ihre Wurzeln als Wasserspeicher. Hierher gehören einige Kakteen (Cactaceae).

In Afrika dominieren vielerorts sukkulente Wolfsmilchgewächse (Euphorbiaceen). Weiter findet man hier *Aloe*, Seidenpflanzengewächse (Asclepiadaceae) wie die Aasblumen sowie eine fast unüberschaubare Vielzahl an Mittagsblumen (Aizoaceae). Typisch für die Trockengebiete Madagaskars sind Didiereen-Gewächse (Didiereaceae), *Pachypodium* und *Aloe* sowie ebenfalls Euphorbien.

Die sehr trockene Arabische Halbinsel ist größtenteils nahezu vegetationslos. Sukkulenten gedeihen hier mehrheitlich entlang den zum Roten Meer bzw. dem Indischen Ozean abfallenden Hängen der Gebirge. Aus diesen Gebieten kennt man einige *Caralluma*-Arten (Asclepiadaceae) und Euphorbien. Die asiatischen und australischen Trockengebiete sind aufgrund unregelmäßiger Niederschläge und oft lang anhaltender Trockenzeiten nahezu sukkulentenfrei.

Für den amerikanischen Doppelkontinent charakteristisch sind Kakteen (Supthut & Akeret 2000). Je nach Region variiert die Artenzusammensetzung jedoch beträchtlich. Weiter findet man in den USA wie auch in Mexiko Dickblattgewächse (Crassulaceae) und Agaven. Letztere sind außerdem in der Karibik weit verbreitet.

Felswand am Mt. Writson in Südarizona (USA) mit *Agava parryi* und Kakteen (*Echinocereus* spp.). Lebensraum von Jarrows Stachelleguanen (*Sceloporus jarrovii*) und Felsenklapperschlangen (*Crotalus lepidus klauberi*)

4.1.1. Sukkulentenkultur

Die meisten Sukkulenten stammen aus Trockengebieten oder besiedeln in feuchteren Regionen mehr oder weniger trockene Mikrohabitate wie Felsen (Lithophyten) oder Bäume (Epiphyten). Sukkulenten findet man typischerweise in Gebieten mit einem alljährlich wiederkehrenden, mehr oder weniger ausgeprägten Wechsel zwischen Regen- und Trockenzeiten. Letztere dauern in der Regel jeweils mehrere Monate. An ihren natürlichen Standorten sind diese Pflanzen vielfach sehr hohen Lichtintensitäten ausgesetzt.

Will man Sukkulenten im Terrarium pflegen, so muss man sie mit der richtigen Menge Wasser versorgen und ausreichend stark beleuchten. In den wenigsten Fällen kann man die in der Natur vorhandenen Lichtmengen im Terrarium erreichen, ohne dieses durch die unvermeidbare Abwärme sehr stark aufzuheizen. Man sollte deshalb auf Arten zurückgreifen, welche auch in der Natur an mehr oder weniger beschatteten Orten wachsen, z. B. im Schutze von Büschen oder im Gras. Die extremen „Sonnenanbeter" unter den Sukkulenten besitzen fast immer spezielle Lichtschutzeinrichtungen, wie eine starke Bedornung, weiße Schuppen oder eine dichte Behaarung. Als Terrarienpflanzen eignen sich solche Arten – so schön sie aussehen – auf keinen Fall! Ausnahmen stellen hier allenfalls Gewächshäuser und Freilandanlagen dar. Im Zimmerterrarium sollte man auf grüne, möglichst schwach bedornte Arten zurückgreifen. Dadurch können auch die Tiere vor Verletzungen geschützt werden.

Ein wichtiger Punkt bei der Kultur von Sukkulenten ist die Wasserversorgung. Gießt man zu wenig, so verdorren auch die von Natur aus trockenheitsliebenden Sukkulenten. Gießt man zu viel, so besteht die Gefahr, dass die Pflanzen zu faulen beginnen. Grundsätzlich kann gesagt werden, dass man Sukkulenten während der Vegetationsperiode meist im Abstand von 2–4 Wochen mit möglichst kalkfreiem Wasser gießen sollte. Die Gießabstände richten sich jedoch stark nach der Temperatur. Je wärmer es im Terrarium ist, desto häufiger muss man die Pflanzen (und Tiere) mit Wasser versorgen und desto mehr Licht benötigen sie. Wichtig ist, dass man beim Gießen immer so viel Wasser gibt, dass das gesamte Substrat im Bereich der Pflanzen gut durchfeuchtet wird. Die Pflanzen nehmen dann meist in kurzer Zeit viel Wasser auf. Gießt man das nächste Mal, so sollte das Pflanzsubstrat wieder gut abgetrocknet (jedoch nicht staubtrocken) sein. Ist es noch feucht, so wartet man besser noch ein paar Tage. Eine Ausnahme von dieser Regel stellen pachycaule Arten dar, welche nicht sukkulente Triebe besitzen. Diese Pflanzen brauchen für einige Wochen vermehrte Wassergaben. Umgekehrt darf man viele Sukkulenten während der Ruhephase – z. B. im Winter – auf keinen Fall gießen. Gerade bei vielen Kakteen ist es wichtig, dass man sie kühl und trocken überwintert. Am besten gießt man sie im Herbst nicht mehr und entfernt sie aus dem Terrarium für die Zeit, während der man auch die Echsen oder Schlangen überwintert. Besitzt man kein frostfreies Treibhaus, so kann man die Pflanzen auch im kühlen (Wein-) Keller oder der Garage überwintern. Von großer Bedeutung ist, dass das Pflanzsubstrat absolut trocken ist!

Gerade wenn man Sukkulenten im Terrarium kultiviert, ist es wichtig, das richtige Substrat zu wählen. Viele Kakteen, aber auch andere Sukkulenten, werden von kommerziellen Pflanzenzüchtern für den Verkauf in sehr torf- oder humushaltige Substrate gepflanzt. In den meisten Fällen können die Pflanzen darin nicht erfolgreich über einen längeren Zeitraum kultiviert werden. Man sollte sie deshalb auf jeden Fall umtopfen. Hierbei entfernt man den Torf und ersetzt die torfige Erde durch ein mineralisches Substrat wie Lavalit oder ein Kies-Sand-Gemisch. Müssen die Pflanzen nicht für eine Winterruhe aus dem Terrarium entfernt werden, so pflanzt man sie am besten direkt in den nicht zu feinkörnigen, möglichst mineralischen Bodengrund des Terrariums. Besteht dieser aus Sand oder müssen die Pflanzen außerhalb des Beckens überwintert werden, so hat sich eine Kultur in großen, mit einer kiesig-

Mit Bromelien und Farnen bewachsener Baum auf der Insel Dominica (Kleine Antillen), Lebensraum von Pfeiffröschen (*Eleutherodactylus martinicensis*) und Augenfleck-Anolis (*Anolis oculatus montanus*)

sandigen Sukkulentenerde gefüllten Tontöpfen bewährt. Am besten kauft man sich eine fertige Kakteenmischung in einer Sukkulentengärtnerei, bei einem Sukkulentenliebhaberverein (Kakteengesellschaft) oder mischt sich selbst ein entsprechendes Substrat.

4.1.2. Weiterführende Literatur:

Allain & Dore (2005); Becherer (2002); Buddensiek (1998); Eggli (1994); Fleischer & Schütz (1982); Götz, Gröner & Cullmann (2000); Hewitt (2004); Hoffmann (1978); Köhlein (2005); Mansfeld (2013); Uhlig (2005)

4.2. Epiphyten

Epiphyten oder Aufsitzerpflanzen sind Pflanzen, welche auf anderen Pflanzen wachsen. Epiphyten sind aber keine Parasiten. Vielmehr nutzen sie andere Pflanzen – meist Bäume – als Unterlage, um unter besseren Lichtverhältnissen wachsen zu können als dies am schattigen Waldboden möglich wäre. Die größte Artenvielfalt erreichen die epiphytischen Blütenpflanzen in feucht-tropischen Gebieten. Nur hier und in einigen Wüstengebieten hat sich das Klima seit dem Ende der Kreidezeit nicht wesentlich verändert. So hatten die Pflanzen rund 65 Millionen Jahre Zeit, diesen komplizierten und speziellen Überlebenstyp zu entwickeln. Von den Feuchttropen konnten sich bisher nur wenige epiphytische Blütenpflanzen in andere Gebiete ausbreiten, obwohl auch in anderen Regionen zumindest ausreichend feuchte Bedingungen vorhanden wären (Richter 2001). So findet man im Süden der USA einige *Tillandsia*-Arten (Bromeliaceae) oder im südlichen Chile eine Reihe epiphytischer Gesneriaceae. Weiter verbreitet sind epiphytische Farne, Moose und Flechten. So gedeihen selbst in Mitteleuropa in feuchten, schattigen Waldschluchten Wurmfarne (*Polypodium vulgare*) auf den moosbewachsenen Ästen und Stämmen von Laubbäumen.

Das Leben hoch oben auf den Ästen von Bäumen hat den Vorteil, dass hier die Lichtverhältnisse sehr gut sind. Ein großes Problem ist hingegen die Wasserversorgung. Das Regenwasser fließt jeweils sehr schnell ab, und eine allenfalls vorhandene, meist nur wenige Millimeter dicke Humusauflage auf den Ästen kann kaum Wasser speichern. Epiphyten sind deshalb auf regelmäßige Niederschläge angewiesen. Bei manchen epiphytischen *Tillandsia*-Arten aus den Trockengebieten Lateinamerikas reicht das regelmäßige Auftreten von Nebel, um die Pflanzen mit ausreichend Wasser zu versorgen. Epiphytische Standorte haben ökologisch große Ähnlichkeit mit Felsstandorten. So wachsen manche Geweihfarne (*Platycerium*) in Südostasien sowie in Nord- und Ostaustralien oder viele Bromelien in Lateinamerika nicht nur auf Bäumen, sondern oft auch auf Felsen. Weil die Regenhäufigkeit an Gebirgshängen größer ist als im Flachland, sind Epiphyten in Bergregen- und Nebelwäldern erheblich häufiger als in Tieflandregenwäldern. Letztere sind dagegen meist reicher an Lianen als die Wälder höherer Lagen. Viele Epiphyten haben, wie die Sukkulenten aus den Trockengebieten, Wasser speichernde Gewebe ausgebildet. So besitzen epiphytische Orchideen oft sukkulente Blätter und/oder Wasser speichernde Bulben (knollenartig verdickte Blasbasen). Sukkulente Blätter besitzen auch manche Bromelien, *Dischidia, Peperomia* usw. Umgekehrt findet man bei manchen typischen Sukkulentenfamilien wie den Kakteen eine ganze Reihe epiphytischer Arten (*Disocactus*, *Epiphyllum*, *Lepismium, Rhipsalis*). Viele epiphytische Orchideen besitzen Luftwurzeln, mit denen sie bei Regen oder Nebel schnell viel Wasser aufnehmen können. Insbesondere kleine, epiphytische Orchideen, aber auch andere Epiphyten wachsen oft nicht auf der Oberseite der Äste ihrer Trägerbäume, sondern darunter oder zumindest seitlich. Ein Sachverhalt, den man für die erfolgreiche Kultur dieser Pflanzen unbedingt beachten sollte. Bei seitlichem Wuchs treiben die Pflanzen meist Luftwurzeln auf die Astunterseite. Denn bei Regen läuft das Wasser oft auf der Unterseite der Baumäste und dem Stamm entlang ab.

Eine epiphytische Pflanze, welche sich auf der Astunterseite ansiedelt, erhält deshalb mehr Wasser, als wenn sie auf der Astoberseite wachsen würde. Eine weitere Anpassung an die relativ trockenen Bedingungen unter denen Epiphyten leben, sind die Saugschuppen vieler Bromelien. Mit ihnen können die Pflanzen Wasser aufsaugen. Man findet deshalb dicht weiß oder grau beschuppte Arten mehrheitlich in relativ regenarmen, aber nebelreichen Gebieten. Die Schuppen können auch helfen, dass das in den Blattachseln von Bromelien gesammelte Regenwasser von den Pflanzen aufgenommen werden kann.

Die Wasserzisternen der Bromelien beherbergen oft eine vielfältige Fauna. Neben Einzellern und anderen Mikroorganismen leben hier viele Insekten, Spinnen, Skorpione und sogar Krabben. Unter den Wirbeltieren sind es vor allem Laub- und Pfeilgiftfrösche, in Lateinamerika auch Salamander (*Bolitoglossa*) sowie Schlangen und Echsen. Die Wurzeln der Bromelien dienen oft nur noch zur Verankerung der Pflanze und kaum zur Aufnahme von Wasser und Nährstoffen. Bei der an Bartflechten erinnernden *Tillandsia usneoides* fehlen die Wurzeln sogar vollständig (Rauh 1990; Richter 1978; Röth 1991).

Epiphytische Farne, die das Austrocknen nicht ertragen, können sich ihren eigenen „Blumentopf" bilden, indem sie in ihren Blatttrichtern (*Asplenium nidus*) oder in speziellen Nischenblättern (*Aglaomorpha*, *Platycerium*) herabfallende Blätter, Rindenstücke, Kot und anderes Material sammeln. Es bildet sich so ein humusreicher, Wasser speichernder Boden, in den die Wurzeln hineinwachsen. Vergleichbare Humusauflagen können sich aber auch in dichten Epiphytenbeständen ausbilden. Messungen haben ergeben, dass der Epiphytenhumus viele Tonnen Wasser pro Hektar Regenwald speichern kann. Als „Mülleimer" und somit als regelrechte Humusproduzenten wirken auch die Blattrosetten von Bromelien, welche meist dicht mit abgefallenen Blättern gefüllt sind (Richter 2001; Walter & Breckle 1999).

Eine weitere Besonderheit sind myrmecophile Epiphyten (*Myrmecodia*, *Hydnophytum*, einzelne *Dischidia*). Es handelt sich hierbei

Epiphyten (*Dendrobium speciosum*), Farne, Moose und Flechten in 30 m Höhe auf einem Würgerfeigenast im subtropischen Regenwald des Lamington National Parks im Nordosten von New South Wales (Australien)

um Pflanzen mit hohlen oder schwammartigen, verdickten Sprossstücken oder Blättern. In diesen Hohlräumen leben Ameisen, welche die Pflanzen mit Nährstoffen versorgen. Leider sind diese interessanten Pflanzen im Terrarium recht anfällig auf Schild- und Blattlausbefall, da man sie in den meisten Fällen ohne Ameisen pflegen wird, welche sie in der Natur vor diesen Parasiten schützen würden.

In tropischen Regenwäldern beginnen selbst manche Bäume ihr Leben als Epiphyten. Die Samen dieser Pflanzen werden von Tieren verbreitet. Zusammen mit einem kleinen Kothaufen werden sie z. B. von einem Vogel auf einem Ast abgesetzt. Hier keimen sie und bilden nach einiger Zeit Wurzeln, die bis auf den Boden hinunterreichen. Im Laufe mehrerer Jahre umschlingen sie ihren Wirtsbaum mit einem immer engeren Wurzelgeflecht, bis dieser schließlich darunter abstirbt. Bekannteste Vertreter dieses Wuchstypen sind die Würgerfeigen (*Ficus*). Solche netzwerkartigen Würgerfeigenstämme sind gerade für Großterrarien ausgesprochen dekorativ, leider aber nur schwer erhältlich. In großen zoologischen Gärten sieht man manchmal solche Stämme in den Terrarien oder in Vogelvolieren. Eventuell kann man über entsprechende Kontakte auch als Privatperson mal zu einem solchen Stamm kommen.

Typisch für mittel- und südamerikanische Regenwälder sind epiphytische Orchideen, Bromelien, Kakteen (z. B. *Rhipsalis*), Araceen (z. B. *Anthurium*), Piperaceen (z. B. *Peperomia*) und lange Rhizome bildende Farne (z. B. *Polypodium*). Eine besonders interessante Pflanzengruppe, die in feucht-tropischen Gebieten auch epiphytische Vertreter hervorgebracht hat, sind die Wasserschläuche (*Utricularia*). Es handelt sich hierbei um fleischfressende Pflanzen, welche in Mitteleuropa als Wasserpflanzen in nährstoffarmen Gewässern vorkommen. Die epiphytischen Arten tropischer Gebiete wachsen meist in Moospolstern auf Stämmen und Ästen. Viele Arten bilden auffällige Blüten aus. Besonders großblütig sind *Utricularia alpina*, *U. longifolia* aus dem nördlichen Südamerika und der Karibik oder die oft in den wassergefüllten Blattachseln von Bromelien wachsende *U. humboldtii* aus Venezuela.

Ameisenpflanzen (*Myrmecodia platytyrea*) aus Südostasien sind Epiphyten, in deren schwammartigen, verdickten Stämmchen Ameisen leben, die die Pflanzen vor Schädlingen schützen.

In Lateinamerika findet man Epiphyten nicht nur in Regenwäldern. Auch Trockenwälder sind oft sehr epiphytenreich. Neben diversen Flechten sind es insbesondere die grauen bis silberfarbenen *Tillandsia*-Arten, welche epiphytisch auf Büschen, Bäumen oder gar auf Säulenkakteen wachsen.

Im Gegensatz zu Lateinamerika ist Afrika arm an epiphytischen Gefäßpflanzen. So kennt man aus Mittel- und Südamerika rund sechs Mal so viele Arten wie aus Afrika. Neben diversen Orchideen wachsen dort auch eine Reihe epiphytischer Farne (z. B. *Asplenium*, *Microgramma*, *Platycerium*). Häufig sind dagegen epiphytische Kryptogamen wie Flechten und Moose.

In Asien sind die Epiphyten wieder erheblich artenreicher als in Afrika, erreichen aber dennoch nicht die Vielfalt Lateinamerikas. Neben vielen Orchideen findet man in Asien eine Reihe epiphytischer *Dischidia*- und *Hoya*-Arten (Asclepiadaceae). Manche *Dischidia*-Arten bilden hohle blasenartige Blätter aus, in denen sich Ameisen ansiedeln. Ebenfalls von Ameisen besiedelt werden *Hydnophytum*- und *Myrmecodia*. Wie in Lateinamerika wachsen auch einige asiatische *Utricularia*-Arten epiphytisch. Bei den epiphytischen Farnen fallen vor allem die zum Teil sehr großen und in Asien artenreich vertretenen Geweihfarne (*Platycerium*) und die Nestfarne (*Asplenium nidus)* auf. Aber auch kleinere Farne sind gerade in Berg- und Nebelwäldern häufig.

Aufgrund der geringen Ausdehnung australischer Regenwälder ist die Artenvielfalt der Epiphyten hier im Vergleich zu Asien nicht sehr groß. Die auffälligsten Arten sind auch hier Geweihfarne (*Platycerium*) und Nestfarne (*Asplenium*).

4.2.1. Epiphytenkultur

Epiphytische Pflanzen sollte man nicht auf dem Terrarienboden pflanzen. Einerseits sprechen ästhetische Überlegungen dagegen, andererseits sind hier die Bedingungen suboptimal, denn Epiphyten faulen leicht, wenn sie mit ihren Wurzeln ständig in der feuchten Erde stehen. Erheblich besser ist es, die Pflanzen auf Äste aufzubinden. Am besten eignen sich hierfür Korkäste, weil sie kaum faulen und die Epiphyten in der rauen Borke guten Halt finden. Bekommt man keine ganzen Korkäste, so kann man auch Korkröhren zu verzweigten Ästen zusammenbauen. Am besten baut man sich hierfür aus Kunststoffrohren (z. B. Abwasserrohre) ein Grundgerüst, das man mit den Korkröhren umkleidet (Henkel & Schmidt 1997). Will man vermeiden, dass sich die Terrarientiere im Innern der Röhren verstecken können, so kann man die ganze Konstruktion mit einem Montageschaum ausschäumen. Wichtig ist hierbei, dass man das Ganze nach dem Ausschäumen erst ein paar Wochen stehen lässt. Andernfalls besteht die Gefahr, dass aus dem noch nicht richtig ausgehärteten Schaum giftige Gase entweichen, welche Pflanzen und Tiere schädigen könnten. An Stelle des Montierschaumes können auch andere, schlecht verrottende Materialien wie Kokosfasern verwendet werden. Diese haben jedoch gegenüber dem Montierschaum den Nachteil, dass sie den künstlichen Epiphytenast nicht zusätzlich stabilisieren. Außerdem können sich in den Fasern auch leicht Milben oder andere Plagegeister einnisten sowie Futtertiere verstecken und allenfalls sogar unkontrolliert vermehren. Ebenfalls gut geeignete Materialien zur Herstellung von Epiphytenästen sind Robinien (*Robinia pseudo-acacia*), schon ein paar Jahre verwitterte Eichenäste (*Quercus*), bei welchen die Rinde und das Splintholz bereits abgebaut ist, oder Flieder (*Syringa*). Stettler (1978) empfiehlt weiter Apfel- und Birnbaum, Wacholder und Kiefern. Bei der Verwendung von Nadelhölzern sollte man darauf achten, dass sie nicht harzen, denn sonst besteht die Gefahr, dass sich Saumfinger (*Anolis, Norops* usw.) oder Geckos die empfindlichen Haftlamellen verkleben, was wohl in den meisten Fällen deren Tod zur Folge hätte. Aber auch andere Arten lieben es nicht, mit austretendem Harz in Berührung zu kommen. Atmosphärische Tillandsien wachsen besonders gut auf zu Bündeln zusammengebundenen Wacholder- oder *Thuja*-Zweigen (Oeser 1966) sowie auf Rebhölzern.

Ein besonders gut geeignetes Material zur Herstellung von mit Epiphyten bepflanzten Terrarienrück- und -seitenwänden sind Xaxim-Platten (sprich „Schaschim"). Diese werden aus Stammstücken von Baumfarnen gewonnen. Da die zur Herstellung von Xaxim verwendeten Baumfarne CITES-geschützt sind, sollte man sich beim Kauf vergewissern, dass sie aus legalem Abbau stammen. Meist sind dies Waldflächen, welche dem Straßenbau oder Siedlungen weichen müssen. Es gibt Bestrebungen, den Handel mit Xaxim stark einzuschränken oder gar vollständig zu unterbinden.

Xaxim ist in zwei unterschiedlichen Qualitäten erhältlich: Der eine Typ besteht aus steifen, rund 1 mm dicken, holzigen Fasern mit großen Zwischenräumen. Der andere Typ hat zwar eine feste, aber dennoch eher weiche, aus feinen Fasern aufgebaute Struktur mit kleinen Hohlräumen. Durch diese vielen, kleinen Hohlräume speichert die feinere Xaxim-Form relativ viel Feuchtigkeit und eignet sich dadurch insbesondere für die

Xaximtopf, Xaximbrett und Xaximstäbe sind gute Grundlagen für die Kultur von Epiphyten. Mit Kokosfasern können die Wurzelballen der Pflanzen umwickelt und anschließend festgebunden werden.

Kultur epiphytischer Farne. Die grobe Form ist dagegen besser geeignet, um Orchideen darauf zu kultivieren. Werden die Xaxim-Platten regelmäßig befeuchtet, so wachsen oft auch Pflanzen aus darin vorhandenen Samen und Sporen heran. Mit etwas Glück kommt man so auch mal zu Pflanzenarten, welche über den Handel nur schwer erhältlich wären. Neben Platten sind auch Xaxim-Stäbe erhältlich. Aus diesen lassen sich ebenfalls Epiphytenäste konstruieren. Um zu vermeiden, dass ein solcher Xaxim-Stab knickt, muss man ihn jedoch erst versteifen. Hierzu kann man einen stabilen, rostfreien Metall- oder Kunststoffstab in den Xaxim-Stab stecken. Die kantigen, anfänglich etwas unnatürlich wirkenden Xaxim-Stäbe überwachsen bei geeigneter Pflanzenauswahl und guter Pflege recht schnell und sehen bereits nach wenigen Monaten sehr schön aus.

Versuche mit dem synthetischen Epiweb®, einer Alternative zu Xaxim, verliefen unbefriedigend. Es handelt sich hierbei um ein Geflecht aus relativ steifen, feinen Kunststofffäden. Die Struktur ist mit derjenigen von Xaxim vergleichbar, allerdings ist Epiweb lichtdurchlässiger als Xaxim. Gemäß Herstellerangaben kann Epiweb Wasser bis 76 % der Eigenmasse speichern. Trotzdem trocknet Epiweb viel schneller ab als Xaxim. Man kann die Wasserspeicherfähigkeit etwas verbessern, wenn man trockenen Torf in die Epiwebmatten einmassiert, bevor man diese ins Terrarium einbringt. Der Torf saugt Wasser auf und lässt die Matten merklich langsamer abtrocknen als die nackten Kunststofffasern. Allerdings rieselt der Torf mit der Zeit wieder aus den Matten heraus, falls nicht rasch genug ein Bewuchs – z. B. mit Moosen – aufkommt, der dies verhindern kann.

Viele Orchideen und epiphytische Farne lassen sich sehr gut auf mit Wasser gefüllten Tonröhren kultivieren. Am besten bindet man hierbei die Pflanzen mit einem Kunststofffaden oder einem Nylonstrumpf außen an der Tonröhre fest. Meist bilden die Pflanzen sehr schnell Wurzeln aus, die sich an der Tonoberfläche anschmiegen. Das Wasser diffundiert langsam vom Innern der Röhre durch den porösen Ton auf die Oberfläche und kann von dort über die Wurzeln aufgenommen werden. Gleichzeitig wird der Ton durch das verdunstende Wasser gekühlt. Wichtig ist, dass immer Wasser in der Röhre vorhanden ist. Meist siedeln sich bereits nach wenigen Monaten Algen und Moose auf der ständig feuchten Tonoberfläche an und verleihen solchen Röhren ein natürliches Erscheinungsbild. Die Röhren werden im Terrarium oft auch von Fröschen oder Echsen als willkommene Versteckplätze oder als Wasserreservoir genutzt. Fröschen,

Mit Wasser gefüllte, poröse Tonröhren eignen sich sehr gut, um Farne oder Orchideen zu kultivieren

Im botanischen Garten von Canberra (Australien) werden epiphytische Orchideen, Farne und Moose auf langen Drahtkörben kultiviert, die mit groben Rindenschnitzeln gefüllt sind

die in der Natur Baumhöhlen bewohnen, kann man mit solchen Röhren gute Ersatzhabitate bereitstellen. Von manchen Individuen werden die Röhren außerdem als Rufplätze mit ganz spezieller Akustik genutzt.

Im botanischen Garten von Canberra (Australien) werden epiphytische Orchideen, Farne und Ameisenpflanzen (*Myrmecodia*) auf teilweise mehrere Meter langen Drahtkörben kultiviert. Hierzu wurden dicke, rostfreie Stahldrahtringe mit langen Stahlstäben verschweißt. Diese Körbe wurden mit einem Gemisch aus groben Rinden- und Holzkohlestücken gefüllt und die Pflanzen darin eingesenkt oder aufgebunden. Zwischen den Pflanzen siedelten sich nach einiger Zeit dicke Moospolster an, sodass die gesamte Konstruktion nach einiger Zeit recht natürlich wirkt.

Trichterbromelien bindet man am besten zusammen mit einem Büschel Kokosfasern oder Langfasertorf auf dem Epiphytenast fest. Keinesfalls sollte man die Wurzeln mit *Osmunda*-Fasern (Orchideenpflanzstoff aus Farnwurzeln) oder Moos umwickeln. Torfmoos (*Sphagnum*) kann nur schlecht wieder befeuchtet werden, wenn es erst einmal ausgetrocknet ist. Vor dem Aufbinden entfernt man bei in Töpfen gezogenen Pflanzen den Topf und möglichst viel Erde. Dabei dürfen aber die Wurzeln nicht verletzt werden. Epiphytische Farne, Kakteen (*Rhipsalis*), *Anthurium*, *Begonia, Dischidia*, *Peperomia* usw. sollte man zusammen mit etwas lockerem, wasserdurchlässigem Pflanzsubstrat (z. B. Kultursubstrat für epiphytische Orchideen oder fein gehacktes Buchenlaub mit etwas Torf und Xaxim-Fasern gemischt) auf dem Epiphytenast aufbinden. Recht viel Substrat brauchen die humussammelnden Arten wie Nestfarne (*Asplenium*) oder Geweihfarne (*Platycerium*). Diese montiert man am besten ohne zuvor das Pflanzsubstrat zu entfernen, ebenfalls mit etwas Fasermaterial auf den Ast – Nestfarne oben, Geweihfarne seitlich. Schneider (1978) empfiehlt *Platycerium* in einem mit einer seitlichen Aussparung versehenen Topf zu kultivieren. Die Nischenblätter umwachsen den Topf innerhalb kurzer Zeit und kaschieren ihn so. Gerade Nestfarne reagieren empfindlich auf zu kleine Töpfe. Man sollte diese Pflanzen deshalb alle 2–3 Jahre umtopfen oder aber langsam verrottende Töpfe verwenden, z. B. spezielle Presstorf- oder Presskartontöpfe. Ebenfalls geeignet sind Nylonstrümpfe, die man mit Substrat füllt und dann am Epiphytenast befestigt. Wenn man noch ein paar Löcher in den Strumpf schneidet, so können die Pflanzen ihre Wurzeln durch das elastische Nylonmaterial treiben bzw. der „Strumpftopf" passt sich dem Wachstum an. Ebenfalls bewährt haben sich Xaxim-Töpfe. Diese speichern einerseits Feuchtigkeit, lassen aber überschüssiges Wasser trotzdem leicht abfließen.

Mit Kabelbinder an einem Baum befestigter Geweihfarn (*Platycerium bifurcatum*) im botanischen Garten von Brisbaine (Australien)

Dadurch entstehen bei regelmäßigem Gießen Substratbedingungen, die vielen Humusepiphyten zusagen. Weiterhin können die Pflanzen ihre Wurzeln ins Xaxim treiben und werden deshalb im Wurzelbereich nicht so eingeengt wie in normalen Töpfen. Zusätzlich siedeln sich nach einiger Zeit außen an den Xaxim-Töpfen oft Farne, Moose und andere Pflanzen an, sodass dann ein sehr natürliches „Epiphytennest" entsteht.

Graue, atmosphärische Tillandsien sollte man ohne Substrat auf einem Ast festbinden oder mit einem wasserfesten, ungiftigen Klebstoff festkleben. Auch viele epiphytische Orchideen gedeihen ohne Substrat hervorragend. Sie treiben ihre Wurzeln in die Ritzen der möglichst rauen Epiphytenastborke und halten sich so fest. Die Befestigungshilfsmittel kann man allenfalls mit einem kleinen Büschel Langfasertorf kaschieren. Wichtig ist, dass man gerade die Orchideen, aber auch viele Tillandsien nicht auf der Astoberseite fixiert, sondern seitlich anbringt. Die Blätter und Wurzeln können so wie in der Natur frei herunterhängen. Einzig Tillandsien mit wassergefüllten Trichtern kann man auf der Astoberseite anbringen. Eine genauere Übersicht, welche Tillandsien wie zu montieren sind gibt Röth (1991).

Wichtig ist, dass man nicht verrottende Fäden (z. B. Nylon), alte Nylonstrümpfe oder feinen Blumendraht verwendet, um die Pflanzen zusammen mit dem Fasermaterial auf dem Ast zu fixieren. Nylonfäden müssen satt angezogen werden, um zu vermeiden, dass sich die Tiere im Terrarium darin verfangen können. Atmosphärische Tillandsien oder Orchideen kann man auch einfach mit einem Metallstift oder einer Agraffe festnageln. Oder man klebt sie mit einem wasserfesten Alleskleber fest. Ebenfalls bewährt haben sich Kabelbinder. Diese sind in unterschiedlichen Farben erhältlich. Bei geschickter Farbwahl und mit ein paar Kokosfasern kaschiert, sind sie am fertigen Epiphytenast kaum mehr zu erkennen. Ist der Astumfang größer als die Länge der vorhandenen Kabelbinder, so können mehrere zusammenmontiert werden, bis die Länge passt. Schneidet man überstehende Enden ab, so sollte man darauf achten, dass allfällige Schnittflächen mit einer Feile gerundet werden, um Verletzungen bei den Tieren oder beim Hantieren im Terrarium zu vermeiden.

Bei der Bepflanzung des Astes sollte man kleine oder hängende Arten oben befestigen.

Dicht mit grauen Tillandsien bewachsener Baum in einem Trockenwald auf der Pazifikseite der Zentralkordilliere von Panama

Mit Kokosfasern und Nylonfäden werden Bromelien auf einem Aststück festgebunden. Die Töpfe werden hierfür entfernt und lose Erde vor dem Festbinden der Pflanzen abgeschüttelt. Rechts unten der fertige Epiphytenast im frisch eingerichteten Terrarium (60 x 50 x 55 cm). Beleuchtung: drei 18-W-Leuchtstoffröhren

Große Pflanzen gehören in den unteren Bereich. Kletterpflanzen und Schatten ertragende Farne platziert man ganz unten oder an der Basis des Stammes. So ist gewährleistet, dass alle mit ausreichend Licht versorgt werden. Gerade bei Bromelien ist es wichtig, dass sie in erster Linie von oben und nicht von der Seite beleuchtet werden. Weil viele Arten zum Licht wachsen, würde eine seitliche Beleuchtung dazu führen, dass sich die wassergefüllten Rosetten zur Seite neigen und entleeren. Erfahrungsgemäß sterben die Pflanzen dadurch fast immer ab.

Von großer Bedeutung ist die regelmäßige Bewässerung eines Epiphytenastes. Bei Arten die, wie z. B. Geweihfarne (*Platycerium*), mit größeren Substratmengen kultiviert werden, reicht es meist aus, sie alle paar Tage zu gießen. Wichtig ist für alle Epiphyten, dass überschüssiges Wasser unten aus dem Wurzelballen abfließen kann, um Fäulnis zu vermeiden. Ohne viel Substrat aufgebundene Orchideen, Bromelien oder Farne aus feuchten Gebieten sollte man täglich wässern. Recht einfach, aber bei mehreren Terrarien mit einem großen Zeitaufwand verbunden, geschieht dies mittels eines handelsüblichen Pflanzensprühgerätes. Dabei werden die Pflanzen nicht bloß angefeuchtet, sondern so kräftig besprüht, bis reichlich Wasser den Ast hinunter läuft. Dies gewährleistet, dass die sich oft auf der Astunterseite anschmiegenden oder frei herunterhängenden Wurzeln ausreichend Wasser aufnehmen können.

Etwas teurer in der Anschaffung, aber zuverlässiger sind automatische Sprühanlagen (Henkel & Schmidt 1997; Lötters et al. 2007; Wilms 2005). Die richtige Düsenposition bzw. -richtung und die Wasserdurchflussmenge einzustellen, bedarf einiger Erfahrung. Wichtig ist, dass man die Reaktionen der Pflanzen beobachtet – was mehrere Tage bis Wochen dauern kann – und bei Bedarf die Sprühanlage anpasst. In vielen Fällen muss man aber trotz solcher Anlagen immer wieder mal zusätzlich auch von Hand sprühen, um eine optimale Versorgung der Pflanzen zu gewährleisten.

Wichtig ist, dass ein Epiphytenast nicht im Spritzbereich eines Wasserfalls steht. Durch die ständige Befeuchtung würden die Pflanzen bald faulen und absterben. Außerdem besitzt das Holz des Astes unter solchen Bedingungen nur eine kurze Lebensdauer.

Graue, atmosphärische Tillandsien und andere Epiphyten aus Trockengebieten wie z. B. epiphytische Kakteen darf man nicht zu feucht kultivieren. Besonders empfindlich reagieren diese Pflanzen auf ein anhaltend schwüles Terrarienklima und stehende Luft. Man sollte insbesondere die Tillandsien nicht jeden Tag besprühen. Meist reicht es, sie ein- bis zweimal pro Woche zu befeuchten und anschließend wieder abtrocknen zu lassen. Recht gut haben sich für diese Pflanzen Nebelanlagen bewährt. Die feinen Wassertröpfchen dringen in jeden Spalt und in jede Blattachsel ein. Die Tillandsien können so das benötigte Wasser über ihre hygroskopischen Blattschuppen aufnehmen, ohne richtig nass zu werden. Alle 2–3 Tage rund eine halbe bis eine ganze Stunde kräftiger Nebel reichen meist aus. Durch ausreichend große Lüftungsflächen muss die mit Feuchtigkeit gesättigte Luft nach dem Abschalten des Verneblers abziehen, sodass die Pflanzen anschließend abtrocknen können.

Die mit Sicherheit am häufigsten im Terrarium kultivierten Epiphyten sind Bromelien oder Ananasgewächse (Bromeliaceae). Die meisten der rund 2.000 Arten dieser Familie wachsen in der Natur epiphytisch oder lithophytisch (auf Felsen). Bis auf eine afrikanische Art stammen alle aus Nord-, Mittel- oder Südamerika. Es sind Charakterpflanzen vieler neutropischer Regen- und Trockenwälder. Streng genommen sollte man sie deshalb auch nur zur Bepflanzung amerikanischer Terrarien einsetzen. Weichblättrige Arten in Regenwaldterrarien, hartblättrige Arten mit bedornten Rändern eher in Trockenwaldbecken. Von den vielen auch im Handel erhältlichen Arten haben sich die folgenden Bromelien im Terrarium besonders bewährt.

1. Regenwaldterrarien: Grüne *Aechmaea-*, *Guzmania-*, *Neoregelia-*, *Nidularium* und *Vriesea*-Arten

2. Trockenwaldterrarien: *Aechmaea*-Arten mit bedornten Blatträndern und steifen Blättern. Silbern oder weiß beschuppte *Tillandsia*-Arten

4.2.2. Weiterführende Literatur

Bomba (2000); Fink (1952); Kaletta & Schulz (1989); Kawollek (1992); Rauh & Gross (1990); Steens (2003); Schwarz & Schwarz (2001); Zimmer et al. (1986)

4.3. Kletterpflanzen

In Wäldern herrscht ein ständiger Kampf der Pflanzen um Licht. Je höher ein Baum, desto besser ist seine Lichtversorgung und damit seine Primärproduktion. Die meisten Pflanzen sind nicht in der Lage, selbstständig so groß und stabil zu werden wie die Bäume. Eine Strategie, um trotzdem ausreichend Licht zu erhalten, haben die Epiphyten eingeschlagen, indem sie sich direkt in den Baumkronen ansiedelten. Einen anderen Weg gehen die Kletterpflanzen. Sie keimen auf dem mehr oder weniger dunklen Waldboden, nutzen Bäume oder Felsen als Stütze und wachsen anschließend an diesen entlang in die lichtdurchfluteten, höheren Regionen. Man kann dabei eine Reihe unterschiedlicher Klettervarianten unterscheiden:

- **Spreizklimmer** stützen sich mit ihren Blättern, Blattstielen und Seitentrieben auf vorhandenen Strukturen ab. Oft wird das Abrutschen

Dicht mit Kletterpflanzen (*Epipremnum pinnatum*, *Pothos scandens*) bewachsener Regenwaldbaum in Singapur durch Dornen oder Stacheln verhindert wie z. B. bei Rotang-Palmen (*Calamus*).

- **Rankenpflanzen** umschlingen die Triebe ihrer Stützpflanzen mit speziellen Ranken. Berührt eine neu gebildete Ranke einen Zweig, so umschlingt sie diesen mehrfach und hält sich so fest. Oft wird die Ranke anschließend verkürzt, indem sie sich aufspiralisiert. Zu diesem Typ gehören Passionsblumen (*Passiflora*) und Reben (*Vitis*).
- **Schlinger** winden sich um ihre Stütze und schrauben sich so in die Kronen ihrer Stützbäume hoch. Zu dieser Gruppe gehören z. B. die hauptsächlich im tropischen Asien verbreiteten Kannenpflanzen (*Nepenthes*), die aus Asien und Australien stammenden Wachsblumen (*Hoya*) oder die Madagassische Krankschlinge (*Stephanotis floribunda*)
- **Wurzelkletterer** halten sich mithilfe ihrer Wurzeln in Rissen der Borke ihrer Stützbäume oder an Felswänden fest. Bei manchen Arten wachsen die Wurzeln über viele Meter bis zum Waldboden hinunter. Andere verlieren mit zunehmender Wuchshöhe den Kontakt zum Boden und werden zu Epiphyten. Zu den Wurzelkletterern gehören die neuweltlichen *Philodendron*- und *Monstera*- sowie die asiatischen *Piper*-, *Epipremnum*- und *Scindapsus*-Arten. Manche Wurzelkletterer, wie der in Mittel- und Südeuropa weit verbreitete Efeu (*Hedera helix*), bilden besondere, kurze Haftwurzeln aus, mit denen sie sich an der Unterlage festhalten.

Man findet Kletterpflanzen nicht nur in Regenwäldern. Auch in Trockenwäldern gedeihen viele Arten und bilden oft regelrechte Dickichte. Und selbst in den Wäldern gemäßigter Zonen findet man kletternde Pflanzen wie Efeu (*Hedera helix*) oder Waldreben (*Clematis vitalba*).

4.3.1. Kletterpflanzenkultur

Kletterpflanzen sollten in keinem Regenwaldterrarium fehlen. Aber auch für Trockenwaldanlagen kann die eine oder andere Kletterpflanze passend sein. Wichtig ist für alle Arten eine geeignete Kletterunterlage. Für Wurzelkletterer kann dies eine Kork- oder Xaxim-Rückwand sein. Ebenfalls infrage kommen kräftige, wenn möglich rauborkige Äste. Schlinger und Spreizklimmer benötigen feineres Astwerk oder andere, möglichst verzweigte Pflanzen.

Da viele Kletterpflanzen sehr schnell wachsen, müssen sie in den meisten Fällen regelmäßig zurückgeschnitten werden. Andernfalls beginnen sie sich entlang der Terrariendecke weiter auszubreiten und entziehen den darunter befindlichen Pflanzen immer mehr Licht. Oder sie wachsen sogar durch die Lüftungsgitter und breiten sich außerhalb des Terrariums aus. Ein weiteres Problem von Kletterpflanzen ergibt sich, weil viele Arten im begrenzten Raum eines Terrariums ohne Rückschnitt beginnen, sich selbst zu überwuchern. Die abgeschatteten, tieferliegenden Triebe verlieren ihre Blätter. Es entstehen so dichte, meist unansehnliche Kletterpflanzengestrüppe, in denen sich Kot und andere Abfallprodukte ansammelt und wo sich die Tiere außerdem einer Kontrolle entziehen können.

Als Kultursubstrat für Kletterpflanzen eignen sich die meisten handelsüblichen Blumenerden. Gute Erfahrungen konnten in Aquaterrarien aber auch gemacht werden, wenn die Pflanzen in Hydrokultursubstraten wie Blähton oder Seramis® gezogen wurden. Bei der Verwendung von Seramis sollte man jedoch aufpassen, dass es niemals austrocknet. Dieses wasserspeichernde Tongranulat kann, wie bereits erwähnt, im trockenen Zustand für Tiere gefährlich werden. Kommt ein trockenes Seramis-Korn mit der Zunge in Berührung oder gelangt es in den Mund, so kann es hier festkleben und gerade Jungtieren so viel Wasser entziehen, dass sie daran sterben.

Für Regenwaldterrarien hervorragend geeignete Kletterpflanzen sind die in Mittel- und Südamerika verbreiteten *Philodendron*-Arten (z. B. *P. cannifolium*, *P. rugosum*, *P. scandens*), kleine bis mittelgroße *Monstera*-Arten (z. B. *M. friedrichsthalii*) – leider wird die bekannteste Art, das Fensterblatt (*M. deliciosa*) riesig und eignet sich deshalb höchstens für Großterrarien – oder die in ihrer Jugendform eng an den Untergrund gepresste Blätter bildenden *Marcgravia*-Arten. Letztere sind leider bisher noch kaum im kommerziellen Pflanzenhandel erhältlich. Sie werden aber recht oft von Froschhaltern kultiviert und sollten durch entsprechende Kontakte zu bekommen sein. Gut geeignete, asiatische Kletterpflanzen für Regenwaldterrarien finden sich in den Gattungen *Dischidia* (z. B. *D. pectenoides*), *Epipremnum* (z. B. *E. pinnatum* bzw. *E. aureum*, oft als *Scindapsus aureus* im Handel), *Ficus* (z. B. *F. pumila, F. radicans*), *Piper* (z. B. *P. ornatum, P. porphyrophyllum, P. sylvaticum*) und *Scindapsus* (z. B. *S. pictus*). Von Asien bis Australien verbreitet sind die rund 200 Wachsblumenarten (*Hoya*). Häufig angeboten und einfach zu kultivieren sind *Hoya bella* und *H. carnosa*. Ebenfalls leicht erhältlich, aber etwas anspruchsvoller ist die nicht allzu groß werdende und meist als Ampelpflanze gezogene *Hoya lanceolata*. Viele kletternde *Hoya*-Arten bilden sehr lange, zunächst blattlose Triebe. Sind die Lichtverhältnisse unzureichend, so unterbleibt die Blattbildung. Wachsblumen sollte man deshalb nur in hell beleuchteten Terrarien pflegen. Einen ähnlichen Habitus wie *Hoya* haben die Kranzschlingen (*Stephanotis*). Die einzige im Handel erhältliche Art dieser Gattung ist *S. floribunda* aus Madagaskar. Sie verlangt einen hellen Standort und mäßige Feuchtigkeit. Wichtig ist, dass das Substrat niemals austrocknet.

Aus den trockenen Monsunwäldern des südlichen Afrikas stammt der Sumach- oder Kapwein (*Rhoicissus capensis*). Wichtig ist für diese Rankenpflanze ein heller Standort. Allerdings benötigt *R. capensis* aufgrund seiner Wuchsfreudigkeit große Terrarien, und auch hier müssen sie sehr häufig zurückgeschnitten werden. Ebenfalls gut zur Bepflanzung von halbfeuchten Terrarien geeignet sind diverse Vertreter der Gattung *Cissus*. Am häufigsten angeboten werden der aus Australien stammende *C. antarctica* sowie *C. rhombifolia* aus der Karibik und dem nördlichen Südamerika. Besonders attraktiv gefärbte Blätter besitzt *C. discolor*, eine Rebenart, die von Vietnam bis zu den Sundainseln verbreitet ist. Wichtig ist bei allen *Cissus*-Arten, dass man das Substrat ständig mäßig feucht hält. Andernfalls verlieren sie ihre Blätter und sterben sehr schnell ab. *Cissus adenopoda*, *C. amazonica* und *C. discolor* müssen ganzjährig bei mindestens 20 °C kultiviert werden. Bei *C. antarctica*, *C. hypoglauca*, *C. rhombifolia* und *C. striata* kann die Temperatur auch mal etwas tiefer absinken. Eine zu geringe Temperatur führt aber bei allen Arten zu Blattflecken und Blattverlusten. Für Großterrarien sehr gut geeignet ist der mit *Cissus* nahe verwandte Kastanienwein (*Tetrastigma*). Am häufigsten erhältlich ist *T. voinierianum* aus Vietnam. Die Art ist bei guter Beleuchtung und hoher Luft- und Bodenfeuchtigkeit sehr schnellwüchsig – mehrere Meter pro Jahr – und eignet sich deshalb zur Bepflanzung von Terrarien mit großen Reptilien, sofern ausreichend stabile Kletteräste vorhanden sind. Heruntergerissene Triebe können einfach wieder irgendwo festgebunden werden. Abgebrochene Triebe wachsen meist sehr schnell nach.

Eine Besonderheit sind die aus Ostasien stammenden, heute aber auch in die USA und nach Australien eingeschleppten Kletterfarne der Gattung *Lygodium*. Immer wieder mal angeboten wird der in Japan und China vorkommende *Lygodium japonicum*. Wichtig ist, dass man Kletterfarne nicht zu häufig umtopft. Sie lieben einen hellen Standort und mäßige Feuchtigkeit.

Für Trockenterrarien geeignete Kletterpflanzen findet man in der Gattung *Dioscorea* (z. B. *D. discolor, D. elephantipes*). Auch manche *Cissus*-Arten wie *Cissus rotundifolia* von der Arabischen Halbinsel stammen aus Trockengebieten. Wichtig ist bei allen Arten aus ariden Zonen, dass man sie kräftig beleuchtet und nur mäßig gießt. Insbesondere sukkulente Arten benötigen eine Trockenruhe von teilweise mehreren Monaten, in denen man sie nicht gießt und kühler hält.

4.3.2. Weiterführende Literatur

Bown (2000); Burras (1994); Clifton (2001); Menzel & Menzel (1988); Ulmer & Ulmer (1997)

4.4. Krautige Bodenpflanzen

Krautige Blattpflanzen findet man nahezu in allen Biotopen, die überhaupt ein Pflanzenwachstum zulassen. Während manche Arten ganzjährig sichtbar sind, ziehen sich gerade in periodisch trockenen oder winterkalten Regionen die Pflanzen in den Boden zurück. Sie verbringen hier die lebensfeindliche Zeit mithilfe von Zwiebeln, Rhizomen, Winterknospen oder anderen Überdauerungsorganen. Andere Arten sind einjährig und keimen jedes Jahr bzw. in ariden Gegenden mit unregelmäßigen Niederschlägen jeweils nach ausgiebigen Regenfällen.

Die Vielfalt krautiger Blattpflanzen ist zu groß, um hier eine allgemeine Übersicht über die geografische Verbreitung gewisser Gruppen zu machen. Es sei deshalb an dieser Stelle auf den Artenteil verwiesen. Die als Zimmerpflanzen angebotenen Arten stammen mehrheitlich aus den tropischen und subtropischen Regionen der Erde, ein erheblicher Teil davon aus tropischen Tiefland- und Bergregenwäldern. Hier liegen die Temperaturen etwa im gleichen Bereich wie in unseren zentral-geheizten Räumen, sodass für die Pflanzen ähnliche Bedingungen vorherrschen, wie an ihren Heimatstandorten.

4.4.1. Bodenpflanzenkultur

Die meisten Zimmer- und Gartenpflanzenarten gehören zu den krautigen Bodenpflanzen. Entsprechend der außerordentlich großen Vielzahl und der ausgesprochen vielfältigen Lebensweise ist es schwierig, für diese Pflanzengruppe allgemeingültige Kulturhinweise zu geben.

Viele Arten können in handelsüblichen Kultursubstraten gezogen werden. Wichtig ist, dass man sich bei der Pflanzenauswahl überlegt, wie groß die betreffenden Arten werden. Gerade bei kleinen Terrarien besteht oft das Problem, dass die Pflanzen bereits nach kurzer Zeit am Deckel oder der Beleuchtung anstoßen. Meist wachsen sie aber trotzdem weiter. Die Blätter legen sich dabei flach dem Deckel an und schatten darunterliegende Blätter ab. Kommen die Blätter mit Beleuchtungskörpern in Berührung, so werden sie versengt. Neben der dadurch möglicherweise entstehenden Brandgefahr wirken braune, abgestorbene Blätter auch unansehnlich. Es gilt zu bedenken, dass bei guter Pflege und Beleuchtung viele Pflanzen im Terrarium größer werden, als wenn sie als Zimmerpflanzen irgendwo unter suboptimalen Bedingungen in der Wohnung stehen.

4.4.2. Weiterführende Literatur

Bown (2000); Cheers et al. (1999); Hill & Goodship (1998); Jelitto et al. (2002); Llamas (2003); Rücker (1998); Sparrow & Hanly (2002); Tebbitt (2005); Zachos (2005)

4.5. Gräser und grasartige Pflanzen

Gräser (Gramineae) sind eine allgegenwärtige Erscheinung. Es gibt kaum einen terrestrischen Lebensraum, in welchem keine Gräser vorkommen. Neben Zwergformen mit wenigen Zentimetern Wuchshöhe können manche Bambusarten, bei einer Halmdicke von über 10 cm, Wuchshöhen von bis zu 15 m erreichen (Recht et al. 1994).

Landschaftbestimmend sind Gräser in Savannen, Steppen und vielen Halbwüsten, aber auch in Gebirgslagen oberhalb der Waldgrenze. Wird irgendwo ein Waldstück gerodet, so sind es oft Gräser, welche zu den ersten, bestandesbildenden Pflanzenarten gehören.

Neben den Echten Gräsern (Gramineae) gibt es weitere grasartige Pflanzen wie z. B. die Sauergräser (Cyperaceae). Zu dieser Pflanzenfamilie gehören die Seggen (*Carex*) sowie die Zypern- oder Schirmgräser (*Cyperus*). Seggen besiedeln oft ähnliche Lebensräume wie die echten Gräser. Zyperngräser der Gattung *Cyperus* sind mehrheitlich Sumpfpflanzen.

4.5.1. Gräserkultur

Trotz oder vielleicht gerade wegen ihrer Allgegenwart haben es bis heute nur wenige Grasarten geschafft, als Zimmerpflanzen kultiviert zu werden.

Ein weiterer Grund könnte sein, dass viele Arten einjährig sind und nur durch regelmäßige Aussaat über einen längeren Zeitraum kultiviert werden können. Viele mehrjährige Arten benötigen eine Ruhephase (Winterruhe, Trockenruhe) und sind deshalb nicht das ganze Jahr über attraktive Zimmerpflanzen. Freilandgräser werden dagegen im Pflanzenhandel sehr häufig angeboten. Diese Arten eignen sich hervorragend zur Bepflanzung von Freilandterrarien. Eine sehr gute Übersicht der wichtigsten Freiland-Ziergräser und ihre Kultur gibt ZINKERNAGEL (1993).

Eine der wenigen, regelmäßig angebotenen Grasarten, die sich für die Kultur im Zimmerterrarium eignen, ist *Pogonatherum paniceum*. Man findet dieses von Indien und Sri Lanka über Myanmar bis China verbreitete Gras oft unter den Bezeichnungen „Katzengras“ oder „Zimmerbambus“, wobei es sich aber nicht um einen echten Bambus handelt, da die Halme nicht verholzen. *Pogonatherum panicum* reagiert ausgesprochen empfindlich auf Trockenheit, verträgt aber auch keine Staunässe. RÜCKER (1998) empfiehlt deshalb Hydrokultur. Aus Mittel- und Südamerika stammt die ab und zu angebotene Stachelspelze (*Oplismenus hirtellus*). Meist bekommt man nur die grün-weiß panaschierte Form „Variegatus“. Stachelspelzen benötigen eine hohe Luftfeuchtigkeit und einen ganzjährig warmen Standort.

Terrarium für Kurzschwanzwarane (*Varanus brevicauda*) im Zoo von Sydney, bepflanzt mit trockenen Stachelschweingräsern (*Triodia* sp.)

Echte Bambusarten werden in Gärtnereien regelmäßig verkauft. Die meisten Arten werden groß und wachsen sehr schnell. Bisher sind kaum Bambusarten bekannt, die länger als ein bis zwei Jahre in ganzjährig beheizten Räumen am Leben erhalten werden können, denn die Pflanzen benötigen eine kühlere Ruhephase. Werden sie ständig warm kultiviert, so vergeilen die Triebe, verholzen nicht mehr ausreichend und die Pflanze stirbt langsam ab (RECHT et al. 1994). Die dicken Halme bzw. Rohre großwüchsiger Bambusarten verwendet man in den meisten Fällen nur als Einrichtungsgegenstände. Bambusrohre müssen übrigens auch nicht immer sandfarben sein, wie die im Handel meist zum Festbinden diverser, hochwachsender Pflanzen verwendeten Bambusstäbe. Es gibt daneben Arten mit gelben (z. B. *Phyllostachys aurea*) oder schwarzen Halmen (z. B. *Phyllostachys nigra*). Solche etwas „anderen“ Einrichtungsgegenstände erhält man bei entsprechender Nachfrage bei Bambusliebhabern oder in großen Gärtnereien, die Bambus vertreiben. Die einzige momentan im Handel erhältliche Bambusart, die sich für das Zimmerterrarium eignet, ist der aus Südchina stammende *Bambus glaucescens*. Die Art wird oft zur Bepflanzung von Terrarien für bambusbewohnende Taggeckos (z. B. *Phelsuma klemmeri*) verwendet, denn es gibt eine Kulturvariante, die klein bleibt, nur relativ kleine Blätter bildet und auch die ganzjährig recht hohen Temperaturen im Terrarium erträgt. Es sind jedoch Fälle bekannt, wo einzelne Individuen plötzlich und ohne erkennbaren Grund begannen, im Terrarium lange Halme und große Blätter zu bilden. Da es nicht gelang, diese Pflanzen durch Rückschnitt auf „Terrariengröße“ zu halten, mussten sie ersetzt werden.

Zu den Ried- oder Sauergräsern (Cyperaceae) gehört das Frauenhaargras (*Scirpus cernuus*). Die Art wächst an sumpfigen, aber normalerweise nicht überfluteten Standorten. Frauenhaargras eignet sich deshalb wohl nur zur Bepflanzung von Paludarien. Ebenfalls zu den Cyperaceen gehört *Carex brunnea*. Diese Art eignet sich für mäßig feuchte und nicht zu warme Terrarien. Wichtig ist, dass man die Pflanze keinesfalls austrocknen lässt.

Grasartige Pflanzen für Trockenterrarien findet man in der Gattung *Xerophyta*. Werden diese Pflanzen trocken gehalten, so verfärben sich die Blätter braun. Gießt man nun, so bekommen sie wieder ihre grüne Farbe, aber natürlich nur, wenn man sie nicht ganz hat vertrocknen lassen. Leider sind diese attraktiven Pflanzen recht schwierig aufzutreiben. Am ehesten bekommt man sie in Sukkulentengärtnereien oder in botanischen Gärten.

Da tropische Gräser, die sich zur Bepflanzung von trockenen Terrarien eignen würden, kaum erhältlich sind, muss man solche Pflanzen bzw. wohl besser deren Samen entweder selbst sammeln oder aber versuchen, über entsprechende Kontakte zu beschaffen. Hierbei sei jedoch ausdrücklich darauf hingewiesen, dass auf jeden Fall geltende Artenschutzgesetze beachtet werden müssen. So ist selbst der Export von Samen allgegenwärtiger Grasarten aus manchen Ländern wie Australien oder Brasilien strikt untersagt.

Viel einfacher ist es, trockene Gräser zur Bepflanzung von Trockenterrarien zu verwenden. Da die vegetativen Organe der meisten Gräser sehr ähnlich sind, können selbst in streng nach geografischen Gesichtspunkten bepflanzten Terrarien ohne Weiteres auch häufige, einheimische Arten verwendet werden. Man kauft entweder Gräser in einem Gartencenter oder gräbt sie mitsamt den Wurzeln aus, schüttelt die am Rande des Wurzelballens lose anhaftende Erde ab und bringt die Pflanzen ins Terrarium, wo sie von selbst trocknen, wenn man sie nicht gießt. Solche trockenen Grasbüschel halten zumindest in beheizten Anlagen meist länger, als wenn man versucht, die Pflanzen durch Wassergaben am Leben zu erhalten. Aufgrund der für einheimische Arten zu hohen Temperaturen in Zimmerterrarien, werden die meisten Gräser über kurz oder lang auch absterben, wenn man sie mit Wasser versorgt. Außerdem kann man mit ein paar wenigen, trockenen Grasbüscheln den Charakter eines Trockenlebensraumes sehr gut wiedergeben.

Eine weitere Möglichkeit zur Bepflanzung von Terrarien mit Gräsern geben Krabbe-Paulduro & Paulduro (1991). Sie verwendeten in einem Terrarium für die savannenbewohnenden Riesengürtelschweife (*Cordylus giganteus*) käufliche Fertigrasenstücke (Rollrasen). Zunächst wurden dabei dicke Styroporstücke auf den Terrarienboden gelegt und darin Höhlen und Gänge ausgeschnitten. Anschließend wurden diese mit Gips stabilisiert, dem noch etwas Holzleim beigemischt war. Anschließend wurde der Gips in mehreren Schichten mit einem Holzleim-Sand-Gemisch

Terrarium für Bambus-Taggeckos (*Phelsuma klemmeri*) im Zoo Frankfurt. Bepflanzt mit dem chinesischen *Bambus glaucescens*

beklebt und der Gips so gegen Feuchtigkeit imprägniert. Dann wurden die Höhlen mit einem Drahtgitter abgedeckt und alles mit dem Fertigrasen überzogen, wobei die Höhleneingänge selbstverständlich freigeschnitten wurden. Es zeigte sich nach einiger Zeit, dass im Bereich der Drahtgitter der Rasen relativ schnell abtrocknete, sodass hier die Gitter noch mit einer ca. 1 cm dicken, wasserspeichernden Schaumstoffauflage versehen werden mussten. Damit zwischen der Bodenkonstruktion und dem Fertigrasen keine Hohlräume entstanden, wurden die Rasenstücke gut festgedrückt. Nicht ganz passgenaue Nahtstellen zwischen den Fertigrasenstücken wurden mit Erde oder Sand geschlossen. Bei ungenügender Belüftung des Terrariums kam es an den Kontaktstellen der Erdschicht zur Glasscheibe leicht zu Schimmelbildung. Die Rasenstücke mussten jeweils im Abstand von 4–5 Monaten erneuert werden, da die Echsen das Gras an den von ihnen bevorzugten Stellen stark strapaziert hatten und die Pflanzen als Folge davon relativ schnell abstarben. Da außerdem keine mächtige Erdschicht vorhanden war, vertrocknete der Rasen trotz regelmäßigem Gießen immer wieder.

4.5.2. Weiterführende Literatur

Cooke (2005); Crouzet & Colin (2003); Eberts (2003, 2005); Grounds (2006); Leyhe (2003); Ondra & Holt (2003); Zinkernagel (1993)

4.6. Bäume und Sträucher

Bäume und Sträucher sind holzige Pflanzen, die in vielen Regionen die landschaftsbestimmende Vegetation bilden. Außer in Wäldern findet man Bäume und Sträucher auch in bestimmten Savannentypen und in Halbwüsten. Gerade in den Trockengebieten sind die schattenspendenden Holzpflanzen wichtig für das Überleben vieler Tiere. Bäume und Sträucher wirken auch als Windbremsen. Sie schaffen so wichtige Mikrohabitate, in denen sich die klimatischen Bedingungen erheblich von denjenigen der weiteren

Großterrarium für Mindanao-Bindenwarane (*Varanus salvator cumingi*) im Zoo Basel. Bepflanzt mit Benjamins Feigenbäumen (*Ficus benjamina*), Efeututen (*Epipremnum aureum*) und diversen anderen krautigen Pflanzen aus Südostasien. Die meisten Pflanzen wurden oberhalb einer künstlichen Felswand gepflanzt und sind für die Warane nicht erreichbar.

Umgebung unterscheiden. Die Pflanzen wirken temperaturausgleichend und erhöhen die Luftfeuchtigkeit. Dementsprechend findet man unter Bäumen oder Sträuchern mehr Echsen und Schlangen als im freien Gelände. Bäume besitzen außerdem oft auch Astlöcher, lose Rindenstücke oder hohle Stämme und Äste, in welchen sich viele Tiere verstecken können.

4.6.1. Kultur von Bäumen und Sträuchern

Die meisten Bäume und Sträucher werden zu groß, um sie zur Bepflanzung von Terrarien verwenden zu können. Eine Reihe von Arten sind jedoch als Jungpflanzen durchaus geeignet. Durch regelmäßigen Rückschnitt können sie auch über mehrere Jahre in einer Größe gehalten werden, in denen sie noch in mittelgroßen Becken Platz finden. Beim Schnitt von im Terrarium verwendeten Bäumen und Sträuchern gilt es, dieselben Aspekte zu beachten, wie sie bereits bei den krautigen Blattpflanzen erwähnt wurden.

Grundsätzlich können die meisten als Zimmerpflanzen angebotenen Bäume und Sträucher in handelsüblicher Pflanzenerde kultiviert werden. Beim Gießen ist zu beachten, dass im Substrat keine Staunässe entsteht, weil sonst die Gefahr besteht, dass die Wurzeln zu faulen beginnen. Umgekehrt reagieren viele Arten mit Blattfall auf ein Austrocknen des Wurzelballens. Oft ist es bereits zu spät, um die Pflanzen noch zu retten, wenn der Blattabwurf unübersehbar wird. Gerade die vielerorts als Zimmer- und Terrarienpflanzen verwendeten Feigenbäume wie der allgegenwärtige *Ficus benjamina* sterben ab, wenn ihr Wurzelballen auch nur für kurze Zeit austrocknet. Auch viele Halbwüsten- und Savannensträucher reagieren empfindlich auf Wassermangel. Hier sei deshalb nochmals auf die bereits im Kapitel „Pflanzenpflege" beschriebene Bewässerungsanlage hingewiesen.

Besonders bei den langlebigen und in der Regel sehr wuchsfreudigen Bäumen und Sträuchern ist es wichtig, dass man sie regelmäßig düngt oder besser noch umtopft. Andernfalls verkümmern sie mit der Zeit und bilden nur noch kleine und viel zu wenige Blätter. Viele Exemplare lassen mit der Zeit in den unteren Regionen aber auch bei guter Pflege die Blätter fallen und werden kahl. Dies kann man bei vielen Arten korrigieren, indem man sie stark zurückschneidet, sodass sie neue, wieder kräftig belaubte Zweige bilden.

4.6.2. Weiterführende Literatur

Schütt et al. (1994)

4.7. Palmen

Die größte Artenvielfalt an Palmen besitzen die tropischen Tiefland- und Bergregenwälder. Es gibt wohl kaum ein größeres, vom Menschen nicht beeinflusstes Regenwaldgebiet ohne diese Pflanzen. Man findet hier neben kleinen, oft weniger als 1 m groß werdenden Arten (z. B. *Chamaedorea minima*) auch Riesenformen mit bis über 30 m Höhe oder Kletterpalmen, die mithilfe

Palmenblätter werden von kleineren Echsen wie diesem Saumfinger (*Anolis frenatus*) gerne als Ruhe- und Schlafplatz genutzt. Sie sind hier recht gut vor nächtlichen Räubern geschützt. Die Aufnahme entstand nachts in einem Regenwald nördlich von Panama City (Mittelamerika).

von stark bedornten Ranken bis in die höchsten Wipfel der Urwaldriesen hochranken. Es gibt aber auch eine Reihe von Arten, die innerhalb größerer Trockengebiete an feuchten Standorten wie Schluchten oder entlang von Flüssen sowie an Stellen mit hoch stehenden Grundwasservorkommen gedeihen. Bekannte Beispiele hierfür sind die in den nordamerikanischen Wüstengebieten nur punktuell in Canyons und in der Nähe von Quellen vorkommenden *Washingtonia filifera* und *W. robusta* oder die Dattelpalmen (*Phoenix dactylifera*) aus der Sahara, die man hauptsächlich im Umfeld von Oasen findet, wo sie das Überleben des Menschen aber auch vieler Tiere sichern.

4.7.1. Palmenkultur

Wie die meisten Bäume und Sträucher werden auch viele Palmen zu groß, als dass sie sich für die Bepflanzung normaler Terrarien eignen würden. Es ist bei diesen Pflanzen auch nicht möglich, Jungpflanzen durch Rückschnitt in einer Größe zu halten, in der sie noch ins Terrarium passen. Will man sein Terrarium mit Palmen bepflanzen, so muss man zwangsläufig auf Arten zurückgreifen, die nicht groß werden. Es gibt zwar in den meisten Regenwaldgebieten klein bleibende Palmenarten, leider sind viele davon aber im Handel nicht oder nur sehr schwer erhältlich. Im Terrarium sehr gut haltbar und auch häufig angeboten wird die Mexikanische Bergpalme (*Chameadorea elegans*). Will man sich nicht auf die wenigen, klein bleibenden Arten beschränken, so muss man entweder die Pflanzen selbst von Reisen mitbringen. Oder aber man versucht, durch entsprechende Kontakte über botanische Gärten oder Institute kleine Palmen bzw. entsprechendes Saatgut zu bekommen. Um eine schnelle Keimung zu erreichen, sollte man relativ hohe Temperaturen einhalten. Jones (1995) empfiehlt Substrattemperaturen von 35–38 °C. Bei tiefen Temperaturen kann es teilweise sehr lange dauern, bis die ersten Keimlinge erscheinen, und auch die Keimungsrate soll nur gering sein.

Für die Kultur von Palmen gilt im Wesentlichen das bereits bei den Bäumen und Sträuchern Beschriebene. Die meisten als Zimmerpflanzen geeigneten Palmen benötigen einen hellen Standort. Direktes Sonnenlicht ist aber zu vermeiden. Erhalten Palmen zu wenig Wasser, so vertrocknen die Blattspitzen und werden braun. Dieselben Symptome können auch durch eine zu geringe Luftfeuchtigkeit hervorgerufen werden. Gerade kleine Palmenarten aus feuchttropischen Gebieten sind auf eine hohe Luftfeuchtigkeit angewiesen. Aber auch Arten aus Trockengebieten sollte man nicht bei zu geringer Luftfeuchtigkeit kultivieren. Gibbsons (1998) bemerkt, dass viele Palmen in der Lage sind, sich dem gegebenen Klima anzupassen. Wachsen neue Blätter unter lufttrockenen Bedingungen heran, so bilden sie erheblich weniger schnell braune Blattspitzen als diejenigen Blätter derselben Pflanze, welche an ein feuchtes Klima adaptiert sind. Wie viele andere Pflanzen dürfen auch die meisten Palmen keinesfalls im Wasser stehen.

4.7.2. Weiterführende Literatur

Gibbsons (1998); Jones (1995); Loetschert (1995); Manke (2002); Riffle & Craft (2003)

4.8. Farne

Farne sind Charakterpflanzen feuchter Standorte. Nur wenige Arten findet man in trockenen Gebieten. Typischerweise wachsen diese entwicklungsgeschichtlich sehr alten Pflanzen in feuchten, schattigen Wäldern, im Bereich von Wasserfällen und im Umkreis von Quellen. Man findet sie sowohl in tropischen und subtropischen als auch in gemäßigten Feuchtwäldern. Viele ertragen mehr Schatten als die meisten anderen Pflanzen. Umgekehrt reagieren viele Farne sehr empfindlich auf zu viel Licht und eine zu geringe Feuchtigkeit, sei dies nun trockene Luft oder ein zu wenig feuchter Boden.

Neben kleinen, nur wenige Zentimeter großen Farnen gibt es auch Baumfarne mit über 10 m hohen Stämmen und einem Wedelschirmdurchmesser von 5–6 m (Piggott 1988). Neben vielen landbewohnenden und epiphytischen Farnen gibt es auch eine Reihe von Wasserfarnen. Während einzelne Arten wie der Kleefarn (*Marsilea quadrifolia*) auf sumpfigen Böden wachsen, haben sich andere sogar an ein Leben unter Wasser (z. B. *Bolbitis heteroclita* und *Microsorium pteropus* aus Südostasien, *Bolbitis heudelotii* aus dem tropischen Afrika) bzw. auf der Wasseroberfläche angepasst. So schwimmen die manchmal auch in Aquarien und Aquaterrarien gepflegten *Azolla*- und *Salvinia*-Arten auf der Wasseroberfläche. Mithilfe symbiotischer Blaualgen (Cyanobacteria) sind sie außerdem in der Lage, Luftstickstoff (N_2) zu fixieren und so auch nährstoffarme Gewässer zu besiedeln.

Verbreitet sind die Farne weltweit. Abgesehen von sehr trockenen Regionen fehlen sie nur im Hochgebirge und in hohen Breitengraden. Selbst in manchen Halbwüsten können einzelne Farnarten im Schutze von Steinen, in Spalten oder in schattigen Schluchten gedeihen.

Eine vom allgemein bekannten Habitus der meisten Farne abweichende Farngruppe sind die Moosfarne (*Selaginella*). Moosfarne sind in der Regel Bodenpflanzen. Viele Arten schmiegen sich dabei mehr oder weniger eng dem Untergrund an. Dementsprechend eignen sie sich auch teilweise als Bodendecker im Terrarium. Moosfarne sind sowohl in gemäßigten als auch in tropischen Zonen verbreitet. Besonders häufig findet man sie in höheren Lagen. Leider sind bisher nur wenige Arten in Kultur wie *Selaginella kraussiana* (oft als *S. denticulata* angeboten). Eine sehr schöne und im Terrarium hervorragend haltbare Moosfarnart, die bei guter Beleuchtung blaugrüne Blätter bildet, ist die aus Südostasien stammende *S. willdenowii*. Schwartz & Schwartz (2001) empfehlen weiter auch noch die von Panama bis Bolivien verbreitete *S. haematodes*. Diese Art bildet oben blau und unten rot gefärbte Blätter. Als „Falsche Rose von Jericho“ wird manchmal der aus mexikanischen Trockengebieten stammende Moosfarn *S. lepidophylla* angeboten. Diese Pflanze wächst in der Natur meist zwischen Felsen in

Terrarium für Gestreifte Blattsteigerfrösche (*Phyllobates vittatus*) im Tierpark Bern, bepflanzt mit Farnen (*Microgramma* sp.) und Javamoos (*Vesicularia dubyana*)

Mitten in der Millionenmetropole Singapur (Südostasien) sind manche Bäume dicht mit epiphytischen Farnen bewachsen.

Gesellschaft von Kakteen und Gräsern. In der Trockenzeit rollt sie ihre unten silbern beschuppten Blätter zum Zentrum hin ein, bildet eine lichtreflektierende Kugel und schützt sich so vor dem Vertrocknen. Nach einem Regen werden die Blätter ausgerollt, und die Pflanze nimmt so die Form einer suppentellergroßen Rosette an. Der Mechanismus zum Öffnen und Schließen funktioniert auch bei abgestorbenen Exemplaren.

Mit den Farnen nahe verwandt sind die nahezu weltweit in mäßig feuchten bis feuchten Gebieten verbreiteten Bärlappgewächse (Lycopodatae). Die meisten Arten eignen sich jedoch nicht für Zimmerterrarien. Mit dem in Gebirgswäldern Mitteleuropas heimischen *Huperzia selago* könnte man eventuell kühle, schattige Freilandterrarien bepflanzen. Der ebenfalls einheimische *Lycopodium inundata* eignet sich für Mooranlagen, zusammen mit Sonnentau (*Drosera*). Zur Bepflanzung großer Epiphytenäste kann man den aus den Regenwäldern von Malaysia stammenden Bärlapp *Lycopodium squarrosum* verwenden.

Ebenfalls zu den Farnpflanzen (Pteridophyta) gehören die Schachtelhalme (Equisetatae). Diese immergrünen Pflanzen bilden hohle, gegliederte, meist aufrecht stehende Triebe. Die meisten Arten gedeihen auf feuchten bis nassen Böden. Die einzige Art, die hin und wieder als Zimmerpflanze kultiviert wird, ist der 15–60 cm hohe Bunte Schachtelhalm (*Equisetum variegatum*). Ob sich diese Pflanze auch als Terrarienpflanze eignet, ist nicht bekannt. Eventuell wäre die Art für ein großes, helles Paludarium als Sumpfpflanze zu verwenden. Der von Ackerbauern als Unkraut gefürchtete Ackerschachtelhalm (*E. arvense*) gedeiht sehr gut in trockenen Freilandterrarien.

Ein typisches Merkmal aller Farne ist ihre Art der Vermehrung. Sie durchlaufen dabei einen Generationswechsel. Aus einer Spore keimt zunächst ein meist unscheinbares, an Lebermoose erinnerndes Prothallium. In mit Farnen bepflanzten Feuchtterrarien kann man diese Prothallien oft als Ansammlungen feiner, grüner Plättchen auf dem Boden, aber auch auf Epiphytenästen oder an der Rückwand erkennen. Diese kleinen Pflänzchen bilden männliche und weibliche Geschlechtsorgane aus. Männliche Geschlechtszellen (Spermatozoiden) schwimmen auf einem Wasserfilm von den männlichen (Antheridien) zu den weiblichen Geschlechtsorganen (Archegonien) und befruchten dort die Eizelle. Daraus entwickelt sich anschließend eine neue Farnpflanze, die ihrerseits, artspezifisch unterschiedlich, nach einigen Monaten bis Jahren wiederum Sporen hervorbringt. Sobald die Sporen reif sind und geeignete klimatische Bedingungen vorliegen, werden sie verstreut. Bei älteren Farnen kann man die Sporen bzw. die sie umhüllenden Sporenhüllen (Sori) als meist bräunliche Warzen, Bögen oder Streifen auf der Unterseite der Blätter finden.

4.8.1. Farnkultur

Der wichtigste Faktor für eine erfolgreiche Kultur von fast allen Farnen ist eine hohe Luft- und Bodenfeuchtigkeit. Dennoch ist darauf zu achten, dass keine Stauluft entsteht und das Substrat nicht vernässt. Farne mit glänzend grünen, lederartigen Blättern (z. B. *Cyrtomium falcatum*, *Pellaea rotundifolia* oder *Platycerium bifurcatum*) kommen mit viel weniger Feuchtigkeit aus, als zartblättrige Arten wie die Frauenhaarfarne (*Adiantum*). Die meisten Arten sollte man in einem lockeren Laubhumus kultivieren.

Anstelle von Laubhumus hat sich auch eine handelsübliche Zimmerpflanzenerde bewährt, die mit kleingeschnittenem Laub aufgelockert wird. Anstelle von Laub kann man auch vier Teile Erde mit einem Teil Sand und einem Teil Torf mischen (Oudshoorn 1986).

In Regenwaldterrarien siedeln sich Farne häufig auf regelmäßig befeuchteten Xaxim-Platten oder -stäben an. Falls diese nicht allzu lange unter ungünstigen Bedingungen gelagert wurden, finden sich darin immer noch keimfähige Sporen (oder auch kleine Samen), aus denen dann neue Pflanzen heranwachsen können. Oder man sät Sporen gezielt darauf aus und wartet, bis nach einiger Zeit Prothallien sichtbar werden, aus denen dann junge Farne hervorgehen. Der Zeitraum zwischen Sporenaussaat und dem Erscheinen der Jungfarne ist artspezifisch sehr unterschiedlich. Während bei vielen Frauenhaarfarnen (*Adiantum*) bereits nach rund sechs Monaten die ersten Farne erscheinen, so dauert es bei vielen Geweihfarnen (*Platycerium*) deutlich länger. Die Prothallien dieser Epiphyten benötigen zwei, drei oder noch mehr Jahre bis zur Geschlechtsreife, und erst nach der erfolgreichen Befruchtung der Eizelle kann ein junger Farn gebildet werden (Perl & Christ 1979).

Erheblich schneller als durch die Aussaat von Sporen kann man viele Farne vegetativ vermehren. Am einfachsten geht dies bei Arten mit oberirdischen Rhizome, an deren Enden junge Farne gebildet werden (z. B. *Nephrolepis biserrata*, *N. cordifolia*). Diese Farne vermehren sich im Terrarium oft so schnell, dass man gezwungen ist, den Bestand regelmäßig auszulichten. Andernfalls wuchern sie das Becken innerhalb kurzer Zeit regelrecht zu. Will man die Jungpflanzen nicht einfach wegwerfen, so können sie sehr gut an peruanische Farn-Stabheuschrecken (*Oreophoetes peruana*) verfüttert werden.

Arten mit oberirdisch kriechenden Rhizomen (z. B. *Davallia* spp., *Drymoglossum piloselloides*, *Polypodium aureum*, *P. leucopodioides*. *P. vulgare*, *Pteris multifida*, *Scyphularia pentaphylla*, *Trichomanes speciosum*) können durch Rhizomabschnitte vermehrt werden. Dabei wird ein Rhizomstück mit mindestens 1–2 Blättern auf einem Topf mit Erde mittels eines U-förmig gebogenen Drahtes festgeheftet und anschließend bewurzelt. Am besten packt man den Topf mitsamt dem Rhizomstück in einen transparenten Kunststoffsack. Dadurch kann verhindert werden, dass die abgetrennte Pflanze vertrocknet, bevor sie Wurzeln bilden konnte. Nach ein paar Wochen kann der Sack entfernt werden. Die Weiterkultur entspricht derjenigen bei der Mutterpflanze.

Kronenbildende Farne wie *Adiantum* oder *Blechnum* sind schwieriger zu teilen als rhizombildende Arten. Wichtig ist, dass die Pflanze entweder zwei Kronen gebildet hat oder Neben-

Terrarium für Neuguinea Laubfrösche (*Litoria infrafrenata*) im Zoo Köln mit Xaxim-Rück- und -seitenwänden, bepflanzt mit Farnen (*Asplenium antiquum*, *Nephrolepis cordifolia*)

triebe vorhanden sind. Die besten Resultate erzielt man, wenn die Farne im Frühjahr oder Herbst geteilt werden. Man gräbt die Pflanze für die Teilung aus und schüttelt das lose Substrat ab. Anschließend teilt man die Pflanze mit den Fingern. Ist dies nicht möglich, so nimmt man ein scharfes Messer und schneidet die Krone durch. Wichtig ist, dass die Sprossspitzen unverletzt bleiben, denn von ihnen geht das Wachstum aus. Die getrennten Teile werden nun gleich tief wie zuvor in neues Kultursubstrat gepflanzt. Wenn möglich, sollte man dem neuen Substrat etwas Torf oder Lauberde beimischen, damit die Feuchtigkeit besser gehalten wird. Nach rund einem Monat sollten die Pflanzen wieder festgewurzelt sein. Man achte deshalb darauf, dass das Substrat in dieser Zeit ständig feucht gehalten wird.

Geweihfarne (*Platycerium*) bilden oft Tochterpflanzen. Diese kann man zusammen mit den dazugehörigen Nischenblättern und ein paar Zentimetern des Wurzelstockes der Mutterpflanze mit einem Messer abtrennen. Die Tochterpflanze wird anschließend auf einem Xaxim-Brett zusammen mit etwas Moos oder Langfasertorf festgebunden. Wichtig ist, dass der neue Wedel nach oben zeigt. Anschließend taucht man das Ganze in temperiertes Wasser, lässt es abtropfen und hängt es auf. Zum Bewässern wird dieser Vorgang je nach Luftfeuchtigkeit 1–3 Mal pro Woche wiederholt.

4.8.2. Weiterführende Literatur

Denkewitz (1995); Foster (1993); Hoshikazi & Moran (2001); Jehmlich & Manke (1989); Maatsch (1980); Oudshoorn (1986): Perl & Christ (1979); Schwarz & Schwarz (2001)

4.9. Moose

Moose wachsen weltweit an einer Vielzahl von Standorten. Man findet sie in tropischen Regenwäldern ebenso wie in arktischen Regionen oder im Hochgebirge. Und einzelne Arten konnten sich sogar an Spezialstandorten in Halbwüsten anpassen. Moose besiedeln neben dem Boden oft auch Felsen, Mauern, lebende und abgestorbene Baumstämme, Äste, Zweige und manchmal sogar lebende Blätter oder Tiere wie z. B. Erdchamäleons (Böhme 2000). In gemäßigten Breiten sind sie zusammen mit Flechten vielfach die einzigen Epiphyten. Wie die Farne bevorzugen die meisten Moosarten feuchte, mehr oder weniger schattige Standorte. Dementsprechend ist die Artenvielfalt in Wäldern am höchsten.

In einer Reihe von Biotopen sind Moose entscheidend an der Bodenbildung beteiligt. So bilden epiphytische Moose eine wichtige Grundlage für die Ansiedlung epiphytischer Gefäßpflanzen. Durch ihre Wasserspeicherfähigkeit ermöglichen sie anderen Pflanzen, deren Samen auf ein Moospolster gefallen sind, zu keimen und auf den ansonsten nach einem Regen schnell wieder abtrocknenden Ästen, Stämmen oder Felsen zu wachsen. Torfmoose (*Sphagnum*) sind verantwortlich für die Entstehung von Torf. Die an ihrer Spitze ständig weiterwachsenden Triebe dieser auch als Bleichmoose bezeichneten Pflanzen sterben an der Basis langsam ab. Die abgestorbenen Teile sind aber nur schwer abbaubar. An den nassen Standorten herrschen in geringer Tiefe anaerobe Bedingungen. Zusammen mit dem hohen Säuregehalt hat dies zur Folge, dass Torfmoose nur teilweise abgebaut werden können und aus den verbleibenden Bestandteilen im Laufe der Zeit Torf entsteht. Pro Jahr wächst die Torfmoosdecke in einem Hochmoor 3,5–10 cm. Daraus entstehen aber jeweils nur rund 1 mm Torf (Richter 2001; Walter & Breckle 1999).

4.9.1. Mooskultur

Leider sind bisher nur sehr wenige Moosarten in Kultur vorhanden. In Terrarien und Aquarien am weitesten verbreitet ist das von den Sundainseln und den Philippinen stammende Javamoos (*Vesicularia dubyana*). Dieses Moos wächst nahezu überall, sofern ausreichend Feuchtigkeit vorhanden ist. Kasselmann (1995) nennt als Naturstandorte sowohl trockene als auch feuchte Stellen auf dem Erdboden, an Baumstämmen und Felsen. Besonders häufig soll die Art in ihrem Verbreitungsgebiet an den Ufern von periodisch überschwemmten Flüssen vorkommen. Im Aquarium wird *V. dubyana* submers (unter der Wasseroberfläche) kultiviert und dient vielen Fischarten als bevorzugter Laichplatz. Dementsprechend kann man sich Javamoos leicht über den Aquarienpflanzenhandel besorgen. Im Terrarium eignet sich die Art zur Bepflanzung von wasserüberrieselten Steinen, Rückwänden und Bachläufen. Hierzu verteilt man kleine Moosbüschel im zu bepflanzenden Bereich. Das Moos muss nicht eingegraben werden. Vielmehr reicht es, wenn die Pflanzen einfach auf einer ständig feuchten oder nassen Oberfläche liegen. Sie wachsen hier bei guter Beleuchtung innerhalb weniger Tage fest. Die Wasserqualität spielt für die Kultur von Javamoos kaum eine Rolle, sofern die Temperatur zwischen 15 und 30 °C liegt. *Vesicularia dubyana* wächst selbst in leicht brackigem Wasser. Leider wird es seit ein paar Jahren immer schwieriger, Javamoos zu bekommen, das nicht mit Blaualgen (Cyanobakterien) verseucht ist. Solange das Moos submers kultiviert wird, stellen diese Organismen anscheinend kaum ein Problem dar. Sobald das Moos aber auf überrieselten Steinen oder Ähnlichem wächst, wird es oft binnen weniger Tage bis Wochen von einem schleimigen, schmutziggrünen Belag überwuchert. Entfernt man diesen nicht regelmäßig, so stirbt das Moos darunter ab. Weniger Probleme mit Blaualgen treten auf, wenn das Moos an einem Ort wächst, der nur periodisch beim Sprühen feucht wird, wie etwa von automatischen Sprühanlagen täglich befeuchtete Stellen an Kork- oder Xaxim-Rückwänden.

Eine weitere, oft als Aquarienpflanze angebotene Moosart ist das Teichlebermoos (*Riccia fluitans*). Dieses Moos wächst als Kosmopolit sowohl in tropischen als auch in gemäßigten Gebieten, entweder als Schwimmpflanze an der Wasseroberfläche oder auf feuchtem Bodengrund. *Riccia fluitans* eignet sich wie das Javamoos zur Bepflanzung von wasserüberrieselten Steinen und Rückwänden. Im Vergleich zum

Blaualgen- und Pilzbefall auf einem Javamoospolster (*Vesicularia dubyana*)

Javamoos benötigt das Teichlebermoos einen feuchteren Standort. Ansonsten ist die Art sehr anpassungsfähig und gedeiht bei unterschiedlichsten Wasserqualitäten. Wichtig ist allerdings eine intensive Beleuchtung. Die optimale Temperatur sollte zwischen 20 und 27 °C liegen.

Hin und wieder bekommt man im Aquarienpflanzenhandel auch das Korallenmoos (*Nerteria*). Es handelt sich hierbei um eine Lebermoosart, die sich gut für die Bepflanzung überrieselter Steine und Rückwände eignet.

Seit einiger Zeit wird im Aquarienpflanzenhandel das Lebermoos *Monosolenium tenerum* angeboten. Bei mir wächst dieses Moos entlang eines Bachlaufes in einem großen Aquaterrarium bei mäßiger Beleuchtung hervorragend und bildet dicke Polster.

Kasselmann (1995) gibt als weitere, kosmopolitisch verbreitete Moosart das Schwimmende Lebermoos (*Ricciocarpus natans*) an. Auch diese Art soll sowohl an der Wasseroberfläche schwimmend als auch auf feuchtem Boden wachsen. Im Aquarium soll dieses Lebermoos schwierig zu kultivieren sein. Eventuell könnten im Terrarium bei intensiver Beleuchtung bessere Erfahrungen erzielt werden.

Diverse einheimische Moosarten eignen sich zur Bepflanzung ungeheizter Terrarien z. B. für neo- oder palaeoarktische Salamander. Man sammelt die Moosplatten hierzu am besten in einem feuchten Laubwald und beschichtet damit den Bodengrund. Geeignet sind Laubmoosarten aus Laubwäldern, insbesondere Arten, die auf abgestorbenen Holz- oder Rindenstücken wachsen. Man nimmt sie am besten mit der Unterlage mit, um die feinen Rhizoide, mit denen sich die Pflanzen am Substrat festhaften, nicht zu verletzen. Werden die vom Substrat abgelösten Moospolster regelmäßig befeuchtet, so wachsen sie in der Regel nach einiger Zeit wieder an. Wichtig ist, dass einheimische Arten wie die meisten Pflanzen gemäßigter Breiten während des Winters kühl stehen. Sehr gute Erfahrungen konnten in einem mit Farnen und Moosen bepflanzten Kellerschacht mit armdicken, moosbewachsenen Ästen gemacht werden. Mittels einer Sprühanlage wurden die Moospolster täglich befeuchtet. Es gelang mit dieser Anordnung sogar, epiphytische Wurmfarne (*Polypodium vulgare*) in den Moospolstern anzusiedeln.

Torfmoose (*Sphagnum*) eignen sich hervorragend zur Bepflanzung feuchter Freilandterrarien, in denen eine Moorlandschaft, z. B. für Bergeidechsen (*Zootoca vivipara)* oder Kreuzottern (*Vipera berus*), nachgebildet werden soll. Diese Moose benötigen einen sauren, nassen Untergrund. Hierfür sollte man zunächst eine Schicht aus Torf oder einem Torf-Quarzsand-Gemisch ins Becken einbringen. Keinesfalls dürfen kalkhaltige Substrate verwendet werden. Auf den so vorbereiteten Untergrund werden mit einem Messer in 1–2 cm lange Stücke zerschnittene Torfmoosstücke „gesät“. Da *Sphagnum* sehr schnell wächst, ist es nicht nötig, gleich zu Beginn eine dicke Moosschicht anzulegen. Die kleinen Stücke treiben innerhalb weniger Wochen aus, und bereits nach einem Jahr wird eine dichte Torfmoosschicht herangewachsen sein. Wichtig ist, dass man ein solches „Moor“nur mit Regenwasser oder demineralisiertem Wasser gießt. Kalkhaltiges Quell- oder Grundwasser ist für die Pflanzen ebenso schädlich wie ein kalkhaltiger Untergrund. Da Torfmoose geschützt sind, ist es verboten, die Pflanzen einem Moor zu entnehmen. Man kann sich das lebende *Sphagnum* jedoch in der Regel in einer Orchideengärtnerei besorgen. Diese Moose stammen aus genehmigten Entnahmen, z. B. wenn Moorflächen zum Torfabbau freigegeben werden.

Leider sind gerade tropische Moose in den Terrarien noch immer selten zu finden. Die Erfahrung hat aber gezeigt, dass der eine oder andere Terrarianer auch mal ein Moos von einer Tropenreise mitbrachte und erfolgreich im heimischen Terrarium ansiedeln konnte. Gerade Froschliebhaber bringen immer wieder einmal die eine oder andere Kostbarkeit von ihren Studienreisen mit. So hatte ich vor etlichen Jahren eine epiphytische Moosart (*Leucobryum* sp.) aus Französisch-Guayana mitgebracht und erfolgreich auf feinporigem Xaxim angesiedelt. Die wie kleine, vielarmige Sterne aussehenden Moospflänzchen hielten sich dank regelmäßiger Bewässerung über etliche Jahre und vermehrten sich vegetativ zu einer mehrere Quadratzentimeter großen Fläche. Leider vertrocknete das Moospolster jedoch während eines Urlaubes. Gerade bei den tropischen Moosen, aber nicht nur dort, wäre es wünschenswert, wenn ein reger Austausch zwischen Liebhabern dafür sorgen könnte, dass eine etablierte Art nicht durch Unachtsamkeit wieder aus den heimischen Terrarien verschwinden würde. Um tropische Moose zu sammeln, muss man nicht immer weit reisen. In vielen ganzjährig geheizten Gewächshäusern und in botanischen Gärten gedeihen solche Arten unter den Pflanztischen und in der Nähe von Wasserzisternen. Und auch in Töpfen mit Zimmerpflanzen kann man zur Bepflanzung von Regenwaldterrarien geeignete Arten finden.

Seit einiger Zeit werden von manchen Bonsai-Gärtnereien Moossporen unter Bezeichnungen wie „Fujiyama moss spores“ oder „Kyoto moss spores“ kommerziell vertrieben. Ein Beutel enthält jeweils Millionen von Sporen. Diese stammen in der Regel aus Japan. Sie werden entweder in Bergregionen im Freiland gesammelt oder von spezialisierten Mooskulturbetrieben gezüchtet.

Nach der Aussaat müssen die Sporen z. B. mit einer Gabel leicht ins feuchte Substrat eingearbeitet werden. Sowohl die Sporen als auch die daraus keimenden Moose müssen auf jeden Fall ständig feucht gehalten werden. In der Regel dauert es einige Monate, bis sich ein Moosteppich etablieren kann. Recht gut keimen die Sporen auf Torfplatten, die man in ein flaches Wasserbad legt. Die Sporen werden auf einen Löffel gegeben und von dort auf die angefeuchteten Platten geblasen. Bereits nach wenigen Wochen bildet sich auf den Torfplatten ein feiner Moosrasen. Versuche, Xaxim- bzw. mit Torf eingeriebene Epiweb-Platten mithilfe von Sporen zu bemoosen, verliefen nur erfolgreich, wenn die Platten über Monate ständig feucht war. Auf jeden Fall benötigt man Geduld, wenn man sich seine eigenen Moose aus Sporen heranziehen will.

Bis jetzt sind Moossporen im deutschsprachigen Raum kaum erhältlich. Eine Reihe US-amerikanischer und japanischer Bonsaigärtnereien vertreiben sie allerdings über das Internet. Gelegentlich werden sie außerdem auf Internetauktionen angeboten. Interessenten können Adressen im Internet finden.

4.9.2. Weiterführende Literatur

DÜLL & DÜLL-WANDER (2008); JAHNS (1980); SCHENK (1997)

4.10. Sumpf- und Wasserpflanzen

Während die meisten Pflanzen ausgesprochen empfindlich auf eine Vernässung ihres Standortes reagieren, sind Sumpfpflanzen an zumindest zeitweise ausgesprochen nasse Bedingungen angepasst. Dementsprechend besiedeln sie weltweit in einer Vielzahl von Arten die Ufer von Quellen, Bächen, Flüssen, Weihern und Seen. Insbesondere in tropischen und subtropischen Gebieten mit jahreszeitlich unterschiedlichen Niederschlagsmengen findet man mancherorts riesige Überschwemmungsgebiete. Während die hier vorkommenden Pflanzen in der Trockenzeit emers, d. h. als Landpflanzen wachsen, werden sie während der Regenzeit überschwemmt und müssen zu einer submersen Lebensweise übergehen, d. h., sie werden zu Wasserpflanzen. Bei manchen Arten stirbt der gesamte Bestand beim Austrocknen ihres Standortes ab, und nur die Samen überdauern im Boden bis zur nächsten Regenzeit. Diese Pflanzen müssen bis zum Einsetzen der Trockenzeit geblüht und Samen gebildet haben, um den Fortbestand der Art sicherzustellen. Bei manchen Seerosen sterben die Blätter ab, während das Rhizom die Trockenperiode im Boden eingegraben überlebt. Andere Arten bilden Knollen oder Zwiebeln, um die teilweise mehrmonatige Trockenphase zu überstehen.

Aufgrund dieser jahreszeitlich unterschiedlichen Wachstumsbedingungen ist es oft schwierig, eine Art eindeutig als Wasser- oder als Sumpfpflanze zu

Aquaterrarium für einen Regenwald-Nilwaran (*Varanus ornatus*) im Zoo Köln. Bepflanzt mit Seerosen (*Nymphaea*), Wasserlinsen (*Lemna*), Schwertlilien (*Iris*) und weiteren Sumpfpflanzen

klassifizieren. Echte Wasserpflanzen können typischerweise außerhalb des Wassers nicht überleben. Sie besitzen kein Festigungsgewebe und fallen in sich zusammen, wenn der Auftrieb des Wassers wegfällt. Viele Arten bilden beim Erreichen der Wasseroberfläche Schwimmblätter, die flach auf dem Wasser aufliegen. Sumpfpflanzen können dagegen außerhalb des Wassers gedeihen, sofern ausreichend Feuchtigkeit vorhanden ist. Bei vielen Arten sind emerse Blätter anders gebaut als submerse: Unterwasserblätter sind meist zart, transparent und bandförmig oder geschlitzt. Sie besitzen in vielen Fällen wenige oder gar keine Spaltöffnungen, und oft sind auch die Epidermisaußenwände dünn. Die Pflanzen können auf diese Weise Gase und Nährstoffe direkt dem Wasser entnehmen (Kasselmann 1995). Schwimmblätter sind mit Gas gefüllte Blätter, bei denen die Spaltöffnungen häufig auf der Blattoberseite sitzen. Überwasserblätter sind dagegen derb, ledrig, ganzrandig und besitzen häufig eine behaarte Blattspreite. Die Spaltöffnungen sind wie bei normalen Landpflanzen auf der Blattunterseite. Mit sinkendem Wasserspiegel beginnen die Pflanzen zu blühen und Samen zu bilden. Sobald der Standort austrocknet, wird die Wuchsform der Pflanzen kompakter, bis schließlich aufgrund des eintretenden Wassermangels die Blätter verdorren und die Pflanze entweder im Boden bis zur nächsten Regenzeit überdauert oder aber abstirbt.

4.10.1. Sumpf- und Wasserpflanzenkultur

Der wichtigste Faktor für die Sumpf- und Wasserpflanzenkultur ist das Wasser. Die benötigte Qualität ist abhängig von der Art der gepflegten Pflanzen. Viele Arten bevorzugen weiches, kalkarmes Wasser. Eine Ausnahme bilden einige *Cryptocoryne*- und *Vallisneria*-Arten. Sie sind auf einen gewissen Kalkanteil angewiesen. Insbesondere Wildpflanzen können sich nur schlecht an hartes Wasser anpassen. Künstlich vermehrte Pflanzen sind in der Regel weniger empfindlich und können auch mit einem gewissen Kalkgehalt im Wasser zurechtkommen.

Wasserpflanzen müssen untergetaucht wachsen können. Bei den Sumpfpflanzen ist es wichtig, dass zumindest die Wurzeln im Wasser stehen. Diese Arten eignen sich deshalb hervorragend für die Bepflanzung von Aquaterrarien und Paludarien. Aber auch am Ufer von Wasserläufen in Regenwaldterrarien können eine Reihe von Sumpfpflanzen kultiviert werden.

Submers gezogene Sumpfpflanzen kann man nur unter sehr luftfeuchten Bedingungen ohne Verluste einfach als Überwasserpflanzen verwenden. Besser ist es, wenn man die Pflanzen erst für einige Wochen in einem gut beleuchteten, teilweise abgedeckten Aquarium an die neuen Bedingungen gewöhnt, indem man allmählich den Wasserstand senkt. Idealerweise wartet man, bis neue Überwasserblätter gebildet wurden. Erst dann werden sie ins Terrarium überführt und an ihrem endgültigen Ort eingepflanzt. Da viele für die Aquaristik gezogene Sumpfpflanzen in den entsprechenden Spezialgärtnereien emers heranwachsen, besitzen im Handel gekaufte Exemplare fast immer Überwasserblätter und können dementsprechend schon nach kurzer Zeit im Terrarium verwendet werden. Eine erheblich längere Umgewöhnungszeit benötigen dagegen Pflanzen, die zuvor über einen längeren Zeitraum in einem Aquarium wuchsen.

Offene Wasserflächen und Uferzonen sind in vielen Fällen stark besonnt. Umfangreiche Tabellen mit Beleuchtungsstärkemessungen findet sich bei Kasselmann (1995). An fast allen untersuchten Standorten diverser Wasser- und Sumpfpflanzen in Madagaskar sowie in Südamerika lagen die Messwerte zumindest um die Mittagszeit bei weit über 100.000 Lux. Lichtintensitäten, wie sie selbst in sehr gut beleuchteten Terrarien kaum erreicht werden können. Sumpfpflanzen kommen aber auch an weniger hellen Standorten vor. So maß Horst (1986) an einem stark beschatteten, mit Cryptocorinen bewachsenen Bach in Sri Lanka an der Wasseroberfläche nur gerade 1.500 Lux. Ganz allgemein benötigt aber ein großer Teil der Sumpfpflanzen viel Licht. Die meisten Arten verkümmern sehr schnell und gehen schließlich ein, wenn sie von über ihnen wachsenden Pflanzen abgeschattet werden oder die Terrarien nicht ausreichend beleuchtet sind. Man sollte deshalb versuchen, Terrarien mit Sumpfpflanzen ähnlich stark zu beleuchten wie Trockenterrarien. Aber Vorsicht, dass die Lufttemperatur nicht zu stark ansteigt. Weiter ist zu bedenken, dass die Lichtintensität unter Wasser sehr schnell abnimmt. Bepflanzte Wasserteile von Aquaterrarien sollten deshalb nicht zu tief sein. Sauer (1989) ermittelte in einem frisch eingerichteten Aquarium in 40 cm Wassertiefe eine Lichtreduktion von 69 % gegenüber dem an der Oberfläche gemessenen Wert. Durch Farb- und Trübstoffe erhöht sich die Lichtreduktion in länger eingerichteten Becken noch beträchtlich. In Aquaterrarien können zusätzlich die über einen Wasserteil ragende Pflanzen oder Epiphytenäste diesen stark abschatten. Um trotzdem ein gesundes Wasserpflanzenwachstum zu ermöglichen, empfehlen Stettler (1978) und Blauscheck (1995), den Wasserteil zusätzlich zu beleuchten, indem knapp über der Wasseroberfläche wasserdicht abgedichtete Leuchtstoffröhren in die Dekoration eingebaut werden – etwa unter einem Uferüberhang oder in einem unten ausgehöhlten Ast.

Ein weiterer Faktor für die erfolgreiche Kultur von Wasser- und Sumpfpflanzen ist der richtige Bodengrund. Weil dieser ständig nass ist, muss er einige Bedingungen erfüllen, die von den Kultursubstraten anderer Pflanzen abweichen:

- Der Bodengrund sollte keine oder nur in sehr geringem Maße organische Stoffe enthalten, die faulen können. Kein Humus!
- Das Porenvolumen muss so groß sein, dass die Wasserbewegung darin nicht stark gehemmt und eine gute Belüftung gewährleistet ist.
- Das Substrat sollte nährstoffreich sein.
- Der Bodengrund sollte für die meisten Arten sauer bis neutral sein. Kein Kalk!

An den Naturstandorten vieler Wasser- und Sumpfpflanzen findet man tonige, lehmige oder sandige Böden, oft mit einem hohen Humusanteil. Man darf aber nicht versuchen, diese Bedingungen im Terrarium nachzuahmen, da humose Substrate leicht zu faulen beginnen und dabei übel riechende Gase entstehen. In der Aquaristik haben sich Sande (Quarz, Lavalit usw.) bewährt. Manchmal wird noch Ton oder Lehm beigemengt. Oder man verwendet die im Zoofachhandel angebotenen Laterit-Erden mit zugesetzten Spurenelementen. Diese Substrate haben sich auch in Aquaterrarien bewährt.

4.10.2. Weiterführende Literatur

Haberer (2006), Schuster (2000), Speichert & Speichert (2004)

4.11. Künstliche Pflanzen

In den letzten Jahren hat die Vielfalt und die Qualität künstlicher Pflanzen deutlich zugenommen. Gleichzeitig sind sie immer billiger geworden. Noch vor wenigen Jahren waren im besten Fall unnatürlich wirkende, oft stark glänzende und erst noch teure Kunststoffimitate erhältlich. Heute werden dagegen immer mehr hervorragend gestaltete und oft erst bei genauerem Hinsehen als künstliche Pflanzen zu erkennende Imitate verkauft. Unterschiedliche Tillandsien und andere Bromelien, Kannenpflanzen, Eukalyptusäste, Orchideen, Kängurupfoten, Rankenpflanzen wie Efeu, *Philodendron* oder Gräser; die Bandbreite der verfügbaren Arten ist so groß, dass man fast für jeden Terrarientyp etwas finden kann. Verkauft werden künstliche Pflanzen in vielen Baumärkten, in Spezialgeschäften für Bastelbedarf und natürlich in Zoofachgeschäften, die auch anderen Terraristikbedarf anbieten. Oft bekommt man sie aber auch in größeren Blumenläden, da sie von den Floristen auch für Gestecke verwendet werden, die lange halten sollen.

Künstliche Pflanzen können im Terrarium in gewissen Fällen durchaus eine gute Alternative zu echten Pflanzen darstellen. Ob lebende oder künstliche Pflanzen verwendet werden, ist oft Geschmackssache.

Künstliche Pflanzen haben gegenüber lebenden eine Reihe von Vorteilen: Sie benötigen kein Licht und können somit auch in schwach ausgeleuchteten Terrarien verwendet werden. Befinden sich die Tiere in der Winterruhe, so kann man getrost das Licht im Terrarium ausschalten, ohne dass die darin verwendeten Pflanzen absterben. Künstliche Pflanzen benötigen auch so gut wie keine Pflege. Da sie nicht ständig wachsen, verändern sie auch das Bild der Terrarieneinrichtung nicht. Wegen des fehlenden Wachstums muss man sie nicht zurückschneiden, und man braucht sie nicht zu gießen. Einzig Kot und andere Schmutzpartikel müssen entfernt werden. Gerade bei der Haltung von Giftschlangen und anderen gefährlichen Tieren wird die Sicherheit für den Pfleger erhöht. Denn die Häufigkeit, mit der im Terrarium hantiert werden muss, nimmt im Vergleich zu Anlagen mit lebenden Pflanzen deutlich ab. Künstliche Pflanzen werden außerdem von vielen pflanzenfressenden Tieren nicht als Futter erkannt. Sie riechen und schmecken anders und werden somit auch kaum gefressen. Die Imitate eignen sich deshalb als Einrichtungsgegenstände selbst in Terrarien für herbivore Arten wie Grüne Leguane (*Iguana iguana*) oder Bartagamen (*Pogona* spp.). Diese würden die meisten lebenden Pflanzen binnen kürzester Zeit fressen. Zudem sind künstliche Pflanzen in der Regel weniger empfindlich gegenüber Beschädigungen und eignen sich deshalb für Terrarien mit großen Tieren, die lebende Pflanzen mit ihren Krallen innerhalb kürzester Zeit verletzen, sodass sie unansehnlich werden oder gar absterben.

Künstlicher Grasbaum (*Xanthorrhoea*) aus einem echten Stamm und feinen Kunststoffstreifen als Blätter. Terrarium für Todesottern (*Acanthophis antarcticus*) im Zoo von Beerwa

Pflanzenimitate haben aber auch Nachteile. So beeinflussen sie das Terrarienklima nur in sehr geringem Ausmaß. Da sie kein Wasser aus dem Boden aufnehmen und als Wasserdampf wieder in die Atmosphäre abgeben, können sie die Luftfeuchtigkeit nicht erhöhen. Insbesondere in Regenwald- und anderen Feuchtterrarien besteht die Gefahr, dass künstliche Pflanzen zu schimmeln beginnen. Vor allem bei Typen mit gummiartigen Teilen konnte dies mehrfach beobachtet werden. Etwas weniger empfindlich sind Stoffblumen und andere Pflanzen aus Kunststoffgeweben.

Künstliche Pflanzen haben sich besonders in Aufzuchtterrarien bewährt, die zu klein sind, um echten Pflanzen ausreichend Platz zu bieten. Größere Pflanzenimitate kann man mit einer Schere oder Zange in kleinere Teile oder einzelne Zweige zerlegen. Diese bieten den Tieren selbst in kleinen Aufzuchtboxen Deckung und werden als Häutungshilfen geschätzt. Man kann sie außerdem mit heißem Wasser leicht reinigen und von Kot oder Häutungsresten befreien. Und wenn die Jungtiere nach einiger Zeit in ein richtiges Terrarium umziehen, verpackt man die künstlichen Pflanzen in eine Kiste, bis sie nach dem Schlupf oder der Geburt der nächsten Nachzuchten wieder gebraucht werden.

Manche echte Pflanzen sind nur mit einem sehr großen Aufwand über einen längeren Zeitraum erfolgreich im Terrarium zu pflegen. Will man auf solche Arten nicht verzichten, so kann es sich lohnen, Nachbildungen ins Terrarium zu stellen. Ein Beispiel sind Grasbäume, die für manche Lebensräume in Australien typisch sind. Diese Pflanzen sind sehr teuer. Sie wachsen ausgesprochen langsam – von der Aussaat bis zur Bildung eines kleines Stammes können ohne Weiteres 20–40 Jahre vergehen. Naturentnahmen sind nur in Gebieten zulässig, in denen die Pflanzen einer menschlichen Nutzung weichen müssen. Ausgegrabene Wildpflanzen wachsen erst nach längerer Zeit an, sodass ein großer gärtnerischer Aufwand für ihre Pflege nötig ist. Außerdem sterben sie im Terrarium häufig bereits nach kurzer Zeit ab. Im Australia Zoo in Beerwa (Queensland) wurden deshalb auf echte Grasbaumstämme von abgestorbenen Pflanzen dünne, grüne Kunststoffstreifen montiert und so ein sehr natürlich wirkender Kunstgrasbaum geschaffen.

Ob man echte oder künstliche Pflanzen ins Terrarium gibt, dürfte für die darin lebenden Tiere in den meisten Fällen keine Rolle spielen. Wichtig ist, dass die Pflanzen ihnen die nötigen Verstecke, Deckungen, Sitzgelegenheiten, Ablaichstellen usw. bieten. Im Gegensatz zu lebenden Pflanzen kann man künstliche Pflanzen prinzipiell auch in Terrarientypen verwenden, in denen für die entsprechenden Originale die Umweltbedingungen nicht den biologischen Bedürfnissen entsprechen: Ein künstlicher Kugel- oder Feigenkaktus wird in einem Regenwaldterrarium wohl genauso lange überleben wie eine *Philodendron*-Ranke. Dennoch passt der Kaktus nicht in ein solches Terrarium, und man sollte auf solch unnatürliche Bepflanzungen verzichten. Wie weit man bei der Auswahl künstlicher Pflanzen auf die Verbreitung und den natürlichen Lebensraum der Originale achten will, ist eine Frage des persönlichen Geschmacks. Aus didaktischen Gründen ist es jedoch zumindest für öffentliche Schauanlagen oder in Schulterrarien empfehlenswert, auch bei künstlichen Pflanzen darauf zu achten, dass man Typen wählt, die mit den Pflanzen im Lebensraum der Tiere vergleichbar sind: künstliche Bromelien und Binsenkakteen (*Rhipsalis*) für Tiere aus lateinamerikanischen Wäldern, Eukalyptusäste zu australischen Tieren, Kakteenimitate oder Agaven für Trockenterrarien mit Arten aus der Neuen Welt, Efeuranken, wenn man Tiere aus europäischen Wäldern pflegt. Da von einer größeren Anzahl der häufig angebotenen Pflanzen heute erstaunlich originalgetreue Nachbildungen zu einem akzeptablen Preis erhältlich sind, kann man sich auch bei der Auswahl künstlicher Pflanzen am Artenspektrum im zweiten Teil dieses Buches orientieren.

Künstliche Tillandsien und Blattpflanzen in einem Terrarium für Schlegels Lanzenottern (*Bothriechis schlegelii*) bei einem privaten Schlangenhalter

Da künstliche Pflanzen keine Wurzeln besitzen, können sie auch nicht so gut im Bodengrund des Terrariums verankert werden. Die Töpfe, in denen manche Typen verkauft werden, sind im Terrarium nicht besonders schön. Will oder kann man sie nicht kaschieren, so besteht die Möglichkeit, die Basis der künstlichen Pflanze in eine dünne Gips- oder Betonplatte einzugießen und diese im Bodengrund einzusenken. Künstliche Ranken oder Epiphyten wie Bromelien und Orchideen lassen sich mit Heißleim auf Felsen, Ästen oder an der Rückwand festkleben. Ebenfalls geeignet sind Kabelbinder oder Blumendraht.

5. Schädlinge und Krankheiten (Pflanzenschutz)

Insekten, Asseln, Milben, Fadenwürmer und andere Tiere können im Terrarium als unerwünschte Mitbewohner den Pflanzen Schaden zufügen. Bei geringem Befall hält sich dieser meist in Grenzen, und man bemerkt oft gar nicht, dass potenzielle Schädlinge sich von den Pflanzen ernähren. Bei stärkerem Befall können die Pflanzen jedoch im schlimmsten Fall so stark geschwächt werden, dass sie absterben. Dasselbe gilt für Pflanzenkrankheiten. Hier befallen Pilze, Bakterien oder Viren die Pflanzen, schwächen sie oder sind sogar für deren Tod verantwortlich.

In der kommerziellen Pflanzenzucht werden Krankheitserreger und Schädlinge mit speziellen Pflanzenschutzmitteln bekämpft. Da solche Substanzen jedoch für die Terrarientiere fast immer mehr oder weniger giftig sind, kann man sie im Terrarium in der Regel nicht einsetzen, ohne die darin lebenden Amphibien, Reptilien, Spinnen, Insekten oder Kleinsäuger zu gefährden. Frisch gekaufte Pflanzen sollte man deshalb auch nie direkt ins Terrarium stellen, ohne sie zuvor mit lauwarmem Wasser kräftig zu überbrausen und so allenfalls noch vorhandene Pflanzenschutzmittel abzuspülen. Bei Bromelien müssen die mit Wasser gefüllten Blattscheiden auf jeden Fall entleert und gut durchgewaschen werden. Andernfalls riskiert man bei den Terrarientieren schwere Vergiftungen durch Pflanzenschutzmittel.

Terrarium zur Aufzucht von Pantherschildkröten (*Geochelone pardalis*), bepflanzt mit Bogenhanf (*Sansevieria cylindrica*) im Zoo Berlin. Die Felsaufbauten verhindern, dass die Tiere den Bogenhanf fressen können.

5.1. Verletzungen und Fraßschäden

Mit Sicherheit die häufigsten Schäden an Terrarienpflanzen stammen von den Terrarientieren oder von Futtertieren wie Grillen oder Heuschrecken, welche die Pflanzen anfressen. Verletzungen von Pflanzen durch scharfe Echsenkrallen lassen sich vermeiden oder zumindest vermindern, indem man die Tiere und Pflanzen in geräumigen Terrarien pflegt. Aber auch die Art der Einrichtung spielt eine große Rolle. Wichtig sind bei baumbewohnenden Tieren viele und ausreichend dicke Kletteräste. Weiterhin sollte man versuchen, die Pflanzen so anzuordnen, dass sie nicht an den bevorzugten Aufenthaltsplätzen der Tiere stehen. Bei bodenbewohnenden Tieren achte man auf ausreichenden Freiraum und ordne die Pflanzen möglichst neben Steinen, dicken Ästen und anderen Strukturelementen an. Die Tiere springen dann hoffentlich direkt auf den Stein oder Ast und nicht auf die Pflanze. Weiter kann man durch eine geschickte Auswahl der Pflanzen Schäden vermeiden oder doch zumindest reduzieren. Wählen Sie für die Bepflanzung von Terrarien mit Großreptilien robuste Pflanzenarten. Außerdem eignen sich schnellwüchsige Kletterpflanzen.

Fraßschäden durch die Terrarientiere lassen sich meist nur vermeiden, indem man die Pflanzen so anordnet, dass die Tiere sie nicht erreichen können. Bei Schildkröten reicht häufig bereits eine einfache Barriere aus Steinen oder Ästen. Auch ausreichend hoch aufgehängte Epiphytenäste verhindern, dass die darauf wachsenden Pflanzen als Futter missbraucht werden. Bei kletternden Echsen muss man in der Regel glatte, möglichst überhängende und dadurch für die Tiere unüberwindliche Felswände bauen, um zu verhindern, dass die Pflanzen gefressen werden. Dabei ist zu beachten, dass viele Tiere zu erstaunlichen Kletterkünstlern werden können, wenn sie „Lust auf etwas Grünes“ bekommen.

Fraßschäden durch Futterinsekten kann man vermindern, indem man nur so viel füttert, wie von den Terrarientieren binnen kurzer Zeit gefressen wird. Fraßschäden an den Pflanzen durch Futterinsekten kann man auch vermeiden, indem man die Terrarientiere kontrolliert füttert. Futtertiere, die nicht gut springen oder klettern können, kann man in Schalen mit einem hohen Rand anbieten. Andere Futtertiere reicht man mit der Pinzette. Letzteres empfiehlt sich vor allem bei Futtertierarten, die sich schnell verkriechen, wenn man sie einfach ins Terrarium gibt. Gerade Schaben suchen sich oft blitzschnell ein Versteck und entziehen sich so dem Gefressenwerden. Wenn es dann im Terrarium dunkel, aber immer noch warm ist, kommen sie aus ihren Verstecken und fressen sich an den Terrarienpflanzen satt. Man sollte aber nur wegen möglicher Fraßschäden an Terrarienpflanzen nicht einfach nur noch von der Pinzette füttern. Insbesondere bei agilen Echsen ist es wichtig, dass sie ihre Beute suchen und jagen können. Viele Warane, Tejus, Skinke oder Halsbandeidechsen, die in der Natur einen großen Teil des Tages mit der Futtersuche verbringen, sollten auch im Terrarium die Gelegenheit haben, dies zu tun – unabhängig davon, ob gelegentlich mal eine Pflanze von einem Futtertier angefressen wird.

Fraßschäden kann man auch durch eine geschickte Wahl der Futtertiere verhindern. Besonders gefräßig sind Grillen, Heimchen, Schaben und Heuschrecken. Kurzflügelgrillen (*Gryllus signatus*) sollen angeblich weniger gefräßig sein, als andere Grillen. Kaum Probleme machen *Zophobas*, Mehlwürmer und Getreideschimmelkäfer, Spinnen, Wachsmotten, Mehlmotten und Fliegen.

5.2. Schädlinge

Im Vergleich zu reinen Pflanzenvitrinen und Gewächshäusern sind große, schädliche Insekten im Terrarium selten. Gewächshausschrecken oder Dickmaulrüssler werden von Echsen, Schildkröten oder Vogelspinnen in der Regel gefressen, bevor sie größere Schäden anrichten können. Auch Blattläuse werden zumindest von kleineren Echsen und Fröschen dezimiert, bevor sie sich zu stark vermehren können. Problematisch können dagegen eine Reihe kleiner Insekten, Milben und Fadenwürmer werden.

Häufige Schädlinge im Terrarium sind **Schildläuse**. Diese winzigen Insekten sitzen in erster Linie entlang von Blattnerven und am Spross der Pflanze. Das Insekt selbst ist meist nicht sichtbar, sondern unter einem Schild verborgen, das aussieht wie ein kleiner braun-grüner Buckel mit einem Durchmesser von maximal einigen Millimetern. Der Schild schützt das Insekt und verhindert, dass Pflanzenschutzmittel das Tier vergiften können. Bekämpfen kann man Schildläuse mit Öl. Ist der Befall gering, so hebt man die Schilde mit einem Streichholz von der Pflanze ab und streicht eine 2%-ige Sommeröl-Lösung auf die befallenen Stellen. Bei einem stärkeren Befall entfernt man die Pflanze aus dem Terrarium und sprüht die befallenen Teile mit Sommeröl ein. Schildläuse können auch mithilfe eines Pinsels mit hochprozentigem Ethanol (Brennspiritus) betupft werden. Wichtig ist bei dieser Methode, dass man keinesfalls die Blattoberfläche berührt, da sonst das Blatt geschädigt werden kann. Wesentlich wirkungsvoller sind systemisch wirkende Pflanzenschutzmittel. Diese Substanzen werden meist über die Wurzeln aufgenommen, verteilen sich in der Pflanze über die Leitbündel und werden von den Schadinsekten zusammen mit dem Phloemsaft aufgesogen. Das in diesem Saft enthaltene Insektizid vergiftet dabei alle pflanzensaftsaugenden Tiere. Vor einer Behandlung mit einem systemischen Pflanzenschutzmittel muss man sich auf jeden Fall von einer Fachperson (in Pflanzenschutz ausgebildeter Gärtner) beraten lassen. Wählt man diese Art der Behandlung, so sind die Pflanzen auf jeden Fall für einige Wochen außerhalb des Terrariums zu pflegen und bevor sie wieder zurückgestellt werden kräftig mit lauwarmem Wasser abzuspülen. Pflanzenschutzmittelreste sind fachgerecht zu entsorgen oder der Verkaufsstelle zurückzugeben.

Gegen Schildläuse könnten prinzipiell auch Nützlinge wie winzige, parasitische Wespen oder Marienkäfer eingesetzt werden. Diese können von spezialisierten Zuchtbetrieben gekauft werden und haben sich in Gewächshäusern gut bewährt. Vermutlich werden aber zumindest die Marienkäfer von kleineren Echsen und Fröschen als Futter betrachtet und gefressen. Leider sind bisher zum Nützlingseinsatz im Terrarium kaum Erfahrungen vorhanden. In einem Versuch zur Bekämpfung von Schildläusen auf einem Geweihfarn (*Platycerium bifurcatum*) habe ich in einem Großterrarium (Volumen ca. 7 m^3) für Arguswarane (*Varanus panoptes*) sowohl Schlupfwespen als auch Marienkäfer ausgesetzt – leider aber ohne Erfolg. Innerhalb weniger Tage waren die Nützlinge verschwunden. Wurden die Marienkäfer trotz ihrer geringen Größe von den rund 1 m langen Waranen gefressen? Für die Schlupfwespen war vermutlich die Lichtintensität trotz HQI-Lampen zu gering. Die Schildläuse wurden anschließend mit einem systemisch wirkenden Mittel außerhalb des Terrariums erfolgreich abgetötet.

Mit systemischen Mitteln kann man auch **Wollläuse** behandeln. Diese mit den Schildläusen verwandten Pflanzensaftsauger erkennt man an ihren weißen, einem winzigen Wolle- oder Wattebausch ähnelnden Wachsausscheidungen. Weil diese Ausscheidungen wasserabweisend sind, erschweren sie den Einsatz normaler Insektizide. Wollläuse treten insbesondere auf, wenn man den Pflanzen suboptimale Bedingungen bietet. So sind viele Sukkulenten gerade im Winterhalbjahr anfällig, wenn die Luftfeuchtigkeit zu hoch oder zu tief ist.

Starker Blattlausbefall auf einer Ziererbse

Blattläuse sind im Terrarium eher selten. Meist werden sie von kleinen Echsen und Fröschen schnell gefressen. Vorsicht ist allerdings geboten, wenn die Blattläuse an giftigen Pflanzen saugen. Hier besteht die Gefahr, dass die Terrarientiere vergiftet werden, wenn sie zusammen mit den Blattläusen auch die von denen aufgenommenen Pflanzengifte fressen. Bekämpft werden Blattläuse am besten, indem man sie abliest oder mit lauwarmem Seifenwasser abwäscht. Eine chemische Bekämpfung ist einfach, sollte aber auf jeden Fall außerhalb des Terrariums erfolgen.

Insbesondere Pflanzen mit zarten Blättern werden oft von **Weißen Fliegen** befallen. Sie sitzen mehrheitlich auf der Blattunterseite und saugen wie die Schild- und Wollläuse Phloemsaft. Berührt man die Blätter, so fliegen die geflügelten Imagines (ausgewachsene Insekten) weg, um jeweils sehr schnell wieder auf einem anderen Blatt zu landen. Weiße Fliegen kann man mit gelben Klebfallen bekämpfen. Durch die Farbe angelockt, landen die Insekten auf der Falle und kleben dort fest. Ein wichtiger Vorteil von Klebfallen ist, dass man keine giftigen Substanzen einsetzt. Klebfallen darf man allerdings nur verwenden, wenn man sie außerhalb der Reichweite der Terrarientiere aufstellen oder aufhängen kann. Auf jeden Fall verzichten sollte man

Weiße Fliegen auf der Blattunterseite einer Zimmerlinde (*Sparrmannia africana*)

auf alle Arten von Klebfallen bei der Pflege von Geckos oder Saumfingern (*Anolis*, *Norops* usw.). Chemisch lassen sich Weiße Fliegen mit Pyrethrum-haltigen Pflanzenschutzmitteln bekämpfen. Pyrethrum ist ein natürlicher Inhaltsstoff von gewissen Chrysanthemen und wirkt spezifisch auf Insekten, Spinnen, Milben und andere Arthropoden. Zumindest für Säugetiere ist Pyrethrum kaum giftig. Biologisch können Weiße Fliegen mit Schlupfwespen bekämpft werden.

Tripse oder **Blasenfüße** sind rund 1 mm lange Insekten mit federartig gefransten Flügeln. Sie saugen an Früchten, Blüten oder auf der Unterseite von Blättern. Bekämpfen kann man sie mit Sommeröl, Insektiziden oder mit blauen Klebfallen. Dabei sind die bereits bei den Weißen Fliegen gemachten Hinweise zu beachten.

Unter trockenen, warmen Bedingungen treten oft **Spinnmilben** (Rote Spinnen) auf. Diese mit bloßem Auge kaum sichtbaren Milben können rot, gelb oder grün sein. Oft machen sie sich durch feine Gespinste auf der Unterseite von Blättern und in den Blattachseln bemerkbar. Man sollte von Zeit zu Zeit mit einer Lupe diese Stellen kontrollieren. Bei einem starken Befall können Spinnmilben die Pflanzen sehr stark schädigen. Spätestens wenn eine Pflanze aus unerklärlichen Gründen ihre Blätter fallen lässt, sollte man sie auf Spinnmilben untersuchen. Durch häufiges Überbrausen befallener Pflanzen kann einem Spinnmilbenbefall vorgebeugt oder ein bereits vorhandener Befall verringert werden. Zur biologischen Bekämpfung von Spinnmilben eignen sich Raubmilben. Diese werden wie andere Nützlinge von spezialisierten Firmen gezüchtet und vertrieben. Ansonsten kann man die Spinnmilben mit Sommeröl oder speziellen Acariziden bekämpfen, dies allerdings nur außerhalb des Terrariums. Eventuell sind Mittel, die gegen Schlangenmilben oder ähnliche Ektoparasiten von Reptilien eingesetzt werden, auch gegen Spinnmilben wirksam.

Insbesondere in relativ frisch eingerichteten Terrarien kann es manchmal zu einem starken **Trauermückenbefall** kommen. Die bis 4 mm langen Larven sehen glasig aus und haben einen dunklen Kopf. Sie fressen an den Wurzeln von Jungpflanzen, Sämlingen und Stecklingen. Die ausgewachsenen Mücken sind ebenfalls nur wenige Millimeter groß und wirken filigran. Im Gegensatz zu den Larven sind sie für die Pflanzen keine direkte Gefahr. Kleine Echsen und Frösche fressen sie gerne. Bekämpft werden die Imagines mit gelben Klebfallen. Bewährt haben sich zum Teil auch Insektenstrips, wie sie zur Bekämpfung von Schlangenmilben oder ähnlichen Ektoparasiten verwendet werden. In der Regel verschwinden die Trauermücken, wenn sich im Terrarium ein Gleichgewicht zwischen Kleinstlebewesen und Pflanzen einstellt.

Von Weißen Fliegen ausgeschiedener Honigtau auf einem Blatt. Der zuckerhaltige Belag kann einen Befall des Blattes mit Rußtaupilzen fördern.

Insbesondere in frisch eingerichteten Feuchtterrarien erscheinen gelegentlich die Fruchtkörper von Pilzen. Meist handelt es sich dabei um Arten, die organisches Material abbauen. In der Regel zerfallen die Fruchtkörper bereits nach kurzer Zeit und stellen keine Gefahr für die Pflanzen und Tiere im Terrarium dar. Pilze helfen, das biologische Gleichgewicht im Terrarium zu stabilisieren.

Oft findet man in Terrarien auch kleine **Nackt- oder Gehäuseschnecken**. In der Regel führen diese Tiere zu keinen nennenswerten Schäden. Ansonsten sollte man am Abend die gesamte Inneneinrichtung des Terrariums kräftig mit Wasser besprühen und einige Zeit später die nun aktiven Schnecken mit einer Pinzette absammeln.

Ameisen sind für die Pflanzen im Normalfall nicht schädlich. Ein stärkerer Befall kann allerdings für die Terrarientiere lästig oder unter Umständen sogar gefährlich werden, da die Ameisen insbesondere Jungtiere töten oder doch schwer verletzen können. Ameisen können zu einem Problem werden, wenn man den Terrarientieren Honig oder süße Früchte anbietet.

Fadenwürmer (**Nematoden**) sind meist wenige Millimeter lange, sehr schlanke Tiere, die sich wie Aale schlängelnd fortbewegen. Sie leben oft in großen Mengen an und in Pflanzen. Viele Arten richten keine Schäden an. Manche dienen jungen Terrarientieren als Futter. Schädliche Arten können eine Vielzahl von Schäden hervorrufen: abgestorbene Blätter, Missbildungen an den Blättern, dem Spross und/oder den Wurzeln, Fäulnis usw. Befallene Pflanzen müssen in der Regel vernichtet werden. Da Nematoden mit der Erde übertragen werden, muss das Terrarium in jedem Fall ausgeräumt und gereinigt werden. Biologisch kann man manche Nematoden mithilfe spezieller Pilze bekämpfen. Solche Pilze kann man über den Nützlingshandel kaufen.

Neben den oben aufgeführten Schädlingen gedeihen in einem bepflanzten Terrarium fast immer auch noch andere Gliederfüßer. In Feuchtterrarien findet man in der Regel Springschwänze, Staubläuse, Tausendfüßer, Asseln, Milben und diverse Würmer. In trockenen Terrarien treten manchmal auch andere, kleine Insekten auf, insbesondere Fischchen (Zygentoma). Im Normalfall richten alle diese Tiere keine nennenswerten Schäden an, sondern stabilisieren im Gegenteil das Gleichgewicht im Terrarium, indem sie organisches Material abbauen. Eine Bekämpfung ist meist unnötig. Durch die normalen Hygienemaßnahmen wie regelmäßige Reinigung des Terrariums, Entfernen von Kot- und Häutungsresten, kann man auch den Bestand dieser Kleintiere niedrig halten.

Äußerst lästig können eingeschleppte **Ameisen** werden. Zur Bekämpfung haben sich spezielle Ameisenköderdosen bewährt, wobei man ausprobieren muss, welches Mittel gegen die eigenen Ameisen wirkt. Ich hatte in meinen Regenwaldterrarien auch schon erfolgreich Ameisensprays auf Pyrothroidbasis eingesetzt, ohne dass die im Becken lebenden Frösche geschädigt wurden.

5.3. Krankheiten

Wie Tiere können auch Pflanzen von pathogenen Viren, Bakterien und/oder Pilzen befallen werden. In den meisten Fällen kann man solche Krankheitserreger im Terrarium nicht erfolgreich bekämpfen. Bei einem Virenbefall entstehen auf den Blättern oft gelbe Flecken oder Kreise. Weiterhin können die Blätter gekräuselte Stellen aufweisen. Gegen Viren existieren kaum geeignete Bekämpfungsmethoden. Da Blattläuse und andere, an Pflanzen saugende Insekten Viren auf gesunde Pflanzen übertragen können, muss man solche Tiere jeweils rechtzeitig bekämpfen. Von erkrankten Pflanzen dürfen keine Stecklinge gemacht werden, da diese fast immer ebenfalls einen Virusbefall aufweisen. In der Regel muss man die Pflanzen vernichten.

Phytopathogene Bakterien könnte man theoretisch mit geeigneten Antibiotika bekämpfen. Aus human- und veterinärmedizinischen Gründen sollte man jedoch darauf verzichten.

Pilze lassen sich mittels spezieller Fungizide bekämpfen. Diese sind jedoch fast immer auch für die Terrarientiere gefährlich, sodass man die Behandlung in jedem Fall außerhalb des Terrariums durchführen muss. Außerdem ist es wichtig, dass man mehrere Wochen wartet, bevor man die Pflanzen ins Terrarium zurückstellt. Auf jeden Fall muss man die Pflanzen zusätzlich mehrfach mit lauwarmem Wasser abspülen. Vor einer chemischen Krankheitsbehandlung sollte man sich in jedem Fall von einer Fachperson beraten lassen.

Einer der häufigsten Pilze ist der **Grauschimmel** (*Botrytis*). Dieser Schadpilz kann sich insbesondere bei hoher Luftfeuchtigkeit, wenig Luftbewegung und dürftigen Lichtverhältnissen entwickeln. Bedingungen, wie sie oft in Terrarien vorkommen. Meist werden junge oder geschwächte Pflanzen befallen, wobei der Pilz in erster Linie durch Verletzungen eindringen kann. Auf den Pflanzen bildet sich einige Zeit nach dem Befall ein grauer, stäubender Belag. Bekämpft wird der Pilz, indem man die Feuchtigkeit reduziert und für mehr Frischluft sorgt. Wichtig ist, dass man die Pflanzen nicht mit Gieß- oder Sprühwasser benetzt. In manchen Fällen hilft auch eine Erhöhung der Temperatur. Gerade in frisch eingerichteten Terrarien, wo die Pflanzen sich erst an die veränderten Bedingungen anpassen müssen und dadurch gestresst sind, besteht immer die Gefahr eines Pilzbefalls.

Gelegentlich kann es bei Terrarienpflanzen auch zu einem Befall mit **Mehltau** kommen. Je nach Art bilden Mehltaupilze entweder auf der Blattober- oder aber der Blattunterseite weiße, mehlige Flecken. Bei anfälligen Pflanzen ist es oft schwierig, einen Mehltaubefall zu vermeiden. Vorbeugend kann man durch kräftige Düngung oder regelmäßiges Umtopfen in nährstoffreiches

Braune Blattflecken auf einem Orchideenblatt als Folge einer Pilzerkrankung

Substrat für ein gutes Wachstum sorgen. Wichtig ist, dass der Dünger nicht zu viel Stickstoff enthält. Bekämpfen kann man Mehltaupilze in geschlossenen Räumen, indem man Schwefel verdampft. Ansonsten gibt es spezifische Fungizide gegen Mehltau. In beiden Fällen muss außerhalb des Terrariums behandelt werden.

Bei starkem Befall mit Blatt-, Schildläusen oder Weißen Fliegen können auf den zuckerhaltigen Ausscheidungen dieser Insekten auch **Rußtaupilze** gedeihen. Um einen solchen Pilzbefall zu bekämpfen, müssen in erster Linie die Schädlinge eliminiert werden.

Viele Krankheiten wie Chlorosen (Ausbleichen der Blätter), Blattfall, braune Flecken, gelbe Blätter usw. sind die Folgen falscher Kultur oder von Nährstoffmangel. Meist kann man durch verbesserte Lichtverhältnisse und geeignete Düngung das Problem beheben.

Unproblematisch sind in der Regel **Schimmelpilze**, die häufig in frisch eingerichteten Terrarien auftreten, wenn ein feuchtes, organisches Substrat als Bodengrund eingebracht wird. Meist verschwindet der Schimmel bereits nach wenigen Tagen, ohne dass man ihn bekämpften muss.

5.4. Weiterführende Literatur

Böhmer & Wohanka (1999)

6. Vermehrung von Pflanzen

Oft kann man eine gewünschte Pflanze nicht einfach im Handel kaufen, sondern muss sie aus Samen oder mithilfe von Stecklingen selbst heranziehen. So sollen hier ein paar Grundregeln für die Anzucht aus Saatgut sowie zur vegetativen Vermehrung von Pflanzen gegeben werden.

Samen kann man selbst im Biotop sammeln, von speziellen Samenhändlern kaufen oder auch über botanische Gärten beziehen. Wer die gewünschten Samen selbst sammelt, der sollte sich zuvor mit den geltenden gesetzlichen Grundlagen vertraut machen. Nicht in allen Ländern ist es erlaubt, Samen zu sammeln. So ist es z. B. in Australien verboten, selbst die Samen häufiger Arten der Natur zu entnehmen und anschließend auszuführen. Bei durch das Washingtoner Artenschutzabkommen (CITES) geschützten Arten, wie z. B. allen Kakteen und vielen anderen Sukkulenten, benötigt jeglicher Handel über Staatsgrenzen hinweg eine offizielle Genehmigung. Im Allgemeinen ist es deshalb besser, wenn man sich das benötigte Saatgut von lizenzierten Händlern zuschicken lässt oder über botanische Gärten bezieht. Auch aus vielen tropischen Früchten lassen sich Pflanzen heranziehen. Manche dieser Arten wie die lateinamerikanischen Passionsblumen (*Passiflora*) oder die zu einem kleinen Strauch heranwachsende, asiatische Lychee (*Litchi chinensis*) eignen sich durchaus als Terrarienpflanzen.

Beim Sammeln von Stecklingen, Ablegern, Kindeln oder anderen Pflanzenteilen in der Natur muss man auf die gesetzlichen Bestimmungen achten. Selbst wer von einem Bekannten ein Pflanzenstück oder Samen zur Anzucht geschenkt bekommt, benötigt hierfür in manchen Fällen, wie etwa bei CITES-Arten, die entsprechenden Papiere – erst recht, wenn damit Staatsgrenzen überschritten werden. Informationen zum aktuellen Stand der international geschützten Arten (Pflanzen und Tiere) findet sich im Internet unter: http://www.cites.org.

6.1. Aussaat

Viele Samen lassen sich lange Zeit aufbewahren und behalten dabei ihre Keimfähigkeit. Deshalb, und wegen ihrer fast immer geringen Größe, können Samen meist problemlos in alle Welt verschickt werden. In vielen Fällen kann man daraus mit etwas Geduld die gewünschte Pflanze selbst heranziehen.

Zur Keimung benötigen Samen Feuchtigkeit und Wärme. Es gibt aber auch Samen, die nur unter kühlen Bedingungen keimen können. Solche Arten sollte man stratifizieren, d. h. mit feuchtem Sand mischen und für mehrere Wochen oder gar Monate an einem kühlen Ort lagern. Anschließend werden die Samen unter Glas ausgesät, wo sie dann zu keimen beginnen. Eine Besonderheit sind die sogenannten Frostkeimer. Diese Pflanzen müssen, bevor sie keimen können, einem mehrfachen Frostwechsel ausgesetzt sein. In diese Gruppe gehören viele Gebirgs- und manche Steppenpflanzen. Bei vielen Feigenkakteen (*Opuntia*) muss die harte Samenhülle erst angefeilt oder mit einem rauen Sandpapier stark abgeschliffen werden, da sie andernfalls oft erst nach Jahren keimen würden. Auch manche Zimmerpflanzen wie Reben (*Cissus*) oder die Kranzschlinge (*Stephanotis*) benötigen lange bis sie keimen – oft über ein Jahr. Man kann den Keimvorgang beschleunigen, indem man die Samen für ein paar Stunden oder sogar 1–2 Tage in warmes Wasser einlegt. Die Samen können so die für den Keimvorgang nötige Feuchtigkeit aufnehmen.

Für die Aussaat werden spezielle Substrate verwendet. Für die meisten Zimmerpflanzen eignen sich die im Handel erhältlichen Aussaaterden. Sie sind locker, humusreich, verrotten gut, enthalten aber nur wenige Nährstoffe. Übliches Topfsubstrat wird nur selten verwendet, da dessen hoher Nährstoffgehalt die Sämlinge schädigen könnte. Für Pflanzen aus Trockengebieten empfiehlt es sich, den Aussaaterden einen mehr oder weniger hohen Anteil an Sand, feinen Kies, Perlite oder etwas Ähnliches beizumischen. Sukkulenten werden am besten auf feinem Lavagries oder grobem Sand ausgesät. Wichtig ist, dass man auch beim Aussaatsubstrat auf dessen pH-Wert bzw. Kalkgehalt achtet, da die Jungpflanzen empfindlich auf Bodeneigenschaften reagieren. Arten, die als ausgewachsene Pflanzen sauren Boden benötigen, sollte man auch auf kalkfreiem Substrat aussäen, das zur pH-Reduktion etwas Torf enthält. Umgekehrt muss man bei Arten, die kalkigen Boden benötigen, auch dem Aussaatsubstrat feinen Kalksand beimischen.

Für die Aussaat haben sich 5–7 cm hohe Schalen, Kistchen oder kleine Töpfe mit Abzuglöchern im Boden bewährt. Diese werden mit dem Aussaatsubstrat gefüllt und dieses leicht angedrückt. Das Substrat sollte bis knapp unter den Rand reichen. Die Oberfläche muss möglichst eben sein. Große Samenkörner werden nun einzeln ins Substrat gedrückt, wobei man den Abstand nicht zu klein wählen sollte. Kleine Samen werden einfach auf die Oberfläche gestreut. Anschließend deckt man die Samen mit feiner Erde ab. Je dicker die Abdeckschicht ist, desto länger dauert der Keimvorgang. Ideal ist eine Schicht, die 1–2 mal so dick wie der Samen ist. Anschließend wird mit einer Gießkanne mit Haarbrause gegossen. Vorsicht: Ein zu starker Wasserstrahl würde die Samenkörner wieder freispülen. Alternativ kann man das Aussaatgefäß auch in eine mit Wasser gefüllte Schale legen. So saugt sich die Erde langsam mit Wasser von unten voll. Nun stellt man die Aussaatgefäße am besten in ein kleines Zimmergewächshaus. Dieses kann bei tropischen Arten mittels eines schwachen Heizkabels von unten beheizt werden. Bei vielen Zimmerpflanzen sind 20–25 °C ideal. Manche Arten benötigen aber auch Aussaatsubstrat-Temperaturen von über 30 °C. Palmen sollen besonders gut keimen, wenn die Temperatur zwischen 35 und 38 °C liegt (Jones 1995). Damit das Substrat nicht zu schnell austrocknet, kann man die Schalen oder Töpfe bis zum Erscheinen der ersten Keimlinge mit einer Glasscheibe abdecken.

Eine Besonderheit sind sogenannte Lichtkeimer. Während die meisten Samen im Dunkeln, d. h. in der Erde keimen, müssen die Samen von Lichtkeimern auf der Oberfläche liegen. Man streut solche Samen deshalb einfach auf die Aussaaterde, ohne sie anschließend zu bedecken. Zu den Lichtkeimern gehören die meisten Kakteen, viele Dickblattgewächse (Crassulaceae), die meisten Bromelien, der Bleiwurz (*Plumbago*) sowie Gesneriengewächse wie das Usambaraveilchen (*Saintpaulia*) oder die Drehfrucht (*Streptocarpus*).

Keimende Samen entwickeln in vielen Fällen erst ein oder zwei Keimblätter. Diese unterscheiden sich oft beträchtlich von den später erscheinenden Blättern. Sobald die Sämlinge eine gewisse Größe erreicht haben, erscheinen die ersten Laubblätter. Nun ist der Zeitpunkt gekommen, um die jungen Pflanzen zu pikieren. Hierfür werden sie vorsichtig ausgegraben und einzeln oder in kleinen Gruppen in Töpfe verpflanzt. Man darf dabei auf keinen Fall die Blätter oder den Spross verletzen. Auch die noch sehr feinen Wurzeln sind sehr empfindlich. Am besten verwendet man zum Pikieren ein spezielles Pikierholz oder eine Pinzette. Zum Einpflanzen bohrt man mit dem Pikierholz erst ein kleines Loch ins Substrat und führt die Wurzeln möglichst senkrecht hinein. Die Pflanzen sollten nicht wesentlich tiefer gepflanzt werden, als sie vorher gestanden haben. Nun wird das kleine Pflanzloch mit dem Pikierholz wieder zugedrückt. Zum Schluss gießt man die frisch pikierten Pflanzen vorsichtig an, ohne sie jedoch auszuschwemmen. Als Pikiersubstrat verwendet man ein Ähnliches wie für die Aussaat. Nur sehr robuste Pflanzen dürfen bereits in normale Erde pikiert werden. Die frisch pikierten Pflanzen werden zunächst unter Glas oder in einem Plastiksack gezogen, bis sich neue Blätter bilden. Dann kann man sie langsam abhärten, indem man den Plastiksack leicht öffnet bzw. die Glasscheibe mit einem Holz etwas unterstellt, sodass Frischluft an die Pflanzen herankommt. Später wird die Abdeckung vollständig entfernt. Je nach Bedarf muss eventuell auch noch ein weiteres Mal pikiert werden.

Sehr schwierig ist die Aussaat von Orchideen. Hierfür benötigt man einen sterilen Arbeitsplatz, besondere Nährmedien, sterile Aussaatflaschen und Erfahrungen im steril Arbeiten. In der Regel sind dies Voraussetzungen, die man als „normaler" Terrarianer und Pflanzenliebhaber nicht erfüllen kann. Selbst das Umgewöhnen von jungen Orchideen, die in sterilen Aussaatflaschen herangezogen wurden, an die Terrarienbedingungen, ist oft sehr schwierig und gelingt nur dem Spezialisten. Es ist deshalb in der Regel besser, bereits etablierte, aber etwas teurere Orchideen zu kaufen, als die gerade in Ostasien häufig sehr kostengünstig angebotenen Orchideensämlinge.

6.2. Stecklingsvermehrung

Mit etwas Geschick lassen sich viele Terrarienpflanzen mithilfe von Stecklingen vegetativ vermehren. Die Stecklingsvermehrung ist deshalb verhältnismäßig einfach, weil viele Pflanzen über eine hohe Regenerationsfähigkeit verfügen.

Fast alle Arten mit einem mehr oder weniger langen Spross lassen sich mit geeigneten Maßnahmen über Stecklinge vermehren. Am besten bilden sich Wurzeln knapp unterhalb eines Blattknotens, da hier die größten Nährstoffreserven vorhanden sind. Man kann deshalb im einfachsten Fall einen Trieb ein Stück unterhalb eines Blattansatzes abschneiden und in ein geeignetes Substrat stecken. Je nach Pflanzenart werden dann innerhalb weniger Tage bis allenfalls Wochen neue Wurzeln gebildet. Bei manchen Arten genügt es auch, den Trieb einfach mit dem unteren Ende in ein mit Wasser gefülltes Gefäß zu stellen und auf die Wurzelbildung zu warten. Um den anfänglich noch wurzellosen Steckling vor dem Vertrocknen zu schützen, wird er zusammen mit dem Topf bzw. dem wassergefüllten Gefäß in einen transparenten Plastiksack gepackt, den man oben zubindet. Nach ein paar Wochen öffnet man den Sack ein wenig, um den Steckling abzuhärten und entfernt ihn ganz, wenn man die Pflanze ins Terrarium stellen will. Sehr gut funktioniert die Stecklingsvermehrung bei vielen Feigenarten (*Ficus*) oder bei Kletterpflanzen wie *Epipremnum*, *Philodendron*, *Piper*, *Pothos*, *Monstera*, *Scindapsus* usw.

Gummibäume (*Ficus elastica*) lassen sich durch Abmoosen leicht vegetativ vermehren.

Bei empfindlicheren Arten empfiehlt es sich, nicht gleich ein Stück der Pflanze abzuschneiden und getrennt zu bewurzeln. Vielmehr kann man mit einer anderen Methode dafür sorgen, dass bereits an der Mutterpflanze erste Wurzeln gebildet werden. Bei dieser unter dem Begriff „Abmoosen" bekannten Methode wird erst der Spross etwa bis zur Mitte leicht schräg eingeschnitten. Nun steckt man ein Streichholz in den Schnitt und umwickelt das Ganze mit feuchtem Moos. Anschließend wird ein Stück Plastikfolie um das Moos gebunden. Nach wenigen Wochen durchwurzelt die Pflanze das feuchte Moos. Nun kann man den Trieb abschneiden und in ein geeignetes Substrat pflanzen. Diese Methode hat sich insbesondere beim Gummibaum (*Ficus elastica*) sehr bewährt. Diese Pflanze benötigt oft recht lange, bis sie bei normaler Stecklingsvermehrung Wurzeln bildet. Oft verliert sie ihre großen Blätter bevor ausreichend Wurzeln vorhanden sind, sodass der Steckling abstirbt.

Viele Zimmerpflanzen kann man leicht durch Stecklinge vermehren.

Eine andere Variante der vegetativen Vermehrung sind Blattstecklinge. Hierfür werden einzelne Blätter abgeschnitten und auf ein feuchtes Substrat gelegt bzw. mit dem Blattstiel und dem unteren Drittel des Blattes ins Substrat gesteckt. Lange Blätter sollte man halbieren. Mittels Blattstecklingen vermehren lassen sich viele Begonien (*Begonia*), die Drehfrucht (*Streptocarpus*), das Usambaraveilchen (*Saintpaulia*) oder der Bogenhanf (*Sansevieria*). Auch Feigenkakteen (*Opuntia*) können so vermehrt werden. Da sie aber keine Blätter besitzen, verwendet man die blattartig verbreiterten Sprossstücke. Diese gräbt man in ein lockeres, mineralisches Substrat ein oder legt sie flach auf dessen Oberfläche. Wird das Substrat leicht feucht gehalten, so bilden sie bald Wurzeln, sodass man sich einen neuen Feigenkaktus heranziehen kann.

Horstbildende Pflanzen kann man auch durch Teilung vermehren. Hierfür wird die Pflanze ausgegraben und ein Teil des Substrates abgeschüttelt. Anschließend trennt man die einzelnen Pflanzen voneinander und topft sie separat in neue Töpfe. Diese Methode eignet sich z. B. für manche Palmen. Auch viele Knollengewächse bilden Tochterknollen oder Brutzwiebeln, die von der Mutterpflanze abgetrennt und alleine weitergezogen werden können. Wichtig ist, dass die abgetrennten Knollen mindestens eine Knospe (Auge) besitzen.

Besonders einfach ist die Teilung bei Pflanzen, die Ausläufer bilden, wie etwa Erdbeeren, Graslilien (*Chlorophytum*) oder beim Farn *Nephrolepis exaltata*. Bei solchen Arten kann man einfach die bereits bewurzelten Tochterpflanzen abtrennen und alleine weiterkultivieren. Ganz ähnlich können auch die oft von Schraubenpalmen (*Pandanus*) an der Basis der Mutterpflanze gebildeten Jungpflanzen mit einem scharfen Messer abgetrennt werden, sobald sie Wurzeln gebildet haben.

Fast alle Bromelien sterben nach der Blüte ab. Viele Arten bilden aber zuvor – ähnlich wie die Schraubenpalmen – sogenannte Kindel. Die Mutterrosette gibt auch nach der Blüte noch über Monate Nährstoffe an die Kindel ab. Man sollte diese deshalb nicht zu früh abtrennen. Am besten wartet man, bis die Mutterrosette fast vollständig abgestorben ist und trennt die Kindel erst dann. In vielen Fällen lohnt es sich aber, im Terrarium alle Kindel an Ort und Stelle zu belassen. So entstehen mit der Zeit dicht bewachsene, natürlich wirkende Epiphytenäste.

Wer sich eine eigene Ananas heranziehen möchte, der kann von einer Ananasfrucht die oberhalb der Frucht sitzende Blattrosette abtrennen. Anschließend tupft man den austretenden Saft mit einem Tuch ab und pflanzt die Rosette in feuchte Erde. Nach ein paar Wochen bilden sich Wurzeln und eine neue Ananas wächst heran.

Auch manche Kakteen bilden seitlich an der Basis der Mutterpflanze Ableger. Diese kann man mit einem scharfen Messer abtrennen. Wichtig ist, dass man sowohl bei der Mutterpflanze als auch beim abgetrennten Ableger die Wunde mit feinem Holzkohlepulver bestreut, um Infektionen vorzubeugen. Anschließend lässt man die Wunde für ein paar Tage abtrocknen und pflanzt den Ableger erst dann in ein geeignetes, leicht feuchtes Substrat zur Bewurzelung.

6.3. Weiterführende Literatur

Callaway & Callaway (2000); Toogood (2000); Young & Young (1986)

7. Aufbau und Gebrauch des Artenteils

Im folgenden Artenteil sind die vorgestellten Pflanzen, anders als in „normalen“ Pflanzenbüchern, nicht einfach alphabetisch geordnet. Vielmehr wurden sie nach Vegetationszonen gruppiert. Innerhalb einer Zone wurden die Pflanzen nach geografischen Regionen unterteilt. Jedes Kapitel beginnt mit Pflanzen aus der neuen Welt. Anschließend geht es in Richtung Osten um den Erdball bis nach Australien bzw. Neuseeland. Um die Auswahl der für die Bepflanzung eines Terrariums gewünschten Pflanzen zu erleichtern, wurden die Arten innerhalb einer Region, soweit sinnvoll, nach Wuchstypen unterteilt.

Am Anfang jedes Kapitels werden die wichtigsten Charakteristika der jeweiligen Vegetationszone beschrieben. Anschließend wird versucht aufzuzeigen, worauf man bei der Bepflanzung eines die jeweilige Vegetationszone charakterisierenden Terrariums achten sollte. Bilder von Terrarien, die mehrheitlich nach pflanzen- und tiergeografischen Gesichtspunkten bepflanzt wurden, sollen Ideen vermitteln, wie man solche Becken gestalten kann. Da es in vielen Fällen jedoch schwierig ist, genau die im Lebensraum einer Tierart vorkommenden Pflanzen im Handel zu finden, mussten hier Kompromisse eingegangen werden und teilweise auf alternative Arten – jedoch wo immer möglich, aus der entsprechenden pflanzengeografischen Großregion – ausgewichen werden.

In diesem Buch werden mehrfach Giftschlangen und -echsen sowie für den Menschen potenziell gefährliche Spinnen, Skorpione und Hundertfüßer erwähnt. Es sei an dieser Stelle ausdrücklich darauf hingewiesen, dass die Haltung von Giftschlangen und anderen Gifttieren ausschließlich dem erfahrenen Terrarianer vorbehalten sei! Auch wenn sich gerade Vipern, Grubenottern und auch viele giftige Arthropoden wegen ihrer mehrheitlich geringen Größe und zumeist ruhigen Lebensweise hervorragend für bepflanzte Terrarien eignen, stellen sie immer eine potenzielle Gefahr dar, gerade auch bei der Pflege lebender Pflanzen! Weitere Informationen zur Haltung von Giftschlagen finden sich bei Akeret (2004), Nietzke (1969), Nietzke (2002), Schmidt (2002) und Trutnau (1998).

Zu jeder geografischen Region wurde eine Liste von Amphibien, Reptilien, Gliederfüßern und z. T. auch Fischen zusammengestellt. Diese Listen sollen es erleichtern, die zu den im Terrarium gepflegten Tieren passenden Pflanzen zu finden, denn alle aufgelisteten Tiernamen sind auch im Index aufgeführt. Mithilfe des wissenschaftlichen Artnamens findet man über den Index schnell das entsprechende Kapitel im Artenteil, d. h. die Zone, in welcher die Tierart beheimatet ist und die entsprechenden Pflanzen. Keine der Tierlisten ist komplett. Vielmehr wurde versucht, mehrheitlich terraristisch wichtige Arten aufzunehmen. Wo viele, nahe verwandte Arten aus ähnlichen Lebensräumen häufig gehalten werden – z. B. Pfeilgiftfrösche, Taggeckos oder Chamäleons – da wurden nur einige wenige Vertreter exemplarisch aufgeführt. Daneben wurden aber auch typische Vertreter bisher nicht oder selten im Terrarium gehaltener Arten erwähnt. Denn oftmals tauchen solche im Handel auf oder werden von Züchtern vermehrt und so auch weiteren Terrarianern verfügbar gemacht, während andere Arten aus den Terrarien verschwinden.

Die im Bildteil vorgestellten Pflanzen stellen nur eine kleine Auswahl geeigneter Arten dar. Es wird kein Anspruch auf Vollständigkeit erhoben. Aufgrund des beschränkten Platzes konnten vielfach nur einzelne Vertreter einer Pflanzengruppe aufgenommen werden. Welche Arten abgebildet wurden, war in erster Linie davon abhängig, welche Pflanzenarten in den für die Erarbeitung des Bildmaterials besuchten botanischen Sammlungen kultiviert wurden.

Nomenklatur und Schreibweise der Namen basieren größtenteils auf Internet-Datenbanken: www.ipni.org (November 2006), www.amphibiaweb.org (Dezember 2012) und www.reptile-database.org (Dezember 2012).

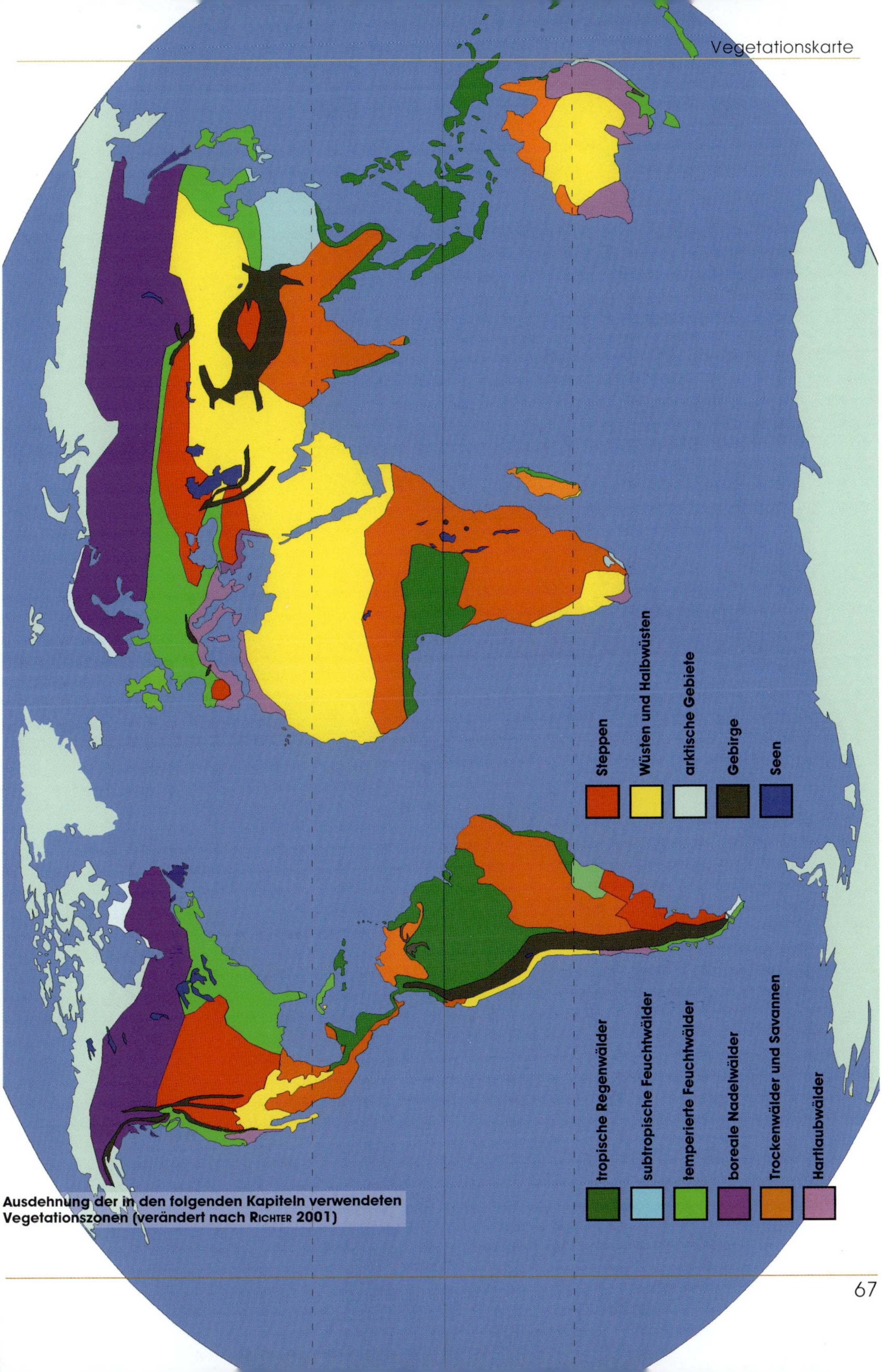

Ausdehnung der in den folgenden Kapiteln verwendeten Vegetationszonen (verändert nach RICHTER 2001)

Kleiner Wasserfall im Regenwald von Dominica (Kleine Antillen). Lebensraum von Pfeiffröschen (*Eleuterodactylus martinicensis*), Augenfleck-Anolis (*Anolis oculatus montanus*) und Abgottschlangen (*Boa constrictor nebulosa*)

8. Tropischer Regenwald

Tieflandregenwald in Französisch-Guayana. Lebensraum von Pfeilgiftfröschen (z. B. *Dendrobates tinctorius*, *Ranitomeya ventrimaculata*), Laubfröschen (z. B. *Hypsiboas calcaratus*), Krötenfröschen (*Allophryne ruthveni*), Leguanen (z. B. *Anolis frenata*, *Norops chrysolepis*, *Plica plica*) und diverser Schlangen (*z. B. Boa constrictor*, *Bothrops brazili*)

Tropische Regenwälder bedeckten ursprünglich eine Fläche von 7.000.000–9.000.000 km^2. Ihr Hauptverbreitungsgebiet liegt zwischen 10° nördlicher und südlicher Breite. In Mittelamerika, im westlichen Indien, Myanmar, China, den Gebirgen Ostaustraliens und im Osten von Südamerika dringen die tropischen Regenwälder z. T. bis zu den Wendekreisen vor und gehen dabei teilweise fast übergangslos in subtropische Feucht- bzw. Monsunwälder über.

Bei den tropischen Regenwäldern muss man aufgrund der Höhenlage unterscheiden zwischen Tiefland- und Bergregenwäldern sowie den Nebelwäldern. Tropische Tieflandregenwälder gedeihen von Meereshöhe bis rund 800 m ü. d. M. Sie besitzen im Waldesinnern ein sehr ausgeglichenes Klima. Die Temperatur liegt normalerweise, je nach geografischer Breite und Höhe über dem Meer, zwischen 22 und 30 °C, wobei sowohl die täglichen als auch die jahreszeitlichen Schwankungen sehr gering sind und nur wenige Grad Celsius betragen: Differenz zwischen wärmstem und kältestem Monat: 1–4 °C, mittlere Tagesschwankungen: 6–8 °C. Da die Temperaturschwankungen im Laufe eines Tages höher sind als die jahreszeitlich bedingten, spricht man von einem Tageszeitenklima. Die Luftfeuchtigkeit ist fast immer sehr hoch und schwankt zwischen 40 und 100 %. An regnerischen Tagen liegt sie bei 90–100 %. In der Regel gehen täglich mehr oder weniger ausgiebige Niederschläge nieder. Pro Jahr fallen 1.800–4.000 mm Regen, in einzelnen Gebirgsregionen sogar bis 10.000 mm.

Tropische Bergregenwälder gedeihen zwischen ca. 800 und 2.000 m ü. d. M. Temperaturschwankung und Niederschläge sind ähnlich wie im tropischen Tieflandregenwald. Die Durchschnittstemperatur liegt mit ca. 20 °C jedoch tiefer. Die täglichen und jahreszeitlichen Schwankungen

Nebelwaldterrarium für Malachit-Stachelleguane (*Sceloporus malachiticus*) in einem Kellerschacht. Licht: Tageslicht und ein 70-W-HQI-Strahler als lokale Wärmequelle. Diverse Bromelien, Farne, eine *Collumnea* sp. und ein Baumfreund (*Philodendron scandens*) bilden die Bepflanzung. Eine genaue Beschreibung findet sich bei Akeret (2006b).

sind vergleichbar mit denen in tropischen Tieflandregenwäldern.

Tropische Nebelwälder findet man in den Zonen der tropischen Regenwälder ab einer Höhe von rund 2.000 m ü. d. M. Die Temperatur beträgt im Tagesmittel ca. 16 °C. Die Regenmenge ist in der Regel geringer als im tropischen Regenwald. Die geringen Niederschlagsmengen werden jedoch durch eine große Nebelhäufigkeit kompensiert. Die Minimaltemperatur liegt um 0 °C.

Typisches Merkmal der Nebelwälder ist der starke Bartflechtenbehang. In der Krautschicht sind Farne, Moose und Flechten häufig. Die am höchsten liegende Waldstufe mit Hartlaubbäumen befindet sich am Rand der Wolkenstufe. Gehölze mit sklerophyllem Laub in gleicher, aber nebelfreier Höhenlage gehören bereits in die Formation der Hartlaubwälder.

Im tropischen Regenwald ist die Feuchtigkeit und die Temperatur – unabhängig von der Höhenstufe – in bodennahen Schichten sehr ausgeglichen. Viele Pflanzen besitzen keinen besonderen Verdunstungsschutz. Die Transpiration wird sogar erleichtert durch dünne Blätter und viele Spaltöffnungen. Häufig sind Blätter mit glatter, wachsartiger Oberfläche und sogenannten Träufelspitzen, die dafür sorgen, dass das Wasser schnell von der Blattoberfläche abläuft.

Das Klima in den Baumwipfeln weicht stark von demjenigen der bodennahen Schichten ab und schwankt im Laufe eines Tages beträchtlich. Wind und Sonne trocknen die Blätter nach einem Regen schnell ab. Hier kann es zeitweise zu erheblichem Wassermangel und starkem Absinken der relativen Luftfeuchtigkeit kommen. Durch die intensive Sonneneinstrahlung in Äquatornähe können auch die Temperaturen recht hoch ansteigen. Umgekehrt fällt hier das Thermometer in der Nacht auch mal auf Werte unter 20 °C.

Tropische Regenwälder sind stufenförmig aufgebaut: In der Krautschicht wachsen Schatten ertragende, in der Regel nicht verholzte Pflanzen wie Farne, Aronstabgewächse (Araceae) oder Heliconien, Ingwer und Bananen (Musaceae).

Mehrere Meter hohe, verholzende Pflanzen und Palmen bilden die Strauchschicht. In mittleren und höheren Lagen findet man außerdem Baumfarne in der Strauchschicht. Darüber folgt die Baumschicht, mit einem meist geschlossenen Kronendach in 30–50 m Höhe. Dieses wird von mehr als 60 m hohen, meist einzeln stehenden Bäumen, sogenannten Überständern, überragt.

Insbesondere diese Überständer, aber auch viele Bäume der Baumschicht sind vielerorts dicht mit Epiphyten bewachsen. Sie gedeihen auf den Ästen der Bäume, ohne diesen jedoch Nährstoffe zu entziehen. Epiphyten nutzen ihre Trägerbäume einzig, um mehr Licht zu erhalten, als es auf dem dunklen Waldboden möglich wäre. Die meisten Arten ertragen einen zeitweisen Trockenstress. Epiphytische Blütenpflanzen haben sich insbesondere aus folgenden zwei Pflanzengruppen entwickelt:

- Aus Bodenbewohnern mit dicklichen oder sogar leicht sukkulenten Blättern (Begonien, Orchideen, Pfeffer)
- Aus Pflanzen der Trockengebiete (epiphytische Kakteen, Bromelien)

Viele Epiphyten schaffen Kleinbiotope für eine große Anzahl von Tieren. So leben sehr oft Ameisen in Epiphytennestern und in einzelnen Fällen sogar im Innern von Pflanzen (z. B. *Myrmecodia*). Auch viele Amphibien und Reptilien nutzen Epiphyten als Lebensraum und/oder als Eiablageplatz bzw. als Kinderstube. Die Artenzusammensetzung von Epiphytengemeinschaften richtet sich nach der Höhe über dem Boden: Trockenheitsertragende Arten wachsen in der Regel höher in den Wipfeln als feuchtigkeitsbedürftigere. Der Wasserhaushalt vieler Epiphyten wird durch wassersammelnde Einrichtungen erleichtert (Saugschuppen und Wassertrichter bei Bromelien, Luftwurzeln mit speziellem Wasserabsorptionsgewebe [Velamen] bei Orchideen). Manche Aronstabgewächse (Araceae) und Feigen (*Ficus*) keimen auf Ästen in den Baumwipfeln und treiben Wurzeln bis auf den Boden (Hemi-Epiphyten). Würgerfeigen umschlingen dabei mit der Zeit ihren Trägerbaum fast vollständig und „erwürgen" ihn langsam.

Kletterpflanzen sind in tropischen Regenwäldern häufig. Sie keimen am lichtarmen Waldboden und ranken sich an den Stämmen der Bäume in hellere Zonen hoch. Am auffallendsten sind, je nach pflanzengeografischer Region, Aronstabgewächse (*Epipremnum*, *Monstera*, *Philodendron*, *Pothos*, *Scindapsus*), Maulbeergewächse (*Ficus*), Pfeffergewächse (*Piper*) und Rebengewächse (*Cissus*, *Tetrastigma*). Verholzte Triebe und Wurzeln sorgen bei älteren Exemplaren als oft bizarr gewundene Lianen für den Wasser- und Nährstofftransport zwischen Wurzeln und Blättern.

8.1. Regenwaldterrarien

Tropische Regenwaldterrarien sind mit Sicherheit der Inbegriff bepflanzter Terrarien. Hier

Vogelvoliere im Zoo Basel für Maskenpitpit (*Polidacnis lineata*). Bepflanzt mit *Maranta leuconeura*, *Philodendron selloum*, *Syngonium podophyllum*

lassen sich eine Vielzahl an Pflanzen zusammen mit Tieren pflegen und selbst mit recht einfachen Mitteln bereits sehr schöne Ersatzbiotope schaffen. Der Handel bietet eine kaum überblickbare Vielfalt möglicher Pflanzenarten an, und jedes Jahr kommen neue dazu. Oft verschwinden aber auch Pflanzen, welche zuvor über Jahre zum Standardsortiment gehörten, von einem Tag auf den anderen aus dem Angebot.

Trotz der großen Auswahl leicht verfügbarer Pflanzenarten sehen die meisten Regenwaldterrarien gleich aus. Fast immer gedeihen Bromelien aus Südamerika zusammen mit einer Efeutute (*Epipremnum aureum*) oder einer Zwergkletterfeige (*Ficus pumila*) aus Südostasien im Becken. Vielleicht wächst auch noch ein Farn in der Ecke, oder der Terrarianer versucht eine Malayenorchidee (*Phalaenopsis*-Hybride) für einige Zeit am Leben zu erhalten. Und das Ganze unabhängig davon, ob im Terrarium südamerikanische Pfeilgiftfrösche (Dendrobatidae), australische Korallenfingerlaubfrösche (*Litoria caerulea*), karibische Saumfinger (*Anolis*), madagassische Taggeckos (*Phelsuma*), afrikanische Buschvipern (*Atheris*) oder asiatische Bambusottern (*Trimeresurus*) leben.

Terrarium für Pfeilgiftfrösche (*Phyllobates terribilis*). Beleuchtung: zwei 70-W-HQI-Strahler. Bepflanzt mit Bromelien, kleinen Orchideen und Kletterfeigen (*Ficus pumila*)

Auch wenn die tropischen Regenwälder auf den ersten Blick in der ganzen Welt recht einheitlich erscheinen, so unterscheiden sie sich pflanzengeografisch dennoch deutlich. So sind Bromelien und Kakteen fast ausschließlich auf den amerikanischen Doppelkontinent beschränkt. Auch epiphytische Aronstabgewächse (Araceae) findet man vor allem in der neuen Welt. In der alten Welt dominieren bei den Epiphyten neben Orchideen insbesondere Farne und Moose. Versucht man jedoch, Tiere und Pflanzen nach geografischen Gesichtspunkten auszuwählen, so wird man mit einfachen Mitteln die erwähnte Gleichförmigkeit vieler Regenwaldterrarien durchbrechen und jedem Becken einen eigenen Charakter verleihen: Ins Terrarium mit lateinamerikanischen Tieren pflanzt man z. B. einen Baumfreund (*Philodendron scandens*) als Kletterpflanze zusammen mit Bromelien und einer Flamingoblume (*Anthurium andraeanum*). Für südostasiatische Tiere verwendet man anstelle der Bromelien einen epiphytischen Nestfarn (*Asplenium nidus* oder *A. antiquum*), lässt eine Efeutute (*Epipremnum aureum*) die Rückwand hochranken und pflanzt einen Kolbenfaden (*Aglaonema crispum*) als Bodenpflanze ein.

In einem Regenwaldterrarium kombiniert man in vielen Fällen Tiere und Pflanzen aus den unterschiedlichsten Mikrohabitaten auf einem relativ engen Raum. Dies führt unweigerlich zu Problemen. Farne und bodenbewohnende Frösche mögen es gerne feucht und oft eher kühl. Bei einer ständig sehr hohen Luftfeuchtigkeit beginnen aber gerade Orchideen oft schnell zu faulen. Tagaktive Echsen, Bromelien und viele Orchideen benötigen viel Licht. Bei einer intensiven Beleuchtung besteht aber leicht die Gefahr, dass bei unzureichender Belüftung die Temperatur im Becken so stark ansteigt, dass es den Farnen und Fröschen zu heiß wird. Versucht man, die Wärme durch große Lüftungsflächen oder spezielle Abluftsysteme abzuführen, so sinkt umgekehrt die Feuchtigkeit stark ab. Sind die Lüftungsflächen dagegen zu klein, so können sich in der warmfeuchten Stauluft Bakterien und Pilze stark vermehren. Diese schwächen Tiere und Pflanzen permanent, sodass selbst normalerweise harmlose Keime zu gefährlichen Krankheitserregern werden können.

Man steht folglich bei der Gestaltung eines Regenwaldterrariums vor dem Problem, dass man mehrere, gegenläufige Faktoren kombinieren muss: Henkel & Schmidt (1999) empfehlen, die Lüftungsflächen so groß zu wählen, dass spätestens drei Stunden nach dem Übersprühen der Einrichtung, diese wieder vollständig abgetrocknet ist. Beim in der Folge beschriebenen Regenwaldterrarium für Pfeilgiftfrösche aus dem nördlichen Südamerika kann Frischluft von vorne über einen 10 cm breiten und über die gesamte Beckenlänge reichenden Lochblechstreifen (Lochdurchmesser 1 mm) ins Terrarium strömen. Entweichen kann die Luft durch ein Lochblech, das rund 80 % des Deckels einnimmt. Rund eine Stunde nach dem Sprühen sind alle Blätter abgetrocknet. Um trotzdem die für ein Regenwaldterrarium wichtige, hohe Luftfeuchtigkeit zu erzielen, wird die Einrichtung vier Mal täglich automatisch mit entsalztem Wasser (Umkehrosmose) überbraust. Dies geschieht mittels einer Hochdruckpumpe, wie sie in Espressoautomaten in der Gastronomie zum Einsatz kommen. Über sechs Nebeldüsen wird fein zerstäubtes Wasser im Terrarium versprüht. Zusätzlich wird mittels eines Ultraschallverneblers das Terrarium zwei Mal täglich für jeweils eine halbe Stunde mit Nebel gefüllt und so auch Stellen mit Feuchtigkeit versorgt, die beim Sprühen trocken bleiben. Dies ist besonders wichtig für einzelne Orchideen, die ein ständiges Sprühen nicht ertragen, jedoch über den Nebel einen Teil ihres Wasserbedarfs decken können. Ein Mal pro Woche werden die Pflanzen zusätzlich noch von Hand kräftig besprüht. Dies ist insbesondere für die Orchideen wichtig, welche ansonsten teilweise zu wenig Wasser bekommen würden, da sie mit Absicht an Stellen platziert wurden, welche durch die automatische Sprühanlage nicht benetzt werden.

Um ein gutes Pflanzenwachstum zu erzielen, muss man für eine ausreichende Beleuchtung sorgen – im Regenwaldterrarium am besten mittels Leuchtstoffröhren. Diese heizen das Becken nicht übermäßig auf und sorgen für eine gleich-

Terrarium für Grüne Hundskopfboas (*Corallus caninus*) und Regenbogenboas (*Epicrates cenchria*) im Zoo Stuttgart. Bepflanzt mit Louisianamoos (*Tillandsia usneoides*) und weiteren Bromelien sowie *Dieffenbachia maculata*

Regenwaldterrarium für Gartenboas (*Corallus hortulanus*). Bepflanzt mit Passionsblumen (*Passiflora* sp.) und Baumfreund (*Philodendron scandens*)

mäßige Lichtversorgung. Für tagaktive Echsen, die sich gerne sonnen, haben sich zusätzlich kleine Halogen-Strahler bewährt. Diese richtet man auf einen dicken Ast oder ein Bambusrohr, wo sich die Tiere aufwärmen können. Keinesfalls dürfen Halogen-Strahler auf Blätter oder Triebe lebender Pflanzen gerichtet werden, da diese sonst verbrennen und absterben. In großen Terrarien können allenfalls auch HQI-Strahler eingesetzt werden, sofern ein ausreichender Abstand zu den Pflanzen eingehalten werden kann. Steht das Regenwaldterrarium in einem geheizten Wohnraum, so wird man in den meisten Fällen auf eine Heizung verzichten können. Im Allgemeinen produziert die Beleuchtung genügend Abwärme. Gerade in Regenwaldterrarien besonders wichtig ist der Schutz der elektrischen Installationen vor Spritz- und Kondenswasser. Werden Leuchtstoffröhren im Innern des Terrariums installiert, so sind in jedem Fall Feuchtraumfassungen zu verwenden. Vorschaltgeräte gehören nicht ins Terrarium. Weiter sind alle elektrischen Geräte und Lampen über einen FI-Personenschutzschalter (Typ 10 mA) zu betreiben.

Die Luftfeuchtigkeit kann in einem Regenwaldterrarium auch durch den Einbau eines Bachlaufes erhöht werden. Insbesondere, wenn das Terrarium, wie in der Folge beschrieben, über einen wasserdurchlässigen Zwischenboden verfügt und die gesamte darunter befindliche Fläche als Wasserreservoir genutzt wird. Als Zwischenboden haben sich Kunststoff-Gitterroste, wie sie im Orchideenkulturbedarf erhältlich sind, sehr gut bewährt. Ähnliche Gitterroste benutzt man auch als Sichtblenden bei Deckenbeleuchtungen. Diese Gitterroste werden auf die Größe des Beckens zugeschnitten und auf kleine, verkehrt auf den Terrarienboden gestellte Töpfe gelegt. Im hinteren Terrarienbereich platziert man etwas größere Töpfe als vorne, damit ein Gefälle für den Bach entsteht. Eine kleine Umwälzpumpe zwischen den Töpfen speist später den Bach über einen flexiblen Kunststoffschlauch oder ein entsprechendes Rohrsystem. Durch eine Aussparung im Kunststoffgitter kann die Pumpe später gewartet werden. Beim hier beschriebenen Regenwaldterrarium (114 x 65 x 105 cm) wurde der Bachlauf aus Styropor und roten Porphyr-Steinplatten gestaltet. Als Grundelement diente eine nicht mehr benötigte Styroporwanne, welche beim Kauf eines elektronischen Gerätes anfiel und normalerweise hätte entsorgt werden müssen. Die Styroporwanne wurde innen mit schwarzem Aquariensilikon bestrichen. Dies geht sehr gut mit der Hand, wenn man sich dünne Latexhandschuhe anzieht. In das frische Silikon wurde gewaschener Rundkies gedrückt. Anschließend wurden die Ränder der Wanne ebenfalls mit Silikon bestrichen und die Steinplatten so festgeklebt. Weitere, stufenartig aufgeklebte Steinplatten sollten später eine Folge kleiner Wasserfälle bilden. Nach der Aushärtung des Silikons wurde die

Terrarium für Köhlerschildkröten (*Chelonoidis carbonaria*) im Zoo Köln. Bepflanzt mit Kletterpflanzen (*Monstera deliciosa*, *Philodendron scandens*)

gesamte Konstruktion in eine Aussparung des Kunststoffgitters gestellt und über den Schlauch mit der Pumpe verbunden. Wichtig ist, dass man nun ausprobiert, ob der Bach auch richtig funktioniert. Andernfalls besteht die Gefahr, dass man das Terrarium wieder ausräumen muss, noch bevor man alles fertig eingerichtet hat.

Nun wurde das Kunststoffgitter mit einer Drainagematte abgedeckt. Diese Matten aus einem nicht verrottenden Material sind in Baumärkten erhältlich und werden normalerweise im Straßen- oder Gartenbau eingesetzt. Noch besser eignet sich zum Abdecken des Gitters Aquarienfilterwatte. Diese hat den Vorteil, dass die Poren weniger schnell verstopfen als bei den Drainagematten. Ebenfalls geeignet wäre ein feines Geflecht aus Kunststoff oder rostfreiem Stahl. Nicht verwenden sollte man dagegen Aluminiumgitter, da diese einerseits zu wenig beständig sind und andererseits durch Oxidation giftige Aluminiumsalze entstehen, und dadurch die Pflanzen geschädigt werden könnten. Wichtig ist, dass das Drainagematerial wasserdurchlässig ist, keine Giftstoffe abgibt, nicht verrottet und die darüber liegende Schicht nicht durch die Maschen ins Wasserreservoir fallen kann. Auf die Matten, Kunststoffwatten oder Gazeschichten kommt nun der eigentliche, wasserdurchlässige Bodengrund. Beim hier beschriebenen Terrarium wurde gewaschener Aquarienkies verwendet. Sehr schön sehen als Bodengrund auch Kiefern- oder Redwood-Rindenschnitzel aus. Leider verrotten diese aber innerhalb weniger Jahre und das Wasser kann nur noch schlecht durchsickern. Aus diesem Grund sollte man auch keine Erde, Torf oder ein anderes, nicht gut wasserdurchlässiges Material verwenden, oder wenn, dann nur für Bereiche, welche nicht im Einflussbereich des Baches liegen. Das von der Pumpe in den Bachlauf geförderte Wasser, Gießwasser oder allenfalls auch Wasser, das nach dem Überbrausen der Einrichtung von den Pflanzen abläuft, kann sonst nicht ins darunter liegende Wasserreservoir versickern und sich im schlimmsten Fall den Weg durch Lüftungsflächen oder Terrarientüren ins Zimmer suchen.

Aufbau eines wasserdurchlässigen Zwischenbodens und eines Bachlaufes in einem Regenwaldterrarium für Pfeilgiftfrösche. Rück- und Seitenwände sind mit Kork verkleidet.

Einrichtungsstadien des im Text beschriebenen Regenwaldterrariums: Nach dem Einbau des künstlichen Baches aus Styropor, Aquariensilikon und Steinen, werden Kies und Steine auf die Drainagematte geschichtet und das Becken bepflanzt.

Auf die erste Lage Bodengrund wurden Steinplatten gelegt, damit die Stufen des Baches nicht isoliert erscheinen. Mittels dieser Steinplatten konnte der Bodengrund nach hinten stufenförmig ansteigend gestaltet werden. Die Stufen wurden anschließend mit Torf hinterfüllt, sodass hier später Bodenpflanzen (*Adiantum peruvianum*, *Peperomia rotundifolia, Begonia elaeagnifolia*) und Kletterpflanzen (*Marcgravia* sp., *Philodendron* sp., *Monstera dubia*) eingepflanzt werden konnten.

Xaxim-Töpfe und -stäbe wurden an die Korkwände geschraubt, mit einem Torf-Rindenschnitzel-Gemisch gefüllt und mit epiphytischen Farnen bepflanzt. Auf Eichenäste wurden Bromelien, Orchideen und Aronstabgewächse aufgebunden. Beleuchtet wird das Regenwaldterrarium (114 x 65 x 105 cm) mit folgenden Lampen:

- vier 32-W-Leuchtstoffröhren (ca. 90 cm lang), Daylight
- zwei 18-W-Leuchtstoffröhren (ca. 60 cm lang), eine Daylight und eine ReptiSun 8 % UV;
- ein 70-W-HQI-Strahler

8.2. Mittel- und südamerikanische Regenwälder

Tropische Regenwälder sind in Mittel- und Südamerika weit verbreitet. Insgesamt kann man in Lateinamerika drei, durch Gebirge oder Trockenzonen voneinander getrennte Regionen mit tropischen Regenwäldern unterscheiden: In Mittel- und dem nördlichen Südamerika zieht sich ein Regenwaldband vom Süden Mexikos über den größten Teil der mittelamerikanischen Landbrücke bis nach Westkolumbien und ins nordwestliche Ecuador. Ein zweites Regenwaldgebiet liegt zwischen den nördlichen und zentralen Anden und dem Atlantischen Ozean. Es umfasst mehrheitlich das Einzugsgebiet des Amazonas im östlichen Ecuador, Peru, Bolivien und Nordbrasilien sowie Teile von Venezuela und die drei Guyana-Staaten. Die dritte Region umfasst die atlantischen Regenwälder im südlichen Ostbrasilien.

Viele der häufig angebotenen Zimmerpflanzen stammen ursprünglich aus den süd- und mittelamerikanischen Regenwäldern. Insbesondere aus Brasilien stehen sehr viele Arten zur Verfügung. Dementsprechend ist es im Allgemeinen recht einfach, Pflanzen zu finden, welche sich für die Einrichtung eines Regenwaldterrariums mit lateinamerikanischen Arten eignen.

Bekannte und häufig angebotene Charakterpflanzen aus den Regenwäldern der neuen Welt sind die Ananasgewächse oder Bromelien (Bromeliaceae). Diese sollten in keinem Regenwaldterrarium mit mittel- oder südamerikanischen Tieren fehlen. Die meisten Arten leben als Epiphyten und eignen sich dementsprechend hervorragend zur Gestaltung eines Epiphytenastes. Daneben findet man in den neotropischen Regenwäldern auch epiphytische Kakteen (z. B. *Rhipsalis*), Orchideen (z. B. *Brassovola*, *Encyclia*, *Epidendrum*, *Laelia*, *Lycaste*, *Masdevallia*, *Maxillaria*, *Miltonia*, *Odontoglossum*, *Oncidium*, *Pleurothallis*, *Sophro-*

Regenwaldterrarium für Pfeilgiftfrösche (*D. leucomelas*, *Ranitomeya ventrimaculata*, *Phyllobates vittatus*) 114 x 65 x 105 cm. Beleuchtung: zwei 18-W- und vier 30-W-Leuchtstoffröhren sowie ein 70-W-HQI-Strahler. Bereits anderthalb Jahre nach der Einrichtung und Bepflanzung mit diversen Bromelien, Baumfreund (*Philodendron* sp.), Kletterbegonien (*Begonia elaeagnifolia*), *Marcgravia* sp. und Farnen mussten die ersten Pflanzen zurückgeschnitten werden.

nitis, Zygopetalum) und Aronstabgewächse (z. B. *Anthurium*). Weit verbreitet sind kletternde Passionsblumen (*Passiflora*) und Aronstabgewächse (Araceae) aus den Gattungen *Philodendron* und *Monstera*. Den Unterwuchs im Regenwald bilden Farne (z. B. *Adiantum*), Aronstabgewächse (z. B. *Anthurium*), Maranten (*Maranta*), Peperomien (*Peperomia*) und viele andere, krautige Pflanzen.

8.2.1. Schwanzlurche

Bolitoglossa capitana, B. dofleini, B. rostrata

8.2.2. Froschlurche

Adelphobates galactonotus, Agalychnis annae, A. callidryas, Allobates femoralis, Ceratophrys cornuta, Dendrobates auratus, D. leucomelas, D. tinctorius, Dendropsophus ebraccatus, D. leucophyllatus, D. marmoratus, D. phlebodes, Eleutherodactylus johnstonei, Epipedobates anthonyi, E. tricolor, Gastrotheca marsupiata, G. riobambae, Hyloscirtus colymba, Hypsiboas crepitans, H. faber, Leptodactylus pentadactylus, Oophaga histrionica, O. pumilio, Phyllobates bicolor, P. lugubris, P. terribilis, P. vittatus, Phyllomedusa bicolor, P. tomopterna, Ranitomeya fantastica, R. reticulata, R. ventrimaculata, Rhaebo blombergi, R. guttatus, R. haematiticus, Rhinella margaritifera, R. marina, Scinax ruber, Smilisca phaeota, S. sordida, Trachycephalus resinifictrix, T. venulosus

8.2.3. Echsen

Anolis chamaeleonides, A. equestris, A. marmoratus, A. oculatus, A. punctatus, A. roquet, A. transversalis, Arthrosaura reticulata, Basiliscus basiliscus, B. plumifrons, B. vittatus, , Corytophanes cristatus, Diploglossus fasciatus, Enyalioides laticeps, E. palpebralis, Gonatodes albogularis, G. concinnatus, G. humeralis, G. vittatus, Iguana iguana, Kentropyx pelviceps, Laemanctus longipes, Lepidophyma flavimaculatum, Mabuya nigropunctata, Norops chrysolepis, N. garmani Neusticurus ecpleopus, Plica plica, Polychrus marmoratus, Sceloporus malachiticus, Stenocercus fimbriatus, Thecadactylus rapicauda, Tupinambis teguixin, Uranoscodon superciliosus

8.2.4. Schlangen

Boa constrictor, Bothriechis lateralis, B. schlegelii, Bothriopsis bilineata, B. taeniata, Bothrops asper, B. atrox, B. brazili, Chironius exoletus, Corallus annulatus, C. caninus, C. hortulanus, Dipsas albifrons, Drymoluber dichrous, Epicrates cenchria, Lachesis muta, Leptodeira annulata, Liophis typhlus, Oxybelis fulgidus, Pantherophis flavirufus, Philodryas olfersii, P. viridissima, Spilotes pullatus, Trachyboa boulengeri, Tropidophis melanurus

8.2.5. Schildkröten

Chelonoidis carbonaria, C. denticulata

8.2.6. Krokodile

Caiman crocodilus, Paleosuchus palpebrosus, P. trigonatus

8.2.7. Spinnen und andere Spinnenartige

Acanthoscurria antillensis, Avicularia avicularia, A. metallica, A. pulchra, A. purpurea, A. versicolor, Brachypelma albopilosa, B. vagans, Cupiennius salei, Cyclosternum fasciatus, Cyriocosmus elegans, Ephebopus murinus, Hapalopus incei, Lasiodora parahybana, L. striatus, Megaphobema robusta, Nephila spp., *Pamphobeteus antinous, P. ferox, P. ornatus, Phoneutria fera, Phormictopus cancerides, Psalmopoeus irminia, Pseudotheraphosa apophysis, Tapinauchenius gigas, T. latipes, Tarantula* spp., *Theraphosa blondi, Vitalius roseus, Xenesthis immanis*

8.2.8. Skorpione

Bothriurus vittatus

8.2.9. Weiterführende Literatur

Armitano (1987); Berry & Kress (1991); Gargiullo et al. (2008); Isley (1987); Klock (1996); Leme & Marigo (1993); Llamas (2003); Min et al. (2003); Rauh (1990); Richter (1978); Röth (1991); Seibert (1996)

Regenwald-Aquaterrarium (180 x 160 x 200 cm) für Pfeilgiftfrösche (*Oophaga pumilio*, *Dendrobates leucomelas*), und Martinique-Anolis (*Anolis roquet*). Bepflanzt mit verschiedenen Flamingoblumen (*Anthurium* spp.) Bromelien, Farnen und anderen lateinamerikanischen Regenwaldpflanzen. Beleuchtung: sechs 80-W-Leuchtstoffröhren (T5 HO), zwei 150-W-HQI- und eine 70-W-HQI-Lampe. Rückwand aus PU-Schaum, mit Elastopur (Zweikomponenten-PU-Harz) bestrichen und mit einem Gemisch aus Xaxim-, Torf- und Kokosfaserpulver beflockt.

Aechmea chantini **Amazonasgebiet**

○ ♉ ☁ II G

Aechmea contracta **nördliches Südamerika**

○ ♉ ☁ II

Aechmea gamosepala **Brasilien**

◗ ♉ ☂ II

Aechmea fasciata **Amazonasgebiet**

◗ ♉ ☁ I ♥ G

Aechmea orlandiana **Brasilien (Espirito Santo)**

◗ ♉ ☁ II

Aechmea racinae **Amazonasgebiet**

◗ ♉ ☁ II G

Aechmea victoriana **Amazonasgebiet**

◗ ♉ ☔ II G

Aechmea winkleri **Brasilien**

◗ ♉ ☔ II

Billbergia pyramidalis **Brasilien**

◗ ♉ ☔ II G

Catopsis morreniana **Südmexiko–Costa Rica**

◗ ♉ ☔ II k

Guzmania lingulata **Karibik, Mittelamerika–Brasilien**

◗ ♉ ☔ I ♥

Neoregelia compacta **Brasilien**

◗ ♉ ☔ II

Neoregelia ampullacea **Brasilien**

◗ ♉ ☔ II k

Neoregelia princeps **Brasilien (Rio de Janeiro)**

◗ ♉ ☔ II k

Neoregelia sarmentosa **Brasilien**

◗ ♉ ☔ II k

Neoregelia tigrina **Brasilien**

◗ ♉ ☔ II k

Neoregelia tristis **Brasilien (Espirito Santo)**

◗ ♉ ☔ II k

***Neoregelia*-Hybride „Luxurians"** **Brasilien**

◗ ♉ ☔ I

***Neoregelia*-Hybride „Schultesiana"** **Brasilien**

◗ ♉ ☂ II ♥ k

Nidularium apiculatum **Brasilien**

◗ ♉ ☂ II

Quesnelia marmorata **Costa Rica–Bolivien**

◗ ♉ ☂ II

Tillandsia butzii **Südmexiko–Panama**

◗ ♉ ≋ II

Tillandsia complanata **Costa Rica–Bolivien**

◗ ♉ ☂ II

Vriesea ospinae **Kolumbien**

◗ ♉ ☂ II

Tillandsia cyanea — Ecuador, Peru

◗ ♉ 🌧 I

Tillandsia stricta — Trinidad–Argentinien

◗ ♉ 🌧 II

Vriesea bleheri — Brasilien

◗ ♉ 🌧 II

Vriesea carinata — Ostbrasilien

◗ ♉ 🌧 II

Vriesea racinae — Brasilien

◗ ♉ 🌧 II k

Vriesea splendens — Venezuela–Surinam

◗ ♉ 🌧 I ♥

Anthurium friedrichsthallii **Mittel-, nordwestl. Südamerika**

◗ ♉ 🌧 II ☠

Anthurium bakeri **Mittel- und nördl. Südamerika**

◗ ♉ 🌧 II ☠

Anthurium scandens **Südmexiko–Argentinien**

◗ ♉ ↑ 🌧 II ☠

Anthurium wendlingeri **Mittel- und Südamerika**

◗ ♉ 🌧 II ☠

Codonanthe crassifolia **Costa Rica–Venezuela**

◗ ♉ ↓ 🌧 III

Columnea gloriosa **Mittel- und Südamerika**

◗ ♉ ↓ 🌧 I

Columnea magnifica **Costa Rica, Panama**

◗ ♉ ⌇ ☁ I

Columnea oerstediana **Costa Rica**

◗ ♉ ⌇ ☁ II

Domingoa hymenoides **Große Antillen**

◗ ♉ ☁ II !

Elaphoglossum apodum **Karibik**

● ♉ ~ ☁ II

Episcia dianthiflora **Mexiko–Costa Rica**

◗ ♉ ⌇ ☁ II

Lepismium houlletianum **Brasilien (Minas Gerais)**

○ ♉ ⌇ ☁ II

Leucobryum antillarum **Karibik**

III

Maxillaria tenuifolia **Mexiko–Costa Rica**

II

Maxillaria variabilis **Mexiko–Panama**

II

Microgramma percussa **Mittel- und Südamerika**

II

Microgramma squamulosa **Südamerika**

II

Peperomia emarginella **Karibik**

II k

Peperomia serpens **tropisches Südamerika**

◗ ♉ ⥉ ☔ II k

Peperomia urocarpa **nördliches Südamerika**

◗ ♉ ⥉ ☔ II k

Peperomia rotundifolia **Brasilien**

◗ ♉ ⥉ ☔ II k

Polypodium squamatum **Karibik, Mexiko–Peru**

● ♉ ≈ ☔ II

Polypodium vacciniifolium **tropisches Amerika**

● ♉ ⥉ ≈ ☔ II k

Rhipsalis baccifera **Florida–Brasilien, Afrika**

○ ♉ ⥊ ☁ I

Rhipsalis capilliformis **Ostbrasilien**

○ ♉ ⌇ ☁ II

Rhipsalis mesembryanthemoides **Ostbrasilien**

○ ♉ ⌇ ☁ II

Rhipsalis robusta **Ostbrasilien**

○ ♉ ⌇ ☁ II

Rhipsalis rhombea **Ostbrasilien**

○ ♉ ⌇ ☁ II

Rhipsalis trigona **Ostbrasilien**

○ ♉ ⌇ ☁ II

Sophronitis cernua **Brasilien**

○ ♉ ☁ II

Anthurium croatii **Kolumbien–Bolivien, Brasilien**

◗ ⥉ 🌧 II ☠

Anthurium polyschistum **Kolumbien–Nordperu**

◗ ⥉ 🌧 II ☠

Asarina barclaiana **Mexiko**

◗ ⥉ 🌧 III

Marcgravia sintenisii **Große Antillen**

◗ ⥉ 🌧 III

Marcgravia umbellata **Karibik, nördliches Südamerika**

◗ ⥉ 🌧 III

Monstera deliciosa **Südmexiko, Guatemala**

◗ ⥉ 🌧 I G ♥ ☠

Monstera dubia **tropisches Südamerika**

◗ ↑ ☂ III ☠

Monstera friedrichsthalii **Costa Rica**

◗ ↑ ☂ III G ☠

Monstera obliqua **oberer Amazonas**

◗ ↑ ☂ III ☠

Passiflora biflora **tropisches Südamerika**

○ ↑ ☂ II

Passiflora coriacea **Mexiko–Bolivien**

○ ↑ ☂ II

Passiflora racemosa **Brasilien (Rio de Janeiro)**

○ ↑ ☂ I

Passiflora vitifolia **Brasilien**

○ ⥉ ☔ II

Philodendron angustisectum **westliches Kolumbien**

◗ ⥉ ☔ II ☠

Philodendron elegans **tropisches Südamerika**

◗ ⥉ ☔ I G ☠

Philodendron lacerum **Große Antillen**

◗ ⥉ ☔ II ☠

Philodendron lingulatum **Kleine Antillen**

◗ ⥉ ☔ II ☠

Philodendron sagittifolium **Südost-Mexiko**

◗ ⥉ ☔ I G ☠

Philodendron scandens **Karibik, Mittelamerika**

◗ ⇡ ☂ I ♥ ☠

Philodendron variifolium **Peru**

◗ ⇡ ☂ II ☠

***Philodendron* sp.** **Französisch-Guayana**

◗ ⇡ ☂ III ☠

Piper crocatum **Peru**

◗ ⇡ ☂ II

Syngonium podophyllum **Mexiko, Nicaragua**

◗ ⇡ ☂ I ☠

Vanilla fragrans **östliches Mexiko**

○ ⇡ ☁ II

Begonia boweri **Südmexiko**

◗ ⇝ ☂ II ♥

Begonia elaeagnifolia **tropisches Südamerika**

◗ ⇝ ⌇ ☂ II ♥ k

Begonia foliosa **tropisches Südamerika**

◗ ⇝ ☂ II k

Bertolonia marmorata **Ecuador, Brasilien**

◗ ⇝ ☂ III

Callisia elegans **Mexiko**

◗ ⇝ ☂ I

Heterocentron elegans **Mexiko**

◗ ⇝ ☂ III k

Kohleria hirsuta **Venezuela, Guyana, Trinidad**

◗ ⇝ ☔ III k

Maranta bicolor **Guyana, Brasilien**

◗ ⇝ ☔ I

Maranta leuconeura **Brasilien**

◗ ⇝ ☔ I ♥

Peperomia fagerlindii **Ecuador**

◗ ⇝ ☔ III k

Peperomia quadrangularis **Mittel- und Südamerika**

◗ ⇝ ☔ II k

Peperomia viridispica **Südamerika**

◗ ⇝ ☔ II

Peperomia verticillata **Brasilien**

◗ ⤳ ☔ II

Rhoeo spathacea **(*discolor*)** **Mexiko**

◗ ⤳ ☔ I ♥

Selaginella erythropus **Mittel- und Südamerika**

● ⤳ ☔ III

Selaginella martensii **Mexiko**

● ⤳ ☔ I

Zebrina pendula **Mexiko**

◗ ⤳ ☔ I ♥

Zebrina purpusii **Mittel- und Südamerika**

◗ ⤳ ☔ II ♥

Adiantum hispidulum **Brasilien**

● ♈ ≈ ☔ I

Adiantum peruvianum **Ecuador–Bolivien**

● ♈ ≈ ☔ II

Adiantum raddianum **Brasilien**

● ♈ ≈ ☔ I

Adiantum tenerum **Karibik, Mexiko–Venezuela**

● ♈ ≈ ☔ I

Adiantum tetraphyllum **Südamerika, Westafrika**

● ♈ ≈ ☔ II

Anthurium andraeanum **Kolumbien**

◗ ♈ ☔ I ♥ ☠

Anthurium antioquiense **Brasilien**

◗ ♈ ☔ III ☠

Anthurium crystallinum **Kolumbien–Peru**

◗ ♈ ☔ II ☠

Anthurium guldingii **Karibik**

◗ ♈ ☔ III G ☠

Anthurium scherzerianum **Costa Rica**

◗ ♈ ☔ I G ♥ ☠

Anthurium warocqueanum **Kolumbien**

◗ ♈ ☔ II G ☠

Basleria luthea **Karibik**

◗ ♈ ☔ III k

Begonia crispula **Brasilien**

◗ ♈ 🌧 III k

Blechnum brasiliense **Guatemala–Uruguay**

● ♈ ≈ 🌧 II

Caladium humboldtii **Venezuela, Brasilien**

◗ ♈ 🌧 II

Calathea ornata **Brasilien**

◗ ♈ 🌧 III

Calathea musaica **Mittel- und Südamerika**

◗ ♈ 🌧 I

Calathea rufibarba **Brasilien**

◗ ♈ 🌧 III

Calathea stromata **Brasilien**

◗ ♈ ☔ I G ♥

Calathea undulata **Peru**

◗ ♈ ☔ I G

Chamaedorea elegans **Guatemala**

◗ ♈ ⏏ ☔ I

Chamaeranthemum gaudichaudii **Brasilien**

◗ ♈ ☔ III

Chrysothemis pulchella **Mittel- und Südamerika**

◗ ♈ ☔ II

Chamaeranthemum venosum **Brasilien**

◗ ♈ ⇝ ☔ III

Capsicum annuum **Südamerika**

◗ ♈ 🌧 I 🕷

Clusia rosea **Südflorida–nördliches Südamerika**

◗ ♈ 🌧 I

Dieffenbachia maculata **nördliches Südamerika**

◗ ♈ 🌧 I ♥ ☠

Dipteracanthus devosianus **Brasilien**

◗ ♈ ⇝ 🌧 I

Episcia cupreata **Kolumbien**

◗ ♈ ⇝ 🌧 I

Fittonia gigantea **Peru**

◗ ♈ ⇝ 🌧 III

Fittonia verschaffeltii **Peru**

◗ ♈ ☔ I ♥

Gesneria pedicellaris **Dominikanische Republik**

◗ ♈ ☔ III

Geogenanthus poeppigii **oberer Amazonas**

◗ ♈ ⇝ ☔ III

Hemionitis palmata **tropisches Südamerika**

● ♈ ☔ III

Lantana camara **Karibik**

○ ♈ ☔ I

Monolena primuliflora **Mittel- und Südamerika**

◗ ♈ ☔ III

Pearcea hypocyrtiflora **nördliches Südamerika**

◗ ♈ ☂ II

Peperomia caperata **Brasilien**

◗ ♈ ☁ I k ♥

Peperomia griseo-argentea **Brasilien**

◗ ♈ ☁ I k

Peperomia sarcophylla **Südamerika**

◗ ♈ ☁ II k

Peperomia sandersii **Brasilien**

◗ ♈ ☁ I k

Peperomia verschaffeltii **oberer Amazonas**

◗ ♈ ☁ I k

Phyllanthus lathyroides **Mexiko**

◗ ♈ 🌧 III ☠

Phlebodium aureum **oberer Amazonas**

● ♈ ⤳ 🌧 I

Pilea crassifolia **Jamaika**

◗ ♈ 🌧 I

Pilea involucrata **Panama, nördliches Südamerika**

◗ ♈ 🌧 III

Pilea mollis **Costa Rica**

◗ ♈ 🌧 I

***Pilea*-Hybride „Silver Tree“** **Karibik**

◗ ♈ 🌧 I

Porphyrocoma lanceolata **Brasilien**

◗ ♈ ☔ I

Selaginella flabellata **Karibik**

◗ ♈ ≈ ☔ III

Siderasis fuscata **Brasilien**

◗ ♈ ☔ I

Sinningia pusilla **Brasilien**

◗ ♈ ☔ III

Spathiphyllum wallisii **Kolumbien, Venezuela**

◗ ♈ ☔ I ♥ ☠

Tibouchina urvilleana **Brasilien**

◗ ♈ ☔ I G

8.3. Afrikanische Regenwälder

Tropische Regenwälder gedeihen in Afrika nur im Bereich des Kongobeckens, entlang der westafrikanischen Küste und lokal in Ostafrika – hier insbesondere in höheren Lagen. Die afrikanischen Regenwälder sind verhältnismäßig artenarm. Besonders augenfällig ist dies bei den epiphytischen Blütenpflanzen. Außer Orchideen (z. B. *Angraecum*, *Ansellia*, *Polystachya*) gedeihen hier kaum höhere Epiphyten und auch epiphytische Farne (z. B. *Asplenium nidus*, *Platycerium angolense*) sind selten. Im Allgemeinen wird die Epiphytenflora von Moosen und Flechten dominiert. Leider sind aber insbesondere Letztere im Terrarium kaum über einen längeren Zeitraum am Leben zu erhalten. Eine Besonderheit westafrikanischer Regenwälder sind epiphytische Binsenkakteen (*Rhipsalis*). Obwohl Kakteen ein neuweltliches Pflanzenelement darstellen, findet man einzelne Arten auch in Afrika – vermutlich als Samen im Darm von Vögeln über den Atlantik verfrachtet.

Die relative Artenarmut afrikanischer Regenwälder macht sich auch bei den aus diesem Gebiet verfügbaren Pflanzen bemerkbar. So ist es oft schwierig, im Handel geeignete Terrarienpflanzen zu finden, und oft bleibt nur der Ausweg, sich über botanische Gärten die gewünschten Arten zu beschaffen. Am leichtesten aufzutreiben sind Graslilien (*Chlorophytum comosum*), die in der Natur oft an Felswänden wachsen. Ein recht häufiger Strauch aus dem tropischen Afrika ist der Kaffee (*Coffea arabica* und *C. canephora*). Kräftige Exemplare eignen sich zur Bepflanzung von Chamäleon-Terrarien. Regelmäßig im Pflanzenhandel angeboten und auch pflegeleicht sind eine Reihe von Arten der Gattung *Dracaena*. Eine hübsche, kleinbleibende und blühwillige Pflanze aus dem tropischen Afrika ist *Biophytum sensitivum*. Sie wird oft in Pfeilgiftfrosch-Terrarien gepflegt, obwohl sie in der neuen Welt natürlicherweise nicht vorkommt. Aus den Usambarabergen in Tansania kommt das in fast jedem Blumenladen erhältliche Usambaraveilchen (*Saintpaulia ionantha*). Diese Pflanzen wachsen oft an Felswänden. Ebenfalls leicht erhältlich sind Drehfrucht-Hybriden (*Streptocarpus*). Für Großterrarien geeignet ist das Einblatt (*Streptocarpus grandis*). Viele *Streptocarpus*-Arten besiedeln ebenfalls Felswände.

8.3.1. Froschlurche

Afrixalus fulvovittatus, Hyperolius parallelus, H. guttulatus, Leptopelis spiritusnoctis

8.3.2. Echsen

Holaspis guentheri, H. laevis, Kinyongia fischeri, Lygodactylus fischeri, L. williamsi, Trioceros deremensis, T. jacksonii, T. montium, Varanus ornatus

8.3.3. Schlangen

Atheris ceratophora, A. chlorechis, , A. nitschei, A. squamigera, Bitis gabonica, B. nasicornis, Calabaria reinhardtii, Dendroaspis angusticeps, D. jamesoni, D. viridis, Philothamnus semivariegatus

8.3.4. Schildkröten

Kinixys erosa, K. homeana

8.3.5. Krokodile

Mecistops cataphractus, Osteolaemus tetraspis

8.3.6. Spinnen und andere Spinnenartige

Damon sp., *Heteroscodra maculata, Hysterocrates gigas, H. hercules, Nephila* sp.

8.3.7. Skorpione

Pandinus imperator

8.3.8. Hundert- und Tausendfüßer

Globotherium sp., *Graphidostreptus* sp., *Sphaerotherium* sp., *Spirobolus* sp.

8.3.9. Insekten

Platymeris biguttata, Pseudoharpax ugandanus

8.3.10. Weiterführende Literatur

Min et al. (2003), Poorter et. al. (2004), Steentoft (1988)

Terrarium für Buschvipern (*Atheris squamigera*), 70 x 45 x 90 cm. Bepflanzt mit *Asplenium antiquum*, *Dracaena godseffiana*, *D. surculosa*, *Begonia jussiaeicarpa*, *B. thelmae*. Beleuchtung: ein 70-W-HQI-Strahler

Asplenium nidus **tropisches Afrika, Asien**

◗ ♉ ☔ I

Begonia jussiaeicarpa **Westafrika**

◗ ♉ ⌇ ☔ II

Chlorophytum comosum **tropisches Afrika**

◗ ♉ ⌇ ☔ I ♥

Platycerium angolense **tropisches Afrika**

◗ ♉ ☔ II G

Platycerium stemmaria **tropisches Westafrika**

◗ ♉ ☔ II G

Rhipsalis baccifera **Lateinamerika, Westafrika**

○ ♉ ⌇ ☁ II

Begonia polygonoides **tropisches Afrika**

III

Begonia schultzei **tropisches Afrika**

III

Clerodendron splendens **tropisches Afrika**

I

Clerodendron thomsoniae **Westafrika**

I

Clerodendron ugandense **Uganda–Simbabwe**

III

Thunbergia erecta **Westafrika–Südafrika**

I

Adiantum aethiopicum **tropisches Afrika**

● ♈ II

Begonia ficicola **Nigeria**

III

Begonia thelmae **Westafrika**

II

Bolbitis heudelotii **tropisches Afrika**

♈ III k

Chlorophytum alismaefolium **tropisches Afrika**

♈ III

Chlorophytum amaniense **„Fire Flash“ tropisches Afrika**

♈ I

Chlorophytum sparsiflorum **Westafrika**

◗ ♈ ☔ III

Coffea canephora **Westafrika**

◗ ♈ ☔ III

Costus deistelii **Westafrika**

◗ ♈ ☔ III

Costus ligularis **tropisches Afrika**

◗ ♈ ☔ III

Cyanastrum cordifolium **Kamerun, Gabun**

◗ ♈ ☔ II

Crossandra pungens **Ostafrika**

◗ ♈ ☔ III

Dracaena arborea **Westafrika**

◗ ♈ 🌧 III G

Dracaena aubryana **Westafrika–Angola**

◗ ♈ 🌧 II

Dracaena deremensis **tropisches Afrika**

◗ ♈ 🌧 I

Dracaena godseffiana **Westafrika**

◗ ♈ 🌧 I

Dracaena goldieana **Westafrika**

◗ ♈ 🌧 III

Dracaena surculosa **Westafrika**

◗ ♈ 🌧 I

Ficus buxifolia **Kongobecken**

◗ ♈ ☔ II

Ficus cyathistipula **Ostafrika**

◗ ♈ ☔ I G

Ficus leprieurii **tropisches Afrika**

◗ ♈ ☔ III

Ficus lyrata **Westafrika**

◗ ♈ ☔ I G

Heterotis rotundifolia **tropisches Afrika**

◗ ♈ ☔ III

Impatiens hians **Kongobecken**

◗ ♈ ☔ II

Justicia extensa **tropisches Afrika**

◗ ♈ 🌧 III

Palisota pynaertii **westliches Zentralafrika**

◗ ♈ 🌧 I

Pellaea viridis **Südostafrika, Madagaskar**

● ♈ ≋ 🌧 II

Phyllanthus amarus **Westafrika**

◗ ♈ 🌧 III ☠

Saintpaulia ionantha **Tansania (Usambara-Berge)**

● ♈ 🌧 I k ♥

Saintpaulia rupicola **Ostafrika**

● ♈ 🌧 III k

Selaginella abyssinica **Ostafrika**

● ♈ ≈ ☂ III

Selaginella vogelii **Westafrika**

● ♈ ≈ ☂ III

Streptocarpus glandulosissimus **Tansania**

◗ ♈ ⇝ ☂ III

Streptocarpus saxorum **Tansania**

◗ ♈ ⇝ ☂ II

Theophrasta angustifolia **tropisches Afrika**

◗ ♈ ☂ III

Whitfieldia longifolia **tropisches Afrika**

◗ ♈ ☂ III

8.4. Regenwälder Madagaskars und umliegender Inseln

Tropische Regenwälder findet man auf Madagaskar insbesondere entlang der Ostküste. Einzig im Norden der Insel zieht sich ein Regenwaldgürtel bis an die Westküste. Sehr häufig findet man in madagassischen Regenwäldern Palmen, Feigenbäume (*Ficus*) und Bambus. Eine der bekanntesten Pflanzen aus Madagaskar – der Baum des Reisenden (*Ravenala madagascariensis*) – wird für das Terrarium leider zu groß.

Ähnlich wie in Afrika dominieren auch unter den madagassischen Epiphyten Moose, Farne (z. B. *Asplenium nidus*, *Platycerium madagascariense*) und Orchideen (z. B. *Aeranthes*, *Angraecum*, *Bulbophyllum*, *Cymbidiella*, *Cynorkis*, *Oeonia*, *Solenangis*). Die in Madagaskar angebaute Vanille stammt dagegen ursprünglich aus Lateinamerika.

Problemlos erhältlich und besonders für kleine, leichte Taggeckos (*Phelsuma*) geeignet sind eine Reihe von *Dracaena*-Arten. Eine hübsche, häufig angebotene Kletterpflanze aus den madagassischen Regenwäldern ist die Kranzschlinge (*Stephanotis floribunda*). Sie benötigt Äste oder holzige Lianen, um die man ihre Triebe schlingen und so in die gewünschte Richtung lenken kann. Gewährt man der Kranzschlinge eine etwas kühlere Ruhepause, in der man sie auch etwas trockener hält, so wird sie im Terrarium bei ausreichender Beleuchtung sogar blühen. In vielen Botanischen Gärten wird *Pothos scandens* kultiviert. Dieses Aronstabgewächs ist in den Regenwäldern Südasiens verbreitet, aber auch an der Ostküste von Madagaskar häufig. Die Art erreicht hier ihre westliche Verbreitungsgrenze. Einer der wenigen im Pflanzenhandel regelmäßig angebotene Bodendecker aus Madagaskar ist *Hypoestes phyllostachya* mit seinen zumeist fein rosa gepunkteten Blättern. Weit verbreitet in Madagaskar sind Schraubenpalmen (*Pandanus*). So findet man auch eine Reihe von Arten im Regenwald. Leider werden fast alle sehr groß und eignen sich dann höchstens zur Bepflanzung von Großterrarien. Relativ klein bleibt *Pandanus pygmaeus*. Diese Schraubenpalmenart wird gelegentlich angeboten.

8.4.1. Froschlurche

Boophis madagascariensis, *B. tephraeomystax*, *Dyscophus antongilii*, *D. guineti*, *Heterixalus alboguttatus*, *H. madagascariensis*, *Mantella aurantiaca*, *M. betsileo*, *M. crocea*, *M. laevigata*, *M. madagascariensis*, *M.viridis*, *Mantidactylus bicalcaratus*

8.4.2. Echsen

Brookesia decaryi, *B. minima*, *B. stumpffi*, *B. superciliaris*, *Calumma brevicornis*, *C. globifer*, *C. parsonii*, *C. tigris*, *Furcifer balteatus*, *F. lateralis*, *F. oustaleti*, *F. pardalis*, *Lygodactylus pictus*, *Paroedura gracilis*, *P. oviceps*, *P. stumpffi*, *Phelsuma astriata*, *P. guttata*, *P. laticauda*, *P. lineata*, *P. madagascariensis*, *P. nigristriata*, *P. ornata*, *P. quadriocellata*, *Uroplatus* spp., *Zonosaurus haraldmeieri*

8.4.3. Schlangen

Acrantophis madagascariensis, *Langaha nasuta*, *Leioheterodon madagascariensis*, *Sanzinia madagascariensis*

8.4.4. Spinnen und andere Spinnenartige

Argiope coquereli, *Gasteracantha versicolor*, *Nephila madagascariensis*

8.4.5. Hundert- und Tausendfüßer

Globotherium sp., *Graphidostreptus virgator*, *Scaphistostreptus seychellarum*, *Sphaerotherium* sp.

8.4.6. Insekten

Danuriella irregularis, *Majanga basilaris*, *Polyspilota aeruginosa*

8.4.7. Weiterführende Literatur

Cadet (1981); Callmander (2001); Goodman & Benstead (2003); Hermans et al. (1998); Humbert (1939, 1941); Koechlin et al. (1997); Périer de la Bâthie (1921); Preston-Mayfham(1991); Rauh (1973)

Großterrarium für Madagaskar-Boas (*Sanzinia madagascariensis*) und Madagaskar-Hakennattern (*Lioheterodon madagascariensis*) im Zoo Zürich. Bepflanzt mit verschiedenen Farnen und anderen, krautigen Pflanzen

Kalanchoe uniflora **Madagaskar**

◗ ♉ ⇝ ☁ II k

Medinilla rotundifolia **Madagaskar**

◗ ♉ ⇝ ⌇ ☁ II k

Platycerium alcicorne **Madagaskar, Komoren**

◗ ♉ ☂ II G

Platycerium madagascariense **Madagaskar**

◗ ♉ ☂ II G

Pothos scandens **Madagaskar, Südasien**

◗ ⌇ ☂ III

Stephanotis floribunda **Madagaskar**

◗ ⌇ ☁ I

Adiantum reniforme **Madagaskar, Maskarenen**

● ♈ II k

Asplenium daucifolium (viviparum) **Madagaskar**

● ♈ I

Chrysalidocarpus (Areca) lutescens **Madagaskar**

◗ ♈ I

Doryopteris concolor **Madagaskar, südliches Afrika**

● ♈ ♉ II k

Dracaena marginata **Madagaskar, La Réunion**

◗ ♈ I

Dracaena reflexa **Mauritius**

◗ ♈ I

Hypoestes phyllostachya **Madagaskar**

◗ ♈ 🌧 I k

Mascarenhasia arborescens **Madagaskar, Ostafrika**

◗ ♈ 🌧 III G

Pandanus pristis **Madagaskar**

◗ ♈ 🌧 III G

Pandanus pygmaeus **Madagaskar**

◗ ♈ 🌧 II

Pellaea viridis **Madagaskar, Südostafrika**

● ♈ ≈ 🌧 I

Phanerophlebia falcata **Tropen der Alten Welt**

◗ ♈ ≈ 🌧 II

Phyllanthus longifolius **Maskarenen**

◗ ♈ ☔ III

Pisonia umbellifera **Mauritius–Australien**

◗ ♈ ☔ III

Quercifilix zeylanica **Mauritius, Südasien**

● ♈ ≈ ☔ II k

Selaginella lyallii **Madagaskar**

● ♈ ⇝ ≈ ☔ III

Terminalia benzoe **Mauritius**

◗ ♈ ☔ III

Utricularia livida **Madagaskar, tropisches Afrika**

○ ♈ ≈ ☔ I c k

8.5. Asiatische Regenwälder

Tropische Regenwälder findet man in Asien von Südindien bis zur Halbinsel von Malakka (Südthailand, Malaysia) und weiter über Sumatra, Borneo, den Sunda-Archipel und die Philippinen. Wegen der starken Fragmentierung durch Gebirge und die vielen Inseln ist das Gebiet außerordentlich artenreich. Wie in den mittel- und südamerikanischen Regenwäldern findet man auch im tropischen Asien sehr viele Epiphyten. Dominierend sind dabei Moose, Farne – besonders auffällig sind *Asplenium nidus* und *Platycerium* spp. – sowie Orchideen (z. B. *Aerides*, *Bulbophyllum*, *Cattleya*, *Dendrobium*, *Phalaenopsis*, *Vanda*). Eine Reihe asiatischer Epiphyten gehen Symbiosen mit Ameisen ein, wie z. B. die Ameisenpflanzen aus den Gattungen *Hydnophytum* und *Myrmecodia* oder einzelne *Dischidia*-Arten.

Kletterpflanzen sind häufig und wie in Lateinamerika oft sehr auffällig. Typische Vertreter finden sich bei den Aronstabgewächsen (*Epipremnum*, *Pothos*, *Scindapsus*), den Seidenpflanzengewächsen (*Hoya*, *Dischidia*) und bei den Pfeffergewächsen (*Piper*). Eine Besonderheit südostasiatischer Regenwälder sind die fleischfressenden Kannenpflanzen der Gattung *Nepenthes*, die mit einer großen Artenvielfalt von Nordaustralien und Neuguinea bis nach Südindien und nach Madagaskar verbreitet sind.

Typische, krautige Bodenpflanzen aus südostasiatischen Regenwäldern sind Aronstabgewächse (Araceae) aus den Gattungen *Aglaonema* und *Alocasia*. Besonders reizvoll, aber im Terrarium in der Regel wenig ausdauernd, sind Frauenschuh-Orchideen (*Paphiopedilum*). Zwar benötigen diese Pflanzen nur verhältnismäßig wenig Licht, da sie in der Natur auf dem schattigen Regenwaldboden wachsen, die meisten Arten sind jedoch anfällig gegen eine zu geringe Luftzirkulation, benötigen eine kühle Ruhephase und werden im Terrarium oft von Pilzen befallen. Man sollte sich deshalb nicht dazu verleiten lassen, die meist als blühende Pflanzen angebotenen Orchideen zur Bepflanzung eines Südostasien-Terrariums zu verwenden. Am ehesten wird man Erfolg haben in Großterrarien, in denen man mittels Ventilatoren für eine gute Luftzirkulation sorgen kann.

Im Allgemeinen sind südostasiatische Regenwaldpflanzen im Handel in einer großen Artenvielfalt verfügbar. So bereitet das Bepflanzen von Terrarien für asiatische Regenwaldtiere meist kaum Probleme. Eine der am häufigsten in Terrarien verwendeten, ausgesprochen wüchsigen Kletterpflanzen aus den asiatischen Regenwäldern ist die Zwerg-Kletterfeige (*Ficus pumila* = *F. scandens*), von der im Handel eine ganze Reihe von Varietäten erhältlich sind. Besonders hübsch, wenn auch etwas schwieriger

Terrarium für Spitzkopfnattern (*Gonyosoma oxycephalum*) im Zoo Köln. Bepflanzt mit Feigenbäumen (*Ficus binnendijkii*, *F. benjamina*) und Kolbenfaden (*Aglaonema commutatum*)

Bergregenwald in den Cameron Highlands (Malaysia) mit Farnen und diversen krautigen Pflanzen. Lebensraum diverser Echsen (z. B. *Acanthosaura crucigera*) und Froschlurche (z. B. *Ingerophrynus parvus*, *Pelophryne brevipes*, *Rhacophorus bipunctatus*)

in der Kultur, ist die Eichenblättrige Zwerg-Kletterfeige (*Ficus pumila* var. *quercifolia*). Diese Form wächst langsamer als die normale Variante und muss deshalb auch weniger häufig zurückgeschnitten werden. Zwerg-Kletterfeigen eignen sich hervorragend für die Begrünung von Terrarienrückwänden und können auch in Kleinterrarien verwendet werden.

Seit einigen Jahren werden regelmäßig Kannenpflanzen-Hybriden (*Nepenthes*) angeboten. Diese sind erheblich einfacher zu kultivieren als die Wildformen. Im Terrarium benötigen sie eine konstant hohe Luftfeuchtigkeit und viel Licht. Andernfalls bilden sie keine Kannen aus. Leider sind *Nepenthes* etwas anfällig für Schadinsekten. Besonders Schildläuse siedeln sich häufig entlang den Blattrippen an. Vorsicht bei der Vergesellschaftung von Kannenpflanzen mit kleinen Terrarientieren geboten! Allzu leicht kann eine Echse oder ein Frosch in eine Kanne fallen. Gelingt es dem Tier nicht, wieder herauszuklettern, dient es der Pflanze als willkommene Nahrung. Wer Kannenpflanzen im Terrarium pflegt, der sollte sie ab und zu mit Insekten füttern.

Eine interessante Pflanzengruppe aus den südostasiatischen Regenwäldern sind die Ameisenpflanzen (*Myrmecodia*, *Hydnophytum*). Diese Epiphyten besitzen zylinder- oder kugelförmig verdickte, kurze, innen schwammartig durchlöcherte Stämme, in denen sich in der Natur Ameisenkolonien ansiedeln. Leider sind diese Pflanzen nicht ganz einfach zu pflegen. Sie benötigen viel Licht und sind etwas anfällig für Schadinsekten, wenn sie nicht von Ameisen bewohnt sind.

Ebenfalls von Ameisen bewohnt sind in der Natur die hohlen Blasenblätter der regelmäßig im Handel angebotenen epiphytischen *Dischidia pectenoides*. Ab und zu sind auch noch weitere *Dischidia*-Arten erhältlich, die sich alle hervorragend zur Gestaltung von Epiphytenästen eignen. Wichtig ist bei diesen Pflanzen ein durchlässiges Substrat und eine gute Beleuchtung. Weitere Informationen zur Kultur von *Dischidia* im Terrarium finden sich bei Hoffmann (2002).

In keinem Regenwaldterrarium für südostasiatische Tiere sollten epiphytische Farne fehlen. Insbesondere Hasenpfotenfarne (*Davallia*), Geweihfarne (*Platycerium*) und Nestfarne (*Asplenium nidus* bzw. *A. antiquum*) sind leicht erhältlich. Letzter stammt zwar aus den subtropischen Monsunwäldern von Taiwan und den Riu-Kiu-Inseln (Japan), da *A. antiquum* aber im Terrarium haltbarer ist als der größere *A. nidus-avis*, sollte man hier auch bei streng nach geografischen Gesichtspunkten ausgewählten Pflanzen einen Kompromiss eingehen.

Gewisse Schwierigkeiten bereitet es manchmal, Pflanzen aus Indien und Sri Lanka zu finden. Hier sei der häufig angebotene Stern-Jasmin (*Jasmi-*

Terrarium für Java-Bambusottern (*Trimeresurus puniceus*), 65 x 45 x 80 cm. Bepflanzt mit Hasenpfotenfarn (*Davallia mariesii*), Wachsblumen (*Hoya bella*), Kolbenfaden (*Aglaonema costatum*) und *Pothos scandens*. Beleuchtung: zwei Leuchtstoffröhren à 18 W.

num multiflorum) mit Ursprung in den tropischen Wäldern von Südchina bis Indien erwähnt. Eine zweite, jedoch deutlich seltener im Handel erhältliche Jasmin-Art aus Indien und Sri Lanka ist *Jasminum sambac*. Ebenfalls aus Indien stammt die kletternde Großblütige Susanne (*Thunbergia grandiflora*). Wer einen Busch oder Baum benötigt, dem sei die allgegenwärtige und fast unverwüstliche Benjaminsfeige (*Ficus benjamina*) empfohlen. Wichtig ist bei dieser Pflanze, dass der Wurzelballen nie austrocknet. Eine weitere Möglichkeit sind Teesträucher (*Camellia sinensis*), welche in vielen feuchttropischen Regionen des indischen Subkontinents angebaut werden.

8.5.1. Froschlurche

Amolops larutensis, Duttaphrynus melanostictus, Hylarana chalconota, Ingerophrynus parvus, Kalophrynus pleurostigma, Kaloula pulchra, Megophrys nasuta, Nyctixalus pictus, Odorrana hosii Pedostibes everetti, P. hosii, Philautus bunitus, Phrynoidis aspera, Platymantis banahao, Polypedates leucomystax, P. otilophus, Rhacophorus angulirostris, R. appendiculatus, R. bimaculatus, R. bipunctatus, R. pardalis, R. reinwardtii, Xenophrys aceras, Theloderma asperum

8.5.2. Echsen

Acanthosaura armata, A. crucigera, Aeluroscalabotes felinus, Aphaniotis fusca, Apterygodon vittatus, Bronchocela cristatella, Calotes calotes, C. emma, C. versicolor, Ceratophora aspera, C. stoddartii, Cophotis ceylanica, Cyrtodactylus peguensis, C. pulchelus, Dasia olivacea, Dendragama boulengeri, Draco volans, Eutropis (Mabuya) multifasciata, Gehyra mutilata, Gekko gecko, G. monarchus, G. smithii, Gonocephalus bellii, G. borneensis, G. chamaeleontinus, G. grandis, G. liogaster, Hemidactylus frenatus, Harpesaurus beccarii, Japalura variegata, Lamprolepis smaragdina, Lepidodactylus lugubris, Otocryptis wiegmanni, Physignathus cocincinus, Ptychozoon kuhli, P. lionotum, Salea anamallayana, Varanus nebulosus, V. rudicollis, V. salvator, V. timorensis

Terrarium (90 x 45 x 80 cm) für Weißlippen-Bambusottern (*Cryptelytrops (Trimeresurus) albolabris*). Bepflanzt mit Nestfarn (*Asplenium antiquus*), *Aglaonema „Amazonica“*-Hybride, Zwergfeigen (*Ficus pumila*) und gefleckter Efeutute (*Scindapsus pictus*). Beleuchtung: zwei 18-W-Leuchtstoffröhren

Zipfelfrosch (*Megophrys nasuta*)

8.5.3. Schlangen

Ahaetulla nasuta, Boiga cyanea, B. dendrophila, B. irregularis, B. multomaculata, Broghammerus reticulatus, Chrysopelea ornata, Coelognathus flavolineatus, C. helenus, C. radiatus, Cryptelytrops macrops, C. purpureomaculatus, C. venustus, Dendrelaphis striatus, Gonyosoma oxycephalum, Naja naja, Oreophis porphyraceus, Orthriophis taeniura, Popeia popeiorum, Ptyas mucosa, Python curtus, P. molurus, Rhadinophis frenatus, R. prasinus, Rhynchophis boulengeri, Trimeresurus borneensis, , T. trigonocephalus, Tropidolaemus wagleri, Viridovipera stejnegeri

8.5.4. Schildkröten

Cuora amboinensis, Geoemyda spengleri, Heosemys grandis, Kachuga tecta, Manouria emys, Melanochelys trijuga, Sacalia bealei, Siebenrockiella crassicollis

8.5.5. Spinnen und andere Spinnenartige

Haplopelma albostriatum, H. lividum, H. minax, Nephila maculata, Poecilotheria ornata, P. regalis, P. subfusca, Sarax spp., *Selenocosmia javanensis*

8.5.6. Skorpione

Heterometrus cyaneus, H. longimanus, H. scaber

8.5.7. Hundert- und Tausendfüßer

Aulacobolus rubropunctatus, Arthrosphaera sp., *Sphaeropoeus* sp.

8.5.8. Insekten

Choeradodis squilla, Creobroter gemmatus, C. meleagris, Deroplatys desiccata, Gongylus gongylodes, Hierodula membranacea, Humbertiella ceylonica, Hymenopus coronatus, Theopropus elegans

8.5.9. Weiterführende Literatur

Clarke (1997); Gilliland (1962); Gruss & Wolff (1995); Kurata (1976); McMakin (1988); Min et al. (2003); Piggott (1988); Polunin (1988); Rinth (1980); So (1994)

Terrarium (160 x 80 x 145) cm für Nackenstachler (*Acanthosaura armata*), Weißbart-Ruderfrösche (*Polypedates leucomystax*). Beleuchtung: zwei 39-W-Leuchtstoffröhren (T5), zwei 36-W-Leuchtstoffröhren (T8), ein 150-W-HQI-Strahler. Bepflanzt mit Farnen (*Asplenium antiquum*, *Cyathea* sp., *Microsorium pteropus*, *Nephrolepis cordifolia*, *Platycerium grande*), Wachsblumen (*Dischidia pectenoides*, *D. nummularia*, *Hoya pruinosa*, *H. kerrii*), Ameisenpflanzen (*Hydnophytum* sp.), *Aeschynanthus marmoratus*, Orchideen (*Bulbophyllum* spp., *Dendrobium* spp.) und Kletterpflanzen (*Cissus discolor*, *Scindapsus pictus*)

Aeschynanthus marmoratus **Myanmar–Malaysia**

◗ ♉ ⌇ ☂ I

Aeschynanthus radicans **Malaysia–Java**

◗ ♉ ⌇ ☂ II

Aeschynanthus ramosissima **Indien**

◗ ♉ ⌇ ☂ II

Asplenium nidus **Indien–Ostaustralien, Afrika**

◗ ♉ ☂ I

Bulbophyllum lasiochilum **Südmyanmar–Malaysia**

○ ♉ ☂ II

Davallia denticulata **Thailand, Malaysia**

◗ ♉ ⌇ ☂ II

Dischidia collyris **Malaysia, Indonesien**

◗ ♉ ↑ ☁ III

Dischidia major **Südostasien**

◗ ♉ ↑ ☁ II m

Dischidia merrillii **Philippinen**

◗ ♉ ↑ ☁ III

Dischidia minima **Südostasien**

◗ ♉ ↑ ☁ II k

Dischidia pectenoides **Philippinen**

◗ ♉ ↑ ☁ I m

Dischidia ruscifolia **Philippinen**

◗ ♉ ↓ ☁ II

Dischidia sagittata **Südostasien**

◗ ♉ ⇡ ☁ III k

Hoya linearis **Himalaya**

○ ♉ ⇣ ☁ I N

Hoya pruinosa **Thailand–Neuguinea**

○ ♉ ⇣ ☁ II N

Hoya obscura **Südostasien**

○ ♉ ⇣ ☁ II N

Hoya retusa **Südostasien**

○ ♉ ⇣ ☁ II N

Humata heterophylla **Malaysia–Polynesien**

◗ ♉ ⇣ ≈ ☂ II k

Hydnophytum formicarum **Malaysia**

○ ♉ ☔ II m

Lecanopteris carnosa **Philippinen**

◗ ♉ ≈ ☔ II m

Lecanopteris sinuosa **Borneo**

● ♉ ≈ ☔ II m

Lemmaphyllum carnosum **Vietnam**

● ♉ ↑ ≈ ☔ II

Lycopodium squarrosum **Malaysia**

◗ ♉ ⌇ ≈ ☔ II !

Merinthosorus drynarioides **Malaysia**

◗ ♉ ≈ ☔ II G

Myrmecodia echinata **Thailand, Malaysia**

○ ♉ II m

Phalaenopsis mariae **Philippinen, Borneo**

◗ ♉ II

Platycerium bifurcatum **Ostaustralien–Sunda-Inseln**

◗ ♉ I

Platycerium coronarium **Thailand–Philipinen**

◗ ♉ II G

Pyrrosia nummularifolia **Himalaya–Malaysia**

● ♉ II

Scyphularia pentaphylla **Java–Polynesien**

● ♉ II

Cissus discolor **Kambodscha–Java**

◗ ⥉ ☔ II

Dioscorea bulbifera **Südostasien, Philippinen**

◗ ⥉ ☁ III

Epipremnum aureum **Salomonen**

◗ ⥉ ☔ I ♥ ☠

Ficus pumila* var. *minima **Japan, China**

● ⥉ ☔ I k ♥

Ficus pumila* var. *quercifolia **Südostasien**

◗ ⥉ ☔ II k (langsam wachsend)

Ficus villosa **Malaysia**

◗ ⥉ ☔ III

Hoya bella **Indien, Myanmar**

◗ ♉ ⇡ ⇣ ☁ I N

Hoya bilobata **Philippinen**

◗ ⇡ ⇣ ☁ II N

Hoya cinnamomifolia **Java**

◗ ⇡ ☁ III N

Hoya lacunosa **Thailand–Java**

◗ ⇡ ☁ III N

Nepenthes alata **Malaysia–Philippinen**

○ ⇡ ≈ ☂ II c 🕷

Nepenthes ventricosa **Philippinen**

○ ⇡ ≈ ☂ II c 🕷

Pellionia daveauana **Südvietnam–Malaysia**

I k

Pellionia pulchra **Myanmar–Malaysia**

I k

Piper nigrum **Südindien–Java**

III

Piper ornatum **Malaysia**

III

Piper sylvaticum **Indien**

III

Pothos scandens **Sri Lanka–Vietnam**

III

Rhaphidophora korthalsii — **Indien–Südostasien**

III

Scindapsus pictus — **Borneo**

I k ♥ ☠

Strongylodon macrobotrys — **Philippinen**

III G

Thyrsostachys siamensis — **Südostasien**

III

Thunbergia grandiflora — **Indien**

I

Tetrastigma voinierianum — **Laos, Vietnam**

I G

Aglaonema commutatum **Philippinen (Luzon)**

◗ ♈ 🌧 I ♥ ☠

Aglaonema costatum **Thailand, Malaysia**

◗ ♈ 🌧 II ♥ ☠

Aglaonema crispum **Philippinen (Luzon)**

◗ ♈ 🌧 I ♥ ☠

Aglaonema modestum **China–Thailand**

◗ ♈ 🌧 II ♥ ☠

Aglaonema nitidum **Myanmar–Malaysia**

◗ ♈ 🌧 II ♥ ☠

Alocasia lowii **Borneo**

◗ ♈ 🌧 I ☠

Blechnum orientale **Südostasien–Nordaustralien**

◗ ♈ ≈ ☂ II

Biophytum sensitivum **Asien, tropisches Afrika**

◗ ♉ ♈ ≈ ☂ III k

***Codiaeum variegatum*-Kulturform** **Indien–Sunda-Inseln**

◗ ♈ ☂ I ☠

***Codiaeum variegatum*-Kulturform** **Indien–Sunda-Inseln**

◗ ♈ ☂ I ☠

Cordyline terminalis **Indien–Polynesien**

◗ ♈ ☂ I

Cyrtomium falcatum **Indien, China–Indonesien**

● ♈ ≈ ☂ I

Elatostema latifolium **Hinterindien**

◗ ♈ 🌧 III

Doryopteris ludens **Südostasien–Philippinen**

◗ ♈ ≈ 🌧 II

Ficus binnendijkii **Malaysia**

◗ ♈ 🌧 I

Ficus benjamina **Indien–Malaysia**

◗ ♈ 🌧 I ♥

Ficus microcarpa **Indien–Australien**

◗ ♈ 🌧 III

Ficus montana **Myanmar–Indonesien**

◗ ♈ 🌧 III

Freycinetia luzonensis **Philippinen**

◗ ♈ ⌇ ☔ III

Impatiens repens **Indien, Sri Lanka**

◗ ♈ ☔ III k

Ludisia discolor **Malaysia**

◗ ♈ ☔ I

Nephrolepis exaltata **Südostasien**

◗ ♈ ⇝ ☔ I ♥

Pandanus veitchii **Polynesien**

◗ ♈ ☔ II G ♥

Pilea cadierei **Vietnam**

◗ ♈ ☔ I ♥ k

Pogonatherum paniceum **Südostasien–Australien**

◗ ♈ ☔ II

Pteris ensiformis **Südostasien–Nordaustralien**

● ♈ ≈ ☔ I k ♥

Radermachera sinica **China**

◗ ♈ ☔ I ♥

Rhapis excelsa **Südostchina**

◗ ♈ ⛱ ☔ I

Selaginella wildenowii **Malaysia**

● ♈ ⇝ ≈ ☔ II k

Tectaria (Hemionitis) arifolia **Indien–Philippinen**

◗ ♈ ≈ ☔ I

Regenwald im Eungella-Nationalpark (Zentralqueensland). Biotop zahlreicher Skinke, Frösche (z. B. *Litoria lesueurii*, *Rheobatrachus vitellinus*), Wasseragamen (*Physignathus lesueurii*) und Teppichpythons (*Morelia spilota*)

8.6. Regenwälder Australiens und Neuguineas

Während Neuguinea größtenteils von tropischen Regenwäldern, Berg- und Nebelwäldern bedeckt ist, findet man diese Waldtypen in Australien nur entlang einem schmalen Landstreifen an der Ostküste. Hier bildet sich Stauregen an den Bergen der Dividing Range. Insgesamt machen tropische Regenwälder nur gerade 0,3 % der australischen Landfläche aus. Vielerorts sind die australischen Regenwälder auf Spezialstandorte wie feuchte Schluchten oder Bergrücken in der Wolkenstufe beschränkt.

Die Regenwälder von Neuguinea und Australien gleichen in vielen Aspekten denjenigen des asiatischen Raumes. Weit verbreitet sind Feigenbäume (*Ficus*) und Palmen (z. B. *Archontophoenix*, *Licuala*, *Oraniopsis*). In den tropischen Regenwäldern Australiens fehlen die sonst für diesen Kontinent so typischen Eukalypten. Unter den Epiphyten dominieren neben Moosen und Farnen (z. B. *Asplenium australasicum*, *Platycerium bifurcatum*, *P. superbum*) vor allem Orchideen (*Bulbophyllum*, *Dendrobium*, *Sarcochilus*, *Tuberolabium*). Bei den Kletterpflanzen seien *Pothos* oder Wachsblumen (*Hoya*) genannt.

Von allen australischen Regenwaldpflanzen sind die Orchideen am einfachsten erhältlich. Viele Arten werden in Spezialgärtnereien regelmäßig kultiviert. Leider sind die meisten australischen Orchideen im Terrarium nicht besonders ausdauernd. Wer es trotzdem versuchen will, der muss auf eine starke Beleuchtung und nicht zu feuchte Bedingungen achten. Auf jeden Fall sollte man sich im Vorwege über die spezifischen Bedürfnisse der gewählten Art informieren und sich von einem Spezialisten beraten lassen.

Leicht zu pflegen und auch regelmäßig im Handel ist der Gummibaum *Ficus elasticus*. Leider benötigen Gummibäume sehr viel Platz und können deshalb nur in Großterrarien verwendet werden. Besser geeignet ist die kleinblättrigere Schwesterart *F. rubiginosa*. Die Art wächst bereits als Jungpflanze verzweigt strauchartig. Sie kann im Gegensatz zu *Ficus elastica* uneingeschränkt auch für mittelgroße Terrarien empfohlen werden. Bei hoher Luftfeuchtigkeit bilden die Pflanzen meist recht schnell feine Luftwurzeln, die bald zu dicken Bärten heranwachsen – insbesondere, wenn sie in ein Wasserbecken ragen. Gerade Wasserschildkröten verbergen sich gerne hinter solchen ins Wasser hängenden Wurzelgeflechten, fressen allerdings, je nach Art, diese oft auch ab.

Die beiden am häufigsten angebotenen Kletterpflanzen aus Australien sind die Australische Rebe (*Cissus antarctica*) und die Australische Wachsblume (*Hoya australis*). Beide Arten ge-

Terrarium für Baumpythons (*Morelia viridis*) im Zoo Bern. Bepflanzt mit Farnen (*Platycerium bifurcatum*, *Asplenium bulbiferum*), Ameisenpflanzen (*Hydnophytum formicarum*), Kolbenfaden (*Aglaonema costatum*) und Würgerfeigen (*Ficus macrophylla*)

deihen im Terrarium bei guter Beleuchtung hervorragend. Vorsicht sei allerdings geboten, wenn Wachsblumen in einem Geckoterrarium blühen. Die Blüten scheiden große Mengen eines zuckerhaltigen Saftes aus. Dieser kann leicht die empfindlichen Haftlamellen von Geckos verkleben. Sollten die Pflanzen Blüten bilden, so empfiehlt es sich, rechtzeitig die Knospen abzuschneiden. Der weiße Milchsaft von Wachsblumen ist giftig, sodass man sie nicht in Terrarien mit Pflanzenfressern kultivieren sollte.

8.6.1. Froschlurche

Litoria bicolor, L. caerulea, L. contrastens, L. genimaculata, L. gracilenta, L. infrafrenata, L. iris, L. nigropunctata, L. rheocola, L. rothii, L. thesaurensis, Nyctimystes dayi, N. foricula, N. humeralis, N. papua, N. pulcher

Terrarium für Korallenfinger- und Neuguinea-Laubfrösche (*Litoria caerulea, L. infrafrenata*), 90 x 45 x 120 cm. Beleuchtung: vier 18-W-Leuchtstoffröhren. Bepflanzt mit einem Geweihfarn (*Platycerium bifurcatum*), einem Nestfarn (*Asplenium nidus*), einem Bananenblattfarn (*Microsorum musifolium*), *Pothos scandens* und *Dischidia nummularia*

8.6.2. Echsen

Cyclodomorphus gerrardii, Egernia frerei, Eulamprus tigrinus, Hypsilurus boydii, H. modestus, Lamprolepis smaragdina, Lophognathus temporalis, Oedura coggeri, Physignathus lesueurii, Rhacodactylus auriculatus, R. chahoua, R. trachyrhynchus, Tiliqua gigas, Tribolonotus gracilis, T. novaeguinea, Varanus beccarii, V. bogerti, V.doreanus, V. jobiensis, V. macraei, V. prasinus, V. salvadorii

8.6.3. Schlangen

Acanthophis laevis, Antaresia childreni, A. maculosa, Bothrochilus boa, Candoia aspera, C. bibroni, C. carinata, Morelia spilota, M.viridis

8.6.4. Schildkröten

Chelodina novaeguineae, C. parkeri, C. reimanni, Emydura subglobosa

8.6.5. Krokodile

Crocodylus johnsoni

8.6.6. Spinnen und andere Spinnenartige

Argiope keyserlingi, Nephila maculata, N. ornata, Tetragnatha rubriventris

8.6.7. Hundert- und Tausendfüßer

Cyliosoma sp.

8.6.8. Insekten

Macropanesthia rhinoceros, Neomantis australis

8.6.9. Weiterführende Literatur

Lavarack & Gray (1992); Pearson & Pearson (1992); Nicholson & Nicholson (1992)

Asplenium australasicum **Ostaustralien**

◗ ♉ ☂ II

Dictymia brownii **Ostaustralien**

◗ ♉ [illegible] ☂ II

Dendrobium linguiforme **Ostaustralien**

○ ♉ ☁ II !

Dischidia nummularia **Südchina–Queensland**

○ ♉ ⌇ ☁ II

Hydnophytum papuanum **Neuguinea**

○ ♉ ☂ II ! m 🕷

Myrmecodia platytyrea **Neuguinea, Nordaustralien**

○ ♉ ☂ II m 🕷

Platycerium hillii **nordöstliches Queensland**

◗ ♉ ☔ II

Platycerium superbum **Südostasien, Ostaustralien**

◗ ♉ ☔ I G

Pyrrosia confluens **Ostaustralien**

◗ ♉ ⥉ ≈ ☔ II k

Pyrrosia rupestris **Ostaustralien**

◗ ♉ ⥉ ≈ ☔ II k

Cissus antarctica **Ostaustralien**

◗ ⥉ ☔ I ♥

Ficus pumila **Japan, China–Australien**

◗ ⥉ ☔ I k ♥

Freycinetia elliptica **Neuguinea**

◗ ♈ ⌇ 🌧 III

Hoya carnosa **Südostchina–Ostaustralien**

◗ ⌇ ☁ I ♥ N

Hoya macgillivrayi **Nordost-Queensland**

◗ ⌇ ☁ II N

Lygodium japonicum **Südasien–Nordostaustralien**

◗ ⌇ ≈ 🌧 III

Pothos longipes **Nordostaustralien**

◗ ⌇ 🌧 III

Rhaphidophora celatocaulis **Borneo–Nordaustralien**

◗ ⌇ 🌧 III

Begonia bipinnatifida **Neuguinea**

◗ ♈ 🌧 III

Begonia serratipetala **Neuguinea**

◗ ♈ 🌧 III

Blechnum orientale **Südostasien–Nordaustralien**

● ♈ ≈ 🌧 II

Blechnum patersonii **Ostaustralien**

● ♈ ≈ 🌧 II

Brassaia actinophylla **Java, Neuguinea–Nordaustralien**

◗ ♈ 🌧 I G

Diplazium dilatatum **Ostaustralien**

● ♈ ≈ 🌧 III

Doodia media **Ostaustralien**

● ♈ ≈ ☔ II

***Elatostema* sp.** **Neuguinea**

◗ ♈ ☔ III

Ficus elastica **Ostaustralien**

◗ ♈ ☔ I G

Ficus microcarpa **Indien–Australien**

◗ ♈ ☔ II

Ficus rubiginosa **Ostaustralien**

◗ ♈ ☔ II

Ficus superba **Japan–Ostaustralien**

◗ ♈ ☔ III

Freycinetia cumingiana **Nordaustralien**

◗ ♈ ⌇ ☂ III

Howea fosteriana **Lord Howe Island (Ostaustralien)**

◗ ♈ ⛱ ☂ I

Marsilea drummondii **Ostaustralien**

◗ ♈ ≈ ☂ II

Peperomia leptostachya **Australien, Neukaledonien**

◗ ♈ ☂ III k

Polystichum setiferum **Ostaustralien**

● ♈ ≈ ☂ II

Planchonella obovata **Südostasien–Nordaustralien**

◗ ♈ ☂ III

Pteris ensiformis **Südostasien–Nordaustralien**

● ♈ ≈ ☔ I k ♥

Schefflera elegantissima **Indien–Polynesien**

◗ ♈ ☔ I

Schismatoglottis neoguineensis **Neuguinea**

● ♈ ☔ III ☠

Tabernaemontana orientalis **Nordaustralien**

◗ ♈ ☔ III

Tecomanthe venusta **Neuguinea**

◗ ♈ ☔ III G

Viola hederacea **Ost- und Südaustralien**

● ♈ ☔ III

Peninsula-Schmuckschildkröten (*Pseudemys peninsularis*) sonnen sich auf einem Baumstamm am Ufer eines Flusses in Zentralflorida zwischen *Pontederia cordata*. Außer Wasserschildkröten leben hier auch Mississippi-Alligatoren (*Alligator mississippiensis*), Schlangen (z. B. *Nerodia fasciata*, *N. floridana*) und diverse Amphibien (z. B. *Hyla cinerea*, *Rana grylio*, *Siren lacertina*).

9. Gewässerränder und Sumpfgebiete

An den Rändern von Seen, Weihern, Bächen, Flüssen, Altarmen und in Sumpfgebieten gedeihen Vegetationsformen, bei denen der Einfluss des Klimas weniger stark wiegt als derjenige des Gewässers. Man spricht deshalb von azonalen Vegetationsgesellschaften. Standortbestimmender Faktor ist in erster Linie der Wassergehalt des Bodens. Im Uferbereich eines Gewässers tritt deshalb fast immer eine klare Zonierung auf. Diese ist bei stehenden und langsam fließenden Gewässern wie folgt aufgebaut.

9.1. Pflanzengesellschaften aquatischer und halbaquatischer Lebensräume

9.1.1. Submerse Pflanzen

Mit Wassertiefen ab 1–2 m gedeihen auf dem Gewässergrund vollständig untergetaucht wachsende Pflanzen (*Ceratophyllum*, *Elodea*, *Myriophyllum*, *Potamogeton*). Diese besitzen meist weiche Blätter. Manche Arten blühen auch untergetaucht. Viele Aquarienpflanzen gehören in diese Gruppe. Hier können auch schwimmende Pflanzen wie Schwimmfarne (*Azolla*, *Salvinia*), Wasserlinsen (*Lemna*), Wassersalat (*Pistia stratiotes*) und Wasserhyazinthen (*Eichhornia crassipes*) vorkommen – viele dieser Schwimmpflanzen sind durch den Menschen weltweit verschleppt worden. Treten sie in dichten Beständen auf, so verdrängen sie meist die submersen Arten, weil sie diese abschatten.

9.1.2. Schwimmblattgesellschaft

Seerosen (*Nymphaea, Victoria*), Teichrosen (*Nuphar*), Froschbiss (*Hydrocharis*) oder Lotosblumen (*Nelumbo*) sind typisch für Flachwasserbereiche. Aus Rhizomen, die im meist schlammigen Gewässergrund verankert sind, treiben sie lange, fleischige Blattstiele bis an die Wasseroberfläche. Die ebenfalls fleischigen Blätter besitzen mit Gas gefüllte Gewebe und schwimmen auf der Wasseroberfläche. Manche Arten wie die Lotosblumen besitzen ausreichend stabile Blattstiele, um die Blätter über die Wasseroberfläche hinaus zu heben. Schwimmblattpflanzen gedeihen in der Natur in erster Linie an vollsonnigen Standorten und benötigen viel Licht. Im Aquarium bzw. Aquaterrarium können sie nur erfolgreich kultiviert werden, wenn eine starke Beleuchtung vorhanden ist. Viele Arten eignen sich hervorragend zur Bepflanzung von Weihern in Freilandterrarien. Da die Flachwasserbereiche vieler Gewässer im Laufe des Jahres trockenfallen, benötigen manche Schwimmblattpflanzen eine Trockenruhe. Insbesondere bei tropischen Arten sollte man die Rhizome deshalb alljährlich ausgraben und für einige Wochen nur leicht feucht – z. B. eingeschlagen in ein feuchtes Tuch – an einem nicht zu warmen Ort eine Trockenphase durchlaufen lassen. Schwimmblattpflanzen sind bevorzugte Aufenthaltsorte vieler halbaquatisch lebender Froschlurche wie Wasser-, Teich- und Seefrosch (*Pelophylax* kl. *esculentus*, *P. lessonae*, *P. ridibundus*).

9.1.3. Röhricht

Landseitig an die Schwimmblattgesellschaft schließt sich meist eine Zone mit hohen, grasartigen Pflanzen an. In den gemäßigten und teilweise auch in den tropischen Zonen dominieren Schilf (*Phragmites australis*), Binsen (*Cladium*, *Juncus*), Rohrkolben (*Typha*) und Kalmus (*Calamus*). In tropischen und subtropischen Regionen werden sie teilweise von anderen Pflanzen wie *Cyperus* oder *Papyrus* abgelöst. Zum Teil bilden diese Pflanzen auch Schwingrasen und schwimmende Inseln. Röhricht gedeiht in Wassertiefen bis ca. 0,5 m, wobei es durch Wasserstandsschwankung zeitweise auch stärker überflutet sein kann. Röhrichtbestände sind wichtige Brutgebiete für Vögel. Aber auch eine Reihe von Amphibien, Reptilien, Insekten und Spinnen leben hier. Am Ufer kleinerer Gewässer wie an Weihern oder Bächen fehlt dieser Vegetationstyp im Allgemeinen.

In nur zeitweise überfluteten Gebieten gedeihen unterschiedliche Riedtypen. In diesen sumpfigen

Standorten dominieren Seggen (*Carex*) und krautige Pflanzen wie Froschlöffel (*Alisma*), Pfeilkräuter (*Sagittaria*) oder Sumpfdotterblumen (*Caltha*).

Werden Wälder regelmäßig überschwemmt, so entstehen Moor- oder Sumpfwälder. Diese sind häufig bruchwaldartig. Viele Bäume in den Tropen bilden Brett- und Stelzwurzeln. In den Randzonen zwischen tropischen Wald- und Feuchtbiotopen treten an wechselfeuchte Bedingungen adaptierte Palmen auf (*Rhaphia*, *Calamus*, *Phoenix reclinata*) oder im asiatisch-australischen sowie im afrikanisch-madagassischen Raum auch Schraubenpalmen (*Pandanus*). In tropischen und subtropischen Gebieten ohne Dürrezeit entwickelt sich ein natürliches Grasland ausschließlich im Überschwemmungsbereich der Flüsse (Überschwemmungssavannen) und in Mooren.

9.2. Aquaterrarien und Paludarien

Aquaterrarien und Paludarien unterscheiden sich von anderen Terrarientypen dadurch, dass immer ein größerer Wasserteil vorhanden ist. Im Aquaterrarium trennt man den Wasser- vom Landteil z. B. durch eine Trennscheibe ab. Wichtig ist im Landteil eine Drainageschicht. Hierzu kann man Blähtonkugeln oder groben Kies verwenden. Oder man trennt den Land- vom Wasserteil durch einen wasserdurchlässigen, doppelten Boden ab, wie er bereits im Kapitel „Tropischer Regenwald" beschrieben wurde. Dabei wird aber nicht der gesamte Boden mittels eines Gitters abgedeckt, sondern der Wasserteil ausgespart. Viele Tiere nutzen den Bereich des Wasserteils unterhalb des Landteiles als dunkle Verstecke – vergleichbar mit unterspülten Uferbänken, wie sie oft am Ufer von Fließgewässern vorkommen. Den Übergang vom Land- zum Wasserteil kann man mit Moorkienwurzeln oder anderen, für Aquarien geeigneten Hölzern kaschieren. Ein großer Vorteil eines doppelten Bodens ist, dass der Landteil nicht versumpfen kann. Auf die Drainageschicht kommt das Pflanzsubstrat. Bewährt haben sich Torf oder spezielle Wasserpflanzenerden. Letzere sind in Gartenzentren erhältlich. Pflegt man Tiere, die wie z. B. größere Schildkröten oder Echsen größere Mengen Kot ins Wasser absetzen, so sollte man im Wasserteil auf einen Bodengrund verzichten, um die nötige Hygiene zu gewährleisten. Pflanzen werden dann am besten in Töpfen oder speziellen Wasserpflanzenkörben kultiviert. Diese kaschiert und sichert man mit Steinen oder Wurzeln. Kann man im Wasserteil ein Bodensubstrat verwenden, so sollte man die in der Aquaristik üblichen Substrate wie Kies oder groben Sand verwenden.

Im Paludarium (Sumpf-Aquaterrarium) wird der Landteil nicht vom Wasserteil getrennt, sodass er versumpft. Um zu vermeiden, dass sich giftige Faulgase entwickeln, sollte man auf organische Pflanzsubstrate verzichten. Besser geeignet ist grober Sand, Kies, Blähton oder Ähnliches.

Durch den Kot von Fröschen, Echsen, Schlangen, Schildkröten usw. wird das Wasser im Aquaterrarium stärker belastet als in reinen Fischaquarien. Die Pflanzen nehmen zwar einen Teil dieser Nährstoffe auf, können aber in der Regel nicht für eine ausreichende Selbstreinigung sorgen. Mittels eines Bachlaufes und/oder starker Strömungspumpen kann die Selbstreinigung des Beckens zwar verbessert werden, zusätzlich sollte auf jeden Fall ein leistungsstarker Filter eingesetzt und das Wasser regelmäßig gewechselt werden.

Zur Bepflanzung des Wasserteils verwendet man Aquarienpflanzen. Im Gegensatz zu normalen Aquarien besteht im Aquaterrarium die Möglichkeit, auch Pflanzen zu wählen, die in der Natur über die Wasseroberfläche hinauswachsen. Bei guter Beleuchtung blühen viele Arten, wenn sie die Möglichkeit haben, Blätter und Blüten über die Wasseroberfläche zu treiben. Wichtig ist, dass man nicht zu große Pflanzen einsetzt. Exemplare aus dem Aquarienpflanzenhandel müssen sich meist erst an die Bedingungen im Aquaterrarium anpassen. Werden sie als Jungpflanzen eingesetzt, so können sie zunächst wie im Aquarium submers gedeihen und erst allmählich Überwasserblätter ausbilden.

Für den Landteil wählt man geografisch und klimatisch passende Landpflanzen. Auch Epiphyten können auf Ästen, die über den Wasserteil ragen, aufgebunden werden. Dabei muss aber darauf geachtet werden, dass sie den Wasserteil nicht so stark abschatten, dass die dort lebenden Pflanzen zu wenig Licht bekommen. Um dies zu vermeiden, kann man an der Unterseite von Epiphytenästen zusätzliche, vor Feuchtigkeit geschützte Leuchtstoffröhren montieren und so den Wasserteil beleuchten. Eine weitere Möglichkeit sind Zusatzlampen unterhalb eines über den Wasserteil ragenden Landteils. Auf diese Weise können auch unter Wasser wachsende Pflanzen mit ausreichend Licht versorgt werden. Auf jeden Fall ist bei solchen Anlagen auf die nötige Sicherheit der elektrischen Installationen zu achten! Nicht ganz unproblematisch ist das Auswechseln der Lampen. Auf jeden Fall muss hierbei der Netzanschluss ausgeschaltet werden.

Tiere und Pflanzen aus gemäßigten Zonen pflegt man vorteilhafterweise in Freilandterrarien. Teiche, Sumpfzonen und/oder Bachläufe verleihen einer solchen Anlage einen besonderen Reiz. Angelegt werden sowohl Freiwasserflächen als auch Sumpfzonen wie ein Gartenteich. Im Handel sind hierfür fertige Teichformen erhältlich. Oder man baut sich aus spezieller Teichfolie ein Gewässer gemäß den eigenen Vorstellungen. Anleitungen hierfür finden sich bei Bird (2005), Franke (2000), Hecker & Hecker (2005) oder Längst (1992). Wichtig ist in jedem Fall, dass die Ufer nicht zu steil abfallen, um zu verhindern, dass die Tiere nicht mehr aus dem Wasser klettern können und schlimmstenfalls ertrinken. Den Sumpfteil füllt man mit einem speziellen, im Teichpflanzenhandel erhältlichen Wasserpflanzensubstrat auf und bepflanzt ihn, sobald das Substrat gut durchfeuchtet ist, mit den Sumpfpflanzen.

In der Natur gedeihen viele Sumpf- und Wasserpflanzen im Bereich von Wasserfällen und Stromschnellen. Dementsprechend eignet sich eine große Anzahl der im Handel erhältlichen Pflanzen auch zur Bepflanzung von Bachläufen. Anleitungen zum Bau und zur Gestaltung künstlicher Bäche im Terrarium finden sich bei

Aquaterrarium für Chinesische Warzenmolche (*Tylototriton verrucosus*) im Zoo Köln. Im Wasserteil wachsen Triebe des Sumpffreunds (*Limnophila* sp.). Auf dem Land links wurden Farne und Moose gepflanzt. Rechts als Kletterpflanze eine Efeutute (*Epipremnum aureum*)

Henkel & Schmidt (1997), Schwarz & Schwarz (2001) oder Wilms (2005). Die Pflanzen werden entweder in spezielle, mit Aquarienkies gefüllte Pflanztaschen eingesenkt oder im Uferbereich in Töpfe gepflanzt und mit Steinen gesichert. Wichtig ist, dass die Pflanztaschen mit dem Wasser des Baches korrespondieren, damit die Pflanzen nicht austrocknen. Auf die besonderen Aspekte von Bächen im Garten bzw. in Freilandterrarien geht Stadelmann (1992) ausführlich ein. Hier finden sich auch ausführliche Anleitungen zur Auswahl und Pflege geeigneter Pflanzen.

Eine besondere Herausforderung sind bepflanzte Aquaterrarien für Wasserschildkröten. Die meisten Arten zerstören Wasser- und Sumpfpflanzen in der Regel innerhalb kürzester Zeit, indem sie die Pflanzen entweder fressen oder aber durch ihren Bewegungsdrang ausreißen, abbrechen, zerkratzen oder anderweitig so stark beschädigen, dass sie absterben. In vielen Fällen muss man deshalb wohl oder übel auf Pflanzen im Einflussbereich der Schildkröten verzichten. Will man nicht ganz auf Pflanzen verzichten, so kann man einen Epiphytenast über der Wasserfläche aufhängen. Oder man bepflanzt den Uferbereich an Stellen, die für die Tiere nicht zugänglich sind, z. B. oberhalb eines Überhanges. Verwendet man hierbei Luftwurzeln bildende Pflanzen wie das Fensterblatt (*Monstera deliciosa*), eine der vielen Baumfreundarten (*Philodendron*) aus Lateinamerika oder die Efeutute (*Epipremnum aureum*) aus Südostasien, so kann man die Luftwurzeln in den Wasserteil leiten. Hier verzweigen sie sich und bilden einen dichten Filz, den die Schildkröten als willkommenen Versteckplatz nutzen. Außerdem entziehen die Pflanzen dem Wasser Nährstoffe, wachsen dadurch stärker und reinigen gleichzeitig das Wasser. Will man nicht auf Wasser- und Sumpfpflanzen verzichten, so muss man sie vor den Tieren schützen. Man trennt dabei den Schwimmbereich der Tiere z. B. mit einer Glasscheibe, mit senkrecht in den Boden gesteckten Bambusstäben oder gar durch Metallpfosten vom Pflanzenbereich. Ohne besonderen Schutz der Pflanzen wird man, wenn überhaupt,

Freiland-Aquaterrarium für Europäische Sumpfschildkröten (*Emys orbicularis*) im Zoo Innsbruck. Bepflanzt mit Froschlöffel (*Alisma plantago-aquatica*), Rohrkolben (*Typha latifolia*), Schilf (*Phragmites australis*) und submersen Wasserpflanzen im Wasserteil. Auf dem Landteil gedeihen Weiden (Salix) und Gräser. Die Tiere können sich unter Wärmelampen sonnen.

wohl nur in sehr großen Anlagen auskommen. Auf die spezifischen Probleme der Pflege von Schildkröten im Gartenteich gehen Müller & Schmidt (2002) ein.

9.2.1. Weiterführende Literatur

Blauscheck (1995); Gonella (1995); Haberer (2006); Hilgenhof (1996); Horst (1986); Kasselmann (1995); Längst (1992); Paffrath (1979); Speichert & Speichert (2004); Stadelmann (1992); van de Velde (1998)

9.3. Gewässer der gemäßigten Zone der Nordhemisphäre

Die Vegetation europäischer und nordasiatischer Gewässerränder und Sumpfgebiete unterscheidet sich nicht wesentlich von derjenigen Nordamerikas. Einzig die Artenvielfalt ist in Europa deutlich geringer.

Die meisten Pflanzen aus diesen Gebieten sind winterhart und eignen sich somit zur Bepflanzung von Teichrändern und Sumpfzonen in Freilandterrarien. Im Zimmerterrarium gedeihen viele Arten nur, wenn sie kühl überwintert werden. Am besten stellt man die Pflanzen hierzu während der kalten Jahreszeit in eine mit Wasser gefüllten Wanne ins Freie.

Die Auswahl geeigneter Pflanzen aus gemäßigten Gebieten ist sehr groß. In gut sortierten Gartenzentren, in den Freilandpflanzenabteilungen von Hobbymärkten oder in speziellen Wasserpflanzengärtnereien werden viele Arten als Teichpflanzen angeboten. Durch den Gartenteichboom der letzten Jahrzehnte wurde das Sortiment stark erweitert. Empfehlenswert sind Sumpfdotterblumen (*Caltha*), Pfeilkräuter (*Sagittaria*), Froschlöffel (*Alisma*) oder Fieberklee (*Menyanthes*). Da viele einheimische Arten geschützt sind und auch fast alle Feuchtbiotope unter Naturschutz stehen, sollte man darauf verzichten, Pflanzen der Natur zu entnehmen. Pflanzen aus Gärtnereien gewöhnen sich in der Regel auch besser ein als irgendwo in der Natur ausgegrabene.

9.3.1. Nordamerikanische Sumpf- und Wasserpflanzen

Sumpfpflanzen (emers): *Acorus calamus, Bacopa caroliniana, Echinodorus berteroi, Heteranthera reniformis, Hydrocotyle ranunculoides, H. verticillata, Lilaeopsis carolinensis, Limnobium spongia, Lobelia cardinalis, Ludwigia palustris, L. repens, Micranthemum umbrosum, Physostegia purpurea, Rorippa aquatica, Sagittaria lancifolia, S. platyphylla, S. subulata, Saururus cernuus, Spiranthes odorata*

Wasserpflanzen (submers): *Cabomba caroliniana, Didiplis diandra, Eleocharis vivipara, Elodea canadensis, E. nuttallii, Hemianthus micranthemoides, Hydrilla verticillata, Hydrocleys nymphoides, Ludwigia arcuata, L. brevipes, L. glandulosa, Mayaca fluviatilis, Myriophyllum pinnatum, Najas conferta, N. guadalupensis, Nymphoides aquatica, Vallisneria americana, Zosterella dubia*

9.3.2. Schwanzlurche

Notophthalmus meridionalis, N. viridescens, Pseudotriton ruber, Siren lacertina, S. intermedia, Taricha torosa

9.3.3. Froschlurche

Acris crepitans, A. gryllus, Hyla cinerea, H. versicolor, Pseudacris crucifer, P. regilla, P. triseriata, Rana catesbeiana, R. clamitans, R. palustris, R. pipiens

9.3.4. Schlangen

Agkistrodon piscivorus, Farancia abacura, Nerodia fasciata, N. sipedon, N. taxispilota, Storeria dekayi, Thamnophis sauritus, T. sirtalis

9.3.5. Schildkröten

Apalone ferox, A. spinifera, Chrysemys picta, Clemmys guttata, C. marmorata, Graptemys geographica, Kinosternon subrubrum, Pseudemys nelsoni, Sternotherus carinatus, S. odoratus, Trachemys scripta

9.3.6. Panzerechsen

Alligator mississippiensis

9.3.7. Spinnen und andere Spinnenartige
Dolomedes triton

9.3.8. Insekten
Lethocerus americanus, *Ranatra brevicollis*

9.3.9. Weiterführende Literatur
Godfrey & Wooten (1981); Nering (1998 a, b)

9.3.10. Europäische und nordasiatische Sumpf- und Wasserpflanzen
Sumpfpflanzen (emers): *Acorus calamus*, *A. gramineus*, *Baldellia ranunculoides*, *Cardamine lyrata*, *Hydrocotyle vulgaris*, *Lysimachia nummularia*, *Saururus chinensis*
Wasserpflanzen (submers): *Ceratophyllum demersum*, *C. submersum*, *Eleocharis acicularis*, *Hottonia palustris*, *Hydrocotyle verticillata*, *Potamogeton crispus*, *P. natans*, *Stratiotes aloides*, *Trapa natans*, *Utricularia minor*, *U. vulgaris*, *Vallisneria spiralis*

9.3.11. Schwanzlurche
Cynops pyrrhogaster, *Ichtyosaura alpestris*, *Lissotriton boscai*, *L. helveticus*, *L. vulgaris*, *T. cristatus*, *Ommatotriton vittatus*

9.3.12. Froschlurche
Bombina bombina, *B. variegata*, *B. orientalis*, *Hyla arborea*, *H. japonica*, *Pelophylax* kl. *esculenta*, *P. lessonae*, *P. nigromaculatus*, *P. porosus*, *P. ridibundus*, *Rhacophorus arboreus*, *R. schlegelii*

9.3.13. Schlangen
Natrix maura, *N. natrix*, *N. tessellata*, *Rhabdophis tigrinus*

9.3.14. Schildkröten
Chinemys reevesii, *Emys orbicularis*, *Mauremys caspica*, *M. japonica*, *Pelodiscus sinensis*

9.3.15. Spinnen und andere Spinnenartige
Dolomedes fimbriatus

9.3.16. Weiterführende Literatur
Krausch (1996); Seçmen & Leblebici (1984)

Aquaterrarium für Gelbbauchunken (*Bombina variegata*) im Zoo Innsbruck. Bepflanzt mit Tannenwedel (*Hippuris vulgaris*), kleinen Seerosen (*Nymphaea* sp.) und Brombeeren (*Rubus* sp.) auf dem Landteil

Acorus calamus **Nordamerika, Eurasien**

○ ♈ ≈≈ I_G ☠ ❄

Alisma lanceolatum **Mittelmeerraum, Westasien**

○ ♈ ≈≈ I_G ❄

Bacopa caroliniana **atlantisches Nordamerika**

○ ≈≈ I_G ❄

Calla palustris **Nordamerika, Eurasien**

○ ♈ ≈≈ I_G ☠ ❄

Caltha palustris **Europa**

○ ♈ ≈≈ I_G ❄

Hippuris vulgaris **Nordamerika, Eurasien**

○ ♈ ≈≈ I_G ❄

Hydrocharis morsus-ranae **Eurasien**

○ ♈ ≈ I$_G$ ☠ ❄

Hydrocotyle vulgaris **Europa, Mittelmeergebiet**

○ ≈ I$_G$ ❄

Mentha aquatica **Eurasien**

○ ≈ I$_G$ ❄

Orontium aquaticum **nordöstliches Nordamerika**

○ ♈ ≈ I$_G$ ☠ ❄

Pontederia cordata **Nordamerika**

○ ♈ ≈ I$_G$ ❄

Potentilla palustris **Nordamerika, Europa**

○ ♈ ≈ I$_G$ ❄

Ranunculus lingua **Europa**

○ ♈ ≈≈≈ I_G ❄

Sagittaria sagittifolia **Europa, Nordasien**

○ ♈ ≈≈≈ I_G ☠ ❄

Saururus cernuus **nordöstliches Nordamerika**

○ ♈ ≈≈≈ I_G ☠ ❄

Sparganium erectum **Europa, Mittelmeergebiet**

○ ♈ ≈≈≈ I_G ❄

Stratiotes aloides **Europa–Sibirien**

○ ≈≈≈ I_G ❄

Veronica beccabunga **Europa, Westasien**

◗ ≈≈≈ I_G ❄

9.4. Gewässer Lateinamerikas

In Mittel- und im nördlichen Südamerika findet man die meisten Sumpfgebiete entlang von Flüssen. Seen sind selten und in der Regel abgeschnittene Flussarme (Cochas). Aufgrund der starken, jahreszeitlichen Pegelschwankungen stehen entlang den Flüssen mehr oder weniger große Areale periodisch unter Wasser, sodass sich Überflutungssavannen ausgebildet haben. Eines der größten Überschwemmungsgebiete in Südamerika ist das Große Pantanal in der brasilianischen Provinz Mato Grosso an der Grenze zu Bolivien und Paraguay. In der Regenzeit stehen hier riesige Gebiete unter Wasser, die während der Trockenzeit als Weideland genutzt werden können. Meist bleiben dann nur kreisförmige Seen erhalten, die von Uferwäldern umgeben sind.

Aquaterrarium (200 x 75 x 120 cm) für die gemeinsame Haltung von Pfeilgiftfröschen (*Dendrobates* spp.) und diversen Fischen aus Südamerika. Bepflanzt mit Bromelien, Orchideen, Moosfarnen (*Selaginella* spp.), Kletter- und Wasserpflanzen. Beleuchtung: sechs HQI-Lampen à 70 W. Der Wasserteil wird zusätzlich durch Leuchtstoffröhren beleuchtet, welche knapp über dem Wasserspiegel und von vorne nicht sichtbar in die Felsaufbauten integriert sind. Zum Wechseln der Röhren muss der Wasserspiegel gesenkt werden.

Im Aquarienpflanzenhandel sind eine Vielzahl lateinamerikanischer Wasser- und Sumpfpflanzen erhältlich. Besonders gut für Paludarien und Aquaterrarien eignen sich Schwertpflanzen (*Echinodorus*) und Pfeilkräuter (*Sagittaria*). Diese Sumpfpflanzen sind anspruchslos, robust und blühen, wenn sie ausreichend Licht haben. Außerdem kann man sie problemlos zurückschneiden, falls sie zu groß werden. Insbesondere *Echinodorus* gedeiht selbst bei hohen Temperaturen, wie sie in tropischen Paludarien häufig vorkommen, sehr gut. Vorsicht ist allerdings mit diesen Pflanzen geboten, wenn herbivore Tiere gehalten werden. Wie alle Aronstabgewächse sind auch *Echinodorus* und *Sagittaria* giftig.

Ebenfalls leicht zu pflegen ist der Brasilianische Wassernabel (*Hydrocotyle leucocephala*). Selbst bei mäßigen Lichtverhältnissen überzieht diese kriechende Art schnell sumpfige Bereiche und eignet sich deshalb hervorragend als Bodendecker im Übergang vom Wasser- zum Landteil. Bietet man dem Wassernabel gute Lichtverhältnisse, so bildet er im Aquaterrarium sogar Blüten.

Nur unter sehr guten Lichtverhältnissen zu pflegen sind die meisten Schwimmpflanzen wie z. B. die weit verbreitete und regelmäßig angebotene Wasserhyazinthe (*Eichhornia crassipes*). Nicht ganz so lichtbedürftig sind Schwimmfarne (*Salvinia*, *Azolla*).

9.4.1. Lateinamerikanische Sumpf- und Wasserpflanzen

Sumpfpflanzen (emers): *Bacopa lanigera*, *Echinodorus* spp., *Heteranthera reniformis*, *Hydrocotyle leucocephala*, *H. ranunculoides*, *H. verticillata*, *Hygrophila guianensis*, *Lilaeopsis brasiliensis*, *Ludwigia helminthorrhiza*, *L. repens*, *Phyllanthus fluitans*, *Sagittaria lancifolia*

Wasserpflanzen (submers) und Schwimmpflanzen *Alternanthera reineckii*, *Cabomba aquatica*, *C.*

furcata, C. palaeformis, Ceratophyllum demersum, Egeria densa, E. najas, Eichhornia azurea, E. crassipes, E. diversifolia, Eleocharis acicularis, Gymnocoronis spilanthoides, Heteranthera zosterifolia, Hydrocleys martii, H. nymphoides, Hydrothrix gardneri, Limnobium laevigatum, Ludwigia inclinata, L. sedoides, Mayaca fluviatilis, Myriophyllum aquaticum, M. mattogrossense, M. pinnatum, Najas conferta, N. guadalupensis, Nymphaea glandulifera, N. rudgeana, Potamogeton gayi, Sagittaria subulata, Salvinia molesta

9.4.2. Blindwühlen

Typhlonectes compressicauda

9.4.3. Froschlurche

Dendropsophus microcephalus, D. nanus, Hypsiboas faber, H. raniceps, Leptodactylus chaquensis, L.ocellatus, Phyllomedusa hypochondrialis, Pipa carvalhoi, P. pipa, Sphaenorhynchus lacteus

9.4.4. Schildkröten

Chelus fimbriatus, Hydromedusa spp., *Kinosternon acutum, K. leucostomum, Phrynops* spp., *Platemys platycephala, Podocnemis* spp., *Rhinoclemmys pulcherrima, Trachemys dorbigni*

9.4.5. Echsen

Basiliscus basiliscus, B. plumifrons, B. vittatus, Crocodilurus amazonicus, Dracaena paraguayensis

9.4.6. Schlangen

Eunectes murinus, E. notaeus

9.4.7. Krokodile

Caiman crocodilus, C. latirostris, Paleosuchus palpebrosus, P. trigonatus

9.4.8. Fische

Anableps anableps

9.4.9. Weiterführende Literatur

FASSETT (1955); SEIBERT (1996); WANKE & WANKE (1994)

In der Regenzeit überflutete, tropische Feuchtsavanne in Französisch-Guayana: Lebensraum von *Typhlonectes compressicauda*, *Dendropsophus nanus*, *Sphaenorhynchus lacteus*, *Eunectes notaeus* und *Paleosuchus palpebrosus*

Echinodorus cordifolius **Kuba–Venezuela**

○ ♈ ≋ II_A ☠

Echinodorus opacus **Südbrasilien**

○ ♈ ≋ II_A ☠ !

Echinodorus uruguayensis **Südamerika**

○ ♈ ≋ II_A ☠

Echinodorus paniculatus **Mexiko–Argentinien**

○ ♈ ≋ II_A ☠

Hydrocotyle leucocephala **Mexiko–Argentinien**

◗ ⇝ ≋ II_A k ♥

Ludwigia sedoides **Mittel- und Südamerika**

○ ≋ II_A

Montrichardia aculeata **Brasilien**

○ ♈ ≈≈≈ II_A ☠

Reussia rotundifolia **Nordargentinien**

○ ♈ ≈≈≈ II_A

Sagittaria lancifolia **USA–Nordostbrasilien**

○ ♈ ≈≈≈ II_A

Sagittaria latifolia **Kanada–Ecuador**

○ ♈ ≈≈≈ I_G ☠ ❄

Phyllanthus fluitans **Brasilien**

○ ≈≈≈ II_A ☠

Salvinia minima **Mexiko**

○ ≈≈≈ II_A k

9.5. Gewässer Afrikas

Afrika besitzt südlich der Sahara riesige Sumpfgebiete. Die Einzugsgebiete der Flüsse sind dort nicht durch Wasserscheiden getrennt, sondern netzartig durch Sümpfe miteinander verbunden (WALTER & BRECKLE 1999). Das größte Sumpfgebiet liegt im Südsudan, wo der Weiße Nil und der Bar-el-Ghazal auf ca. 150.000 km² eine riesige Ebene überschwemmt und den „Sud" bildet. Neben freien Wasserflächen sind weite Areale mit schwimmenden Inseln und Schwingrasen bedeckt. Weitere große Sumpfgebiete existieren in Ostafrika (Lukango-Sümpfe, Sümpfe um den Kampolombo und den Bengweulu-See). Typische Pflanzen dieser Sümpfe als auch der Verlandungsbereiche der afrikanischen Seen sind *Cladium*, *Cyperus papyrus*, *Nelumbium*, *Phragmites*, *Sagittaria* und *Typha*. Im Übergangsbereich zum Wald gedeihen Palmen und Schraubenpalmen (*Pandanus*).

Großterrarium für Nilkrokodile (*Crocodylus niloticus*) im Zoo Basel, bepflanzt mit Zyperngras (*Cyperus alternifolius*) und Schraubenpalmen (*Pandanus* sp.)

Im Handel wird nur eine geringe Anzahl afrikanischer Sumpf- und Wasserpflanzen angeboten. Am leichtesten erhältlich sind eine Reihe von Speerblattarten (*Anubias*) und *Zantedeschia*-Kultursorten. Diese Aronstabgewächse eignen sich zur Bepflanzung von Flachwasserzonen. Aufgrund ihres mäßigen Lichtbedarfs kann man *Anubis* auch in schwach beleuchteten Aquaterrarien pflegen. Viel Licht benötigt dagegen der häufig angebotene Wassersalat (*Pistia stratiotes*).

9.5.1. Afrikanische Sumpf- und Wasserpflanzen

Sumpfpflanzen (emers): *Anubias afzelii*, *A. barteri*, *A. gigantea*, *A. gilletii*, *A. gracilis*, *A. hastifolia*, *A. heterophylla*, *A. pynaertii*, *Bacopa crenata*, *B. monnieri*, *Bolbitis heudelotii*, *Ceratopteris cornuta*, *Nesaea crassicaulis*, *N. triflora*

Wasserpflanzen (submers): *Aponogeton abyssinicus*, *A. afroviolaceus*, *A. desertorum*, *A. distachyos*, *A. fotianus*, *A. junceus*, *A. nudiflorus*, *A. stuhlmannii*, *A. vallisnerioides*, *Ceratophyllum submersum*, *Lagarosiphon cordofanum*, *L. major*, *Nymphaea lotus*, *N. micrantha*, *Nymphoides ezannoi*, *N. forbesiana*, *N. thunbergiana*, *Potamogeton schweinfurthii*

9.5.2. Froschlurche

Hymenochirus boettgeri, *Hyperolius marmoratus*, *H. nasutus*, *Hoplobatrachus occipitalis*, *Leptopelis natalensis*, *Xenopus laevis*

9.5.3. Schlangen

Boulengerina annulata, *B. christyi*

9.5.4. Schildkröten

Pelomedusa subrufa, *Pelusios sinuatus*

9.5.5. Krokodile

Mecistops cataphractus, *Osteolaemus tetraspis*

9.5.6. Weiterführende Literatur

CRUSIO (1979, 1987); ELLERY & ELLERY (1997)

Anubias barteri **Kamerun**

◗ ♈ ≋ II_A ☠

Anubias gigantea **Kamerun**

◗ ♈ ≋ II_A ☠

Anubias gilletii **Nigeria–Gabun**

◗ ♈ ≋ II_A ☠

Anubias hastifolia **Ghana–Kongo**

◗ ♈ ≋ II_A ☠

Ceratopteris thalictroides **tropisches Afrika, Südostasien**

○ ♈ ≋ III

Crinum podophyllum **tropisches Afrika**

○ ♈ ≋ II_A ☠

Cyanastrum cordifolium **Kamerun–Gabun**

◗ ♈ ≈≈ III

Cyperus papyrus **tropisches und subtropisches Afrika**

◗ ♈ ≈≈ I G

Nymphoides ezannoi **Senegal–Sudan**

○ ≈≈ II_A

Pistia stratiotes **pantropische Verbreitung**

○ ≈≈ II_A

Scirpus setaceus **Afrika, Asien, Eurasien**

○ ♈ ≈≈ I_G ❄

Zantedeschia rehmannii **Südafrika (KwaZulu-Natal)**

◗ ♈ ≈≈ I ♥ ☠

9.6. Gewässer Madagaskars

Madagaskar besitzt keine ausgedehnten Sumpfgebiete. Einzig im Unterlauf der größeren Flüsse finden sich Verlandungszonen mit Sumpfpflanzen. Das einzige größere Sumpfgebiet ist der über 100 km² große Papyrusgürtel, der den Alaotra-See umgibt. Temporäre Tümpel und Weiher, in denen, sofern Wasser vorhanden ist, oft Seerosen gedeihen, findet man jedoch in vielen Gegenden und selbst in relativ trockenen Regionen.

Die einzigen regelmäßig angeboten Sumpfpflanzen aus Madagaskar sind die beiden Zyperngräser *Cyperus alternifolius* und *C. diffusus*. Erstere bekommt man oft sogar in der Pflanzenabteilung im Baumarkt. Einige weitere Sumpf- und Wasserpflanzen werden mehr oder weniger häufig im Aquarienpflanzenhandel verkauft.

9.6.1. Madagassische Sumpf- und Wasserpflanzen

Sumpfpflanzen (emers): *Bacopa madagascariensis*, *Ceratopteris cornuta*, *Nesaea crassicaulis*, *N. triflora*

Wasserpflanzen (submers): *Aponogeton bernerianus*, *A. boivinianus*, *A. capuronii*, *A. cordatus*, *A. decaryi*, *A. longiplumulosus*, *A. tenuispicatus*, *A. ulvaceus*, *A. viridis*, *Hydrotriche hottoniiflora*, *Lagarosiphon madagascariensis*, *Nymphoides thunbergiana*, *Utricularia inflexa*, *U. stellaris*

9.6.2. Froschlurche

Heterixalus betsileo, *H. madagascariensis*, *Ptychadena madagascariensis*

9.6.3. Schildkröten

Erymnochelys madagascariensis, *Pelomedusa subrufa*

9.6.4. Echsen

Amphiglossus melanopleura, *A. ornaticeps*

9.6.4. Weiterführende Literatur

KASSELMANN (1995)

Cyperus alternifolius **Madagaskar**

◗ ♈ ≈≈≈ I ♥

Cyperus diffusus **Mauritius**

◗ ♈ ≈≈≈ I ♥

Eriocaulon fenestratum **Madagaskar**

◗ ♈ ≈≈≈ III

9.7. Gewässer Asiens

Große Sumpfgebiete bedeckten einst weite Gebiete im Unterlauf der großen Flüsse Asiens. Heute sind große Teile dieser Sumpfgebiete in Reisfelder umgewandelt. Auf extensiv bewirtschaftetem Kulturland lebt aber immer noch ein Teil der ursprünglichen Feuchtgebietsflora und -fauna.

Typische Sumpfpflanzen asiatischer Wassergräben, Bächen und Flüssen sind die Wasserkelche (*Cryptocoryne*). Sie besiedeln meist mehr oder weniger schnell fließende Gewässer. Einige Arten gedeihen in temporären Tümpeln, die nach der Regenzeit trockenfallen oder sogar im brackigen Mündungsgebiet von Flüssen. Cryptocorynen gelten als heikle Aquarienpflanzen, die sich nur schwer an ein ständig untergetauchtes Leben anpassen können. Viele gedeihen dagegen bei emerser Kultur gut (Ehrenberg 1990). Voraussetzung ist eine ständig hohe Luftfeuchtigkeit. Mithilfe eines Baches oder eines feinblasigen Ausströmers wird für die nötige Luftfeuchtigkeit gesorgt. Idealerweise stehen Cryptocorynen in wenige Zentimeter tiefem Wasser. Als Bodengrund hat sich ein Sand-Lehm-Kiesgemisch bewährt, eventuell mit etwas Torf und Merantispänen gemischt wird. Jacobsen (1992) konnte Cryptocorynen erfolgreich in Buchenlauberde kultivieren. Arten, die im Aquarium gut gedeihen, eignen sich auch für das Paludarium. Ausführliche Angaben zur Cryptocorynenkultur macht Kasselmann (1995). Nahe verwandt mit *Cryptocoryne* ist *Lagenandra*. Auch von dieser Gattung eignen sich diverse Arten für Paludarien. Sowohl *Cryptocoryne* als auch *Lagenandra* sind Aronstabgewächse (Araceae) und somit giftig.

Häufig wird im Aquarienpflanzenhandel das aus Asien stammende Javamoos (*Vesicularia dubyana*) angeboten. Dieses Moos gedeiht im Aquaterrarium selbst bei relativ wenig Licht.

9.7.1. Asiatische Sumpf- und Wasserpflanzen

Sumpfpflanzen (emers): *Bolbitis heteroclita, Ceratopteris thalictroides, Cryptocoryne* spp., *Eusteralis stellata, Houttuynia cordata, Hydrocotyle sibthorpioides, Hygrophila difformis, H. polysperma, Lagenandra* spp., *Limnophila aromatica, Micranthemum umbrosum, Microsorium pteropus, Rotala macrandra, R. wallichii, Vesicularia dubyana*

Wasserpflanzen (submers): *Aponogeton bruggenii, A. crispus, A. jacobsenii, A. lakhonensis, A. robinsonii, A. satarensis, A. undulatus, Barclaya longifolia, Crinum thaianum, Cyperus helferi, Hydrilla verticillata, Hygrophila corymbosa, Limnophila aquatica, L. heterophylla, L. indica, L. sessiliflora, Lindernia parviflora, Myriophyllum tuberculatum, Najas indica, Nymphoides hydrophylla, Potamogeton wrightii, Utricularia aurea*

9.7.2. Blindwühlen

Ichthyophis kohtaoensis

9.7.3. Schwanzlurche

Tylototriton verrucosus, Paramesotriton chinensis

9.7.4. Froschlurche

Amolops larutensis, Euphlyctis hexadactylus, Hoplobatrachus tigerinus, Hylarana erythraea, H. macrodactyla, Occidozyga lima, Theloderma asperum, T. bicolor, T. corticale

9.7.5. Echsen

Physignathus cocincinus, Shinisaurus crocodilurus, Tropidophorus beccarii, Varanus salvator, V. indicus

9.7.6. Schlangen

Acrochordus javanicus, Cerberus rynchops, Enhydris enhydris, E. plumbea, Erpeton tentaculatum, Rhabdophis chrysargos, R. subminiatus

9.7.7. Schildkröten

Cuora amboinensis, Cyclemys dentata, Kachuga tecta, Malayemys subtrijuga, Siebenrockiella crassicollis

9.7.8. Weiterführende Literatur

Kasselmann (1995)

Ceratopteris thalictroides **Südostasien, tropisches Afrika**

○ ♈ ≈ III

Colocasia fallax **Indien**

○ ♈ ≈ III ☠

Cryptocoryne albida **Myanmar, Thailand**

◗ ♈ ≈ II_A ☠

Cryptocoryne beckettii **Sri Lanka**

◗ ♈ ≈ II_A ☠

Cryptocoryne ciliata **Indien–Neuguinea**

○ ♈ ≈ II_A ☠

Cryptocoryne lucens **Sri Lanka**

◗ ♈ ≈ II_A ☠

Cryptocoryne petchii **Sri Lanka**

◗ ♈ ≈ II_A ☠

Cryptocoryne pontederiifolia **Sumatra**

◗ ♈ ≈ II_A ♥ ☠

Cryptocoryne purpurea **Südthailand, Malaysia**

◗ ♈ ≈ II_A ☠

Cryptocoryne spiralis **Indien, Bangladesch**

◗ ♈ ≈ II_A ☠

Cryptocoryne usteriana **Philippinen**

◗ ♈ ≈ II_A ☠

Cyperus diffusus **Tropen**

○ ♈ ≈ I

Cyperus cyperoides **Asien, Afrika, Nordaustralien**
○ ♈ ≋ I

Hygroryza aristata **Indien**
○ ♈ ≋ I_A

Lagenandra bogneri **Sri Lanka**
◗ ♈ ≋ II_A ☠

Lagenandra meeboldii **Indien**
◗ ♈ ≋ II_A ☠

Nymphoides macrospermum **Indien–Südchina**
○ ≋ II_A

Wolffia arrhiza **Kosmopolit**
○ ≋ II_A k

9.8. Gewässer Australiens

Australien besitzt keine ausgedehnten Sumpfgebiete. Am Ufer der Flüsse finden sich aber in Küstennähe vielerorts mehr oder weniger breite sumpfige Zonen. Im Übergang zum Land und auf zeitweise trockenfallenden Arealen wachsen hier Kasuarinen (*Casuarina glauca*), Papierrindenbäume (*Melaleuca*) und im tropischen Norden auch Schraubenpalmen (*Pandanus*). Letztere gedeihen am Ufer von Flüssen und Bächen sogar auf felsigem Untergrund. Während der Regenzeit treten im tropischen Norden viele Flüsse über die Ufer und überfluten weite Ebenen. In diesen Regionen gibt es viele Altarme und permanent oder temporär mit Wasser gefüllte Geländesenken (Billabongs), die mit Seerosen (*Nelumbo nucifera, Nymphaea violacea, Nymphoides hydrocharoides, N. indica, N. minima*) und anderen Wasser- und Sumpfpflanzen bewachsen sind, wie *Monochoria australasica* oder dem auch in Europa verbreiteten, als submerse Schwimmpflanze lebenden Wasserschlauch *Utricularia australis*. Vielerorts findet man an sumpfigen Stellen sowie in seichten Zonen von Bächen weitere Wasserschlaucharten wie *Utricularia biloba, U. fulva* oder *U. uliginosa*.

Leider werden im Pflanzenhandel nur wenige Sumpf- und Wasserpflanzen aus Australien angeboten. In der Regel wird man sich für die Bepflanzung eines Paludariums mit Tieren und Pflanzen aus Australien auf kosmopolitisch verbreitete Arten beschränken müssen. Am ehesten bekommt man einzelne australische Wasserschlaucharten (*Utricularia*) über spezialisierte Gärtnereien oder durch Kontakte zu Liebhabern fleischfressender Pflanzen.

9.8.1. Australische Sumpf- und Wasserpflanzen

Sumpfpflanzen (emers): *Crassula helmsii, Eusteralis stellata, Lobelia purpurascens, Marsilea mutica*
Wasserpflanzen (submers): *Aldrovanda vesiculosa, Aponogeton bullosus, A. hexatepalus, A. queenslandicus, A. elongatus, A. loriae* (Neuguinea), *Blyxa aubertii, Egeria densa, Glossostigma elatinoides, Limnophila indica, Myriophyllum simulans, Utricularia aurea, U. stellaris*

9.8.2. Froschlurche

Limnodynastes peronii, L. tasmaniensis, Litoria aurea, L. bicolor, L. dahlii, L. fallax, L. gracilenta, L. moorei, L. raniformis

9.8.3. Echsen

Physignathus lesueurii, Varanus mertensi, V. mitchelli

9.8.4. Schlangen

Enhydris polylepis, Liasis fuscus, Stegonotus cucullatus

9.8.5. Schildkröten

Carettochelys insculpta, Chelodina expansa, C. parkeri, C. longicollis, C. novaeguineae, Elseya dentata, Emydura krefftii, E. macquarii, E. subglobosa

9.8.6. Krokodile

Crocodylus johnsoni, Crocodylus porosus

9.8.7. Weiterführende Literatur

JOHNSON (1989); KEITH (2004); ROMANOWSKI (1998); SAINTY & JACOBS (1994); STEPHENS & DOWLING (2002); WRIGLEY & FAGG (2003)

Ein kleines Laubfroschmännchen (*Litoria fallax*) nutzt von Hagel durchlöcherte Seerosenblätter als Rufplatz.

Bacopa monnieri **Tropen**

◗ ≈≈≈ II_A

Crassula helmsii **Australien, Neuseeland**

○ ≈≈≈ III

Cyperus cyperoides **Nordaustralien, Asien, Afrika**

○ ♈ ≈≈≈ I

Marsilea mutica **Australien**

○ ♈ ≈≈≈ III

Nymphoides indica **Australien, Südasien, Japan**

○ ≈≈≈ II_A

Scirpus setaceus **Australien, Asien, Afrika,**

○ ♈ ≈≈≈ I_G ❄

Mangroven in Queensland (Australien). Lebensraum von Mangrovenwaranen (*Varanus semiremex*), Leistenkrokodilen (*Crocodylus porosus*), Schlammspringern (*Periophthalmus* spp.) und Mangrovenkrabben

10. Mangroven

Mangroven sind tropische Gehölzformationen im Gezeitenbereich der Meeresküsten. Die in manchen Fällen strauchartigen, in anderen Gebieten aber bis zu 20 m hohen Mangrovenwälder werden zwei Mal am Tag von Salzwasser überflutet. Bei Niedrigwasser fallen sie dagegen weitgehend trocken. Im Allgemeinen unterscheidet man zwischen Flussmündungs-Mangroven und Küstenmangroven. Letztere erhalten ausschließlich bei Regen Süßwasser. Flussmündungs-Mangroven unterliegen dagegen im Rhythmus der Gezeiten einem ausgeprägten Salinitätswechsel, d . h., der Salzgehalt des Wassers kann im Laufe eines Tages zwischen fast reinem Meerwasser mit ca. 35 g Salz pro Liter und nahezu salzfreiem Süßwasser schwanken. Aufgrund dieser ausgesprochen extremen Umweltbedingungen können in Mangroven nur wenige Pflanzenarten auf Dauer erfolgreich überleben. Charakteristisch sind hoch spezialisierte Baumarten mit Salzdrüsen (*Avicennia, Aegiceras, Bruguiera, Ceriops, Excoecaria, Kandelia, Sonneratia, Rhizophora, Xylocarpus*). Diese bilden ein fast undurchdringliches Gewirr aus Stelz- und Atemwurzeln aus. Im Vergleich zu den meisten anderen Gehölzformationen sind Mangrovenwälder ausgesprochen arm an Pflanzenarten. Insbesondere fehlen nicht verholzende Pflanzen meist fast vollständig. So nennt Keith (2004) für die südostaustralischen Mangrovensümpfe nur gerade drei krautige Pflanzen als charakteristisch (*Samolus repens*, *Sarcocornia quinqueflora*, *Suaeda australis*). In Südostasien findet man in Mangroven *Cyperus pedunculatus*, *Ipomoea pes-caprae*, *Oncosperma tigillaria* oder *Pluchea indica*, alles Arten, die auch in anderen, küstennahen Pflanzengesellschaften sowie in Küstenwäldern vorkommen.

Bei vielen Baumarten in Mangroven keimen die Samen noch an der Mutterpflanze. Löst sich der teilweise bereits über 20 cm lange Keimling von der Mutterpflanze, so fällt er nach unten und bohrt sich mit seiner schwertartigen Primärwurzel in den schlickigen Boden, um danach bei guten Bedingungen zu einem Strauch oder Baum heranzuwachsen. Dabei werden nicht nur unterirdische Wurzeln, sondern auch die bereits erwähnten lange Stelzwurzeln gebildet, welche die Pflanze fest im Boden verankern, sodass sie auch durch kräftige Gezeitenströmungen nicht ausgeschwemmt werden können.

Mangroven gedeihen an fast allen tropischen, subtropischen und teilweise auch warm gemäßigten Küsten, die der Brandung nicht allzu stark ausgesetzt sind. Treffen kalte Meeresströmungen auf die Küsten, so fehlen Mangroven dagegen. Die größte Artenvielfalt findet sich im indo-pazifischen Raum von Ostafrika über Südasien bis nach Nord- und Ostaustralien. Im Bereich des Atlantiks, d. h. in Westafrika und entlang der amerikanischen Ostküste ist die Artenvielfalt deutlich geringer.

10.1. Mangroventerrarien

Mangroventerrarien müssen als Aquaterrarien konzipiert werden. In der Natur lagern sich aufgrund der geringen Fließgeschwindigkeit des Wassers zwischen den Mangrovenwurzeln sehr feine Sedimente ab. Daraus bilden sich nährstoffreiche Schlickböden. Wegen der Gefahr einer Faulgasbildung sollte man aber im Mangroventerrarium keinen schlickigen Bodengrund verwenden. Besser geeignet ist feiner Sand oder eine Sand-Lehm-Mischung, die in einer mindestens 20 cm dicken Schicht eingebracht werden sollte. Ebenfalls bewährt haben sich Lehmerden, die jedoch frei von organischem Material sein müssen, um Fäulnis zu verhindern. Werden Schlammspringer (*Periophthalmus*) oder grabende Krabben gehalten, sorgen diese dafür, dass der Bodengrund immer wieder umgeschichtet wird. Andernfalls empfiehlt es sich, zumindest wenn man Sand verwendet, diesen in regelmäßigen Abständen umzugraben und dadurch etwas zu durchlüften.

Je nach Tier- und Pflanzenbesatz muss man dem Wasser mehr oder weniger Meersalz zufügen (Salzkonzentration von Meerwasser ca. 35 g/L, Dichte von Meerwasser 1,024–1,026 kg/L, Messung der Dichte mittels eines Aräometers, im Meeresaquaristikhandel erhältlich). Benötigt man Brack- oder Salzwasser, so sollte man auf jeden Fall spezielle Salzmischungen verwenden, wie sie für die Meerwasseraquaristik hergestellt werden. Insbesondere viele Mangrovenbaumarten benötigen leicht bis stark brackiges Wasser. Einzelne Arten können sogar in reinem Meerwasser wachsen und eignen sich dadurch auch zur Bepflanzung von Filteranlagen oder flachen Bereichen in offenen, gut beleuchteten Meerwasseraquarien (Delbeek & Sprung 1996).

Manche Mangrovenarten haben einen hohen Bedarf an gewissen im Meerwasser enthaltenen Elementen wie z. B. Magnesium. Sie entziehen diese dem Wasser, sodass deren Gehalt bereits nach relativ kurzer Zeit so stark abnehmen kann, dass die Pflanzen zu kümmern beginnen. Es ist somit wichtig, dass man das Wasser im Mangroventerrarium in regelmäßigen Abständen jeweils teilweise durch frisch angesetztes Brack- oder Salzwasser erneuert. Im Gegensatz zu Meerwasseraquarien muss man hier nicht so genau darauf achten, dass das neue Wasser den selben Salzgehalt hat, wie das zuvor entfernte, da Pflanzen und Tiere in Mangrovensümpfen an schwankende Salzkonzentrationen angepasst sind.

Mangroven-Aquaterrarium für Vieraugenfische (*Anableps anableps*) im Zoo Basel. Bepflanzt mit Roten Mangroven (*Rhizophora mangle*). Von der Rückwand hängen aus Pflanztaschen außerdem Zwergkletterfeigen (*Ficus pumila*) ins Becken.

In jedes Mangroventerrarium gehören Mangroven. Leider sind aber nur wenige Arten in Spezialgärtnereien oder über das Internet erhältlich. Größere Pflanzen wird man in den seltensten Fällen kaufen können. Von einzelnen Spezialgärtnereien werden aber regelmäßig Keimlinge angeboten. Meist handelt es sich dabei um Rote Mangroven (*Rhizophora mangle*). Man steckt die Keimlinge am besten mit der Primärwurzel zunächst für einige Monate in ein nährstoffreiches Substrat, das in ein wasserdichtes Gefäß gefüllt wird, und sorgt dafür, dass leicht brackiges Wasser ständig über der Substratoberfläche steht. Anonymus (ohne Jahresangabe) empfiehlt als Substrat ein Gemisch aus 25 % Sand und 75 % schwerer Erde. Haben die jungen Pflanzen kräftig gewurzelt, überführt man sie ins Mangroventerrarium. Pflanzt man die Keimlinge direkt dort hin, so muss man darauf achten, dass sie von den Tieren nicht ausgegraben werden können. Man sollte sie vorsorglich mit ausreichend schweren Steinen sichern. Mangroven reagieren empfindlich auf Standortänderungen. Oft lassen sie dann die Blätter fallen. In den meisten Fällen treiben sie aber recht schnell wieder aus, wenn man sie optimal hält. Wichtig ist eine hohe Luftfeuchtigkeit und eine helle Beleuchtung.

Benötigt man nur schwach salzhaltiges Wasser, so kann man auch Mangrovenpalmen (*Licuala*) pflanzen. Diese wachsen im südostasiatischen Raum im Bereich von Flussmündungen. Mangrovenfarne (*Acrostichum*) kommen in den Randzonen der Mangroven vor und sollten deshalb im Mangroventerrarium nicht im Wasser stehen, sondern vielmehr zur Bepflanzung halbfeuchter Bereiche mit einem geringen Salzgehalt verwendet werden. Sowohl Mangrovenpalmen als auch -farne gedeihen, im Gegensatz zu den Mangroven, auch wenn man nur mit Süßwasser gießt.

Weitere Pflanzen, die salztolerant (Dichte max. 1,005 kg/L) und somit für Brackwasserterrarien bzw. die hier vorhandenen, brackigen Wasserteile geeignet sind: *Anubias barteri*, *A. nana*, *Cryptocoryne ciliata*, *Hygrophila polysperma*, *Microsorium pteropus*, *Vesicularia dubyana*, *V. spiralis* und australischer Kleefarn. *Cryptocoryne ciliata* und *Microsorium pteropus* sollen sogar bei Dichten von bis zu 1,010 kg/L während eines längeren Zeitraumes überleben können.

10.1.1. Echsen

Basiliscus vittatus, *Crocodilurus amazonicus*, *Ctenosaura bakeri*, *Emoia atrocostata*, *Varanus dumerilii*, *V. indicus*, *V. salvator*, *V. semiremex*

10.1.2. Schlangen

Acrochordus granulatus, *Boiga dendrophila*, *Cerberus rynchops*, *Cryptelytrops purpureomaculatus*, *Fordonia leucobalia*, *Nerodia clarkii*, *Myron richardsoni*

10.1.3. Krokodile

Crocodylus acutus, *C. porosus*

10.1.4. Fische

Anableps anableps, *Euchoristopus* spp., *Monodactylus* spp., *Periophthalmodon* spp., *Periophthalmus* spp., *Toxotes jaculator*

10.1.5. Krebse

Aratus pisoni, *Scylla serrata*, *Sesarma curaçaoense*, *S. rhizophorae*, *Uca* spp.

10.1.6. Weiterführende Literatur

Anonymus (ohne Jahresangabe); Keith (2004); Schütt et. al (1994); Tam & Yuk-Shan (2000)

Acrostichum speciosum **Südostasien, Nordaustralien**

◗ ♈ ☔ II

Licuala spinosa **Südostasien**

◗ ♈ ☔ II

Rhizophora mangle **pantropische Verbreitung**

○ ♈ ≈ II

Sumpfwald in Südflorida mit *Tillandsia fasciculata*. Biotop von Carolina-Laubfröschen (*Hyla cinerea*), Rotkehlanolis (*Anolis carolinensis*) und Mississippi-Alligatoren (*Alligator mississippiensis*)

11. Subtropische Feuchtwälder

Subtropische Feuchtwälder gedeihen hauptsächlich im Bereich der Wendekreise. Richter (2001) bezeichnet diese Region als laurale Subtropen. Subtropische Feuchtwälder findet man an der Südostküste der USA (Alabama, Georgia, Florida bis Texas), im südlichen Südamerika (Südbrasilien, Uruguay, Nordargentinien, Südbolivien), in Südafrika und in Ostasien (China, Japan). Ein weiteres, jedoch pflanzengeografisch nur wenig abgegrenztes, subtropisches Feuchtwaldgebiet existiert im mittleren Teil Ostaustraliens. Die Regenwälder bilden hier keinen zusammenhängenden Gürtel. Vielmehr sind sie auf feuchte Schluchten und Berghänge mit regelmäßigem Nebel beschränkt und sind umgeben von ausgedehnten Hartlaubwäldern.

Während in den tropischen Regenwäldern die Niederschläge mehr oder weniger gleichmäßig über das ganze Jahr verteilt sind und kein Trockenmonat auftritt, so weisen die subtropischen Feuchtwälder eine oder allenfalls sogar zwei mehr oder weniger lange Trockenzeit auf. Umgekehrt fallen während des Monsuns über Wochen oder gar Monate oft so große Niederschlagsmengen, dass ganze Landstriche unter Wasser stehen können. In Ostasien, im Südosten Nordamerikas, an der afrikanischen Ostküste und in Ostaustralien bringen im Sommer und Herbst tropische Wirbelstürme (Hurrikane, Taifune, Zyklone) Starkniederschläge mit Überschwemmungen sowie Verwüstungen durch heftige Winde mit Geschwindigkeiten von teilweise mehr als 200 km/h.

Viele Bäume bilden wie in tropischen Regenwäldern Brettwurzeln aus. Weniger häufig sind dagegen Stelzwurzeln. Lianen sind weit verbreitet. In der Krautschicht findet man viele Farne.

Der regelmäßige Trockenstress – vor allem im Winterhalbjahr – führte dazu, dass die subtropischen Regenwälder weniger epiphytenreich sind als die tropischen Regenwälder. Viele Pflanzen zeigen Anpassungen an periodisch aride Bedingungen. So findet man etwa in Florida trotz der fast ganzjährig hohen Luftfeuchtigkeit graue Tillandsien, wie sie sonst typisch sind für Trockenwälder und Savannen. In der Regel sind die Bäume hartlaubiger als im tropischen Regenwald. In vielen Gebieten mit subtropischen Feuchtwäldern gedeihen Gehölze mit lorbeerartigen Blättern wie Magnolien (*Magnolia*) oder Azaleen (*Rhododendron*). Ebenfalls verbreitet sind in machnen Gebieten epiphytische Sukkulenten wie Binsenkakteen (*Rhipsalis*). Da die subtropischen Regenwälder Ostaustraliens auf feuchte und in der Regel nährstoffreiche Spezialstandorte beschränkt sind, findet man hier mehr epiphytische Farne als etwa in Florida. Insbesondere Geweihfarne (*Platycerium*) und kriechende Arten wie *Pyrrosia* sind in Australien häufig.

Subtropische Feuchtwälder weisen im Jahresverlauf deutlich stärkere Temperatur- und Feuchtigkeitsschwankungen auf als tropische Regenwälder. In manchen Gebieten kann sogar gelegentlich Frost auftreten – insbesondere in höheren Lagen. Tropische Bergregen- und Nebelwälder weisen oft Parallelen zu den subtropischen Lorbeerwäldern auf.

11.1. Subtropische Feuchtwaldterrarien

Terrarien für Tiere und Pflanzen aus subtropischen Feuchtwäldern gleichen sehr stark den Regenwaldterrarien. Sowohl die erforderliche Technik als auch die Einrichtung sind vergleichbar. Wichtigster Unterschied zwischen tropischen und subtropischen Feuchtwaldgebieten ist das während eines Teils des Jahres kühlere und trockenere Klima in den subtropischen Regionen. Diese Klimaunterschiede muss man auch bei der erfolgreichen Pflege subtropischer Waldtiere und -pflanzen berücksichtigen. Man wird diese Organismen zwar nicht im klassischen Sinn überwintern, wichtig ist aber für viele Arten eine 2–3 monatige kühlere Phase, während der die Temperatur im Terrarium um 5–10 °C abgesenkt wird. Im Allgemeinen wird man diese kühlere Phase wohl aus praktischen Gründen in unser Winterhalbjahr legen. Bei der Natur entnommenen Tieren (Wildfänge) kann es aber für eine erfolgreiche Nachzucht von Bedeutung sein, dass man das natürliche Temperatur- und Feuchtigkeitsregime beibehält und nicht den mitteleuropäischen Jahreszeiten anpasst. Bei der Pflege heliophiler Arten sollte man auch während der kühleren Phase die Möglichkeit zum Aufwärmen anbieten. Bei vielen Pflanzen aus subtropischen Feuchtwäldern ist die Blütenbildung von einer zeitweisen Temperaturabsenkung abhängig. Diese Arten werden im Terrarium nur blühen, wenn man ihnen eine Ruhephase bietet. In der Praxis bedeutet dies, dass man bei der Planung eines subtropischen Feuchtwaldterrariums die Möglichkeit zum zeitweisen Abschalten der Heizung vorsieht. Bei der Beleuchtung sollte man darauf achten, dass man Lampen wählt, die bei großer Lichtintensität möglichst wenig Wärme abgeben. Ideal sind dafür Leuchtstoffröhren, wenn möglich mit elektronischen Vorschaltgeräten. Außerdem spart man so auch Stromkosten.

Neben der Temperatur schwanken auch die Niederschläge in subtropischen Feuchtwäldern im Laufe des Jahres deutlich. Man sollte deshalb bei diesem Terrarientyp Regen- und Trockenzeiten imitieren. Regenphasen lassen sich sehr einfach mittels geeigneter Beregnungs- und allenfalls zusätzlichen Verneblungsanlagen simulieren. Ohne eine solche Anlage muss man die gesamte Einrichtung mehrmals täglich kräftig überbrausen. Überschüssiges Wasser kann durch einen doppelten Boden mit einem Wasserreservoir, wie bereits bei den Regenwaldterrarien beschrieben, aufgefangen werden. Während der Trockenruhe schaltet man die Regenanlagen aus und sprüht nur noch alle paar Tage von Hand, um die nötige Wasserversorgung sicherzustellen. Auf jeden Fall muss aber immer ein kleines Gefäß mit frischem Wasser vorhanden sein. Außerdem muss man darauf achten, dass die Pflanzen nicht vertrocknen.

11.2. Subtropische Feuchtwälder Nordamerikas

Im Südosten der USA gedeihen eine Reihe unterschiedlicher Feuchtwaldtypen. Sowohl im Bereich der Everglades an der Südspitze Floridas als auch im Einflussbereich des Mississippi und anderer großer Flüsse gedeihen ausgedehnte Sumpfwälder. Oft sind hier große Waldflächen einen erheblichen Teil des Jahres überflutet. Dominierende Baumart ist die Sumpfzypresse (*Taxodium distichum*), deren Äste fast immer von dicken Bärten „Louisianamoos“ (*Tillandsia usneoides*) behangen sind. Oft wachsen auch noch andere Tillandsien neben epiphytischen Orchideen, Farnen, Moosen und Flechten auf diesen Bäumen. Leider ist *Tillandsia usneoides* im Terrarium wenig ausdauernd und man sollte darauf verzichten oder allenfalls auf künstliche Pflanzen zurückgreifen. Seit einigen Jahren gibt es täuschend echte Kunststoffimitate von *Tillandsia usneoides*. Erheblich einfacher in der Pflege sind andere Tillandsien wie *T. fasciculata* oder *T. recurvata*. Wichtig ist, dass diese Pflanzen nach dem Sprühen vollständig abtrocknen können. Das Terrarium muss deshalb genügend große Lüftungsflächen aufweisen. Zusätzlich kann ein kleiner Ventilator nützlich sein.

Deutlich trockener sind die Palmetto-Kiefernwälder. Diese gedeihen auf sandigen Böden, wo das Wasser schnell versickert. Charakterpflanzen sind die kleine Palme *Serenoa repens* und die Kiefer *Pinus palustris*. Aufgrund der geringen Luftfeuchtigkeit gedeihen in diesen Wäldern kaum epiphytische Gefäßpflanzen. Viele mehrjährige Pflanzen sind hartlaubig.

11.2.1. Schwanzlurche

Ambystoma cingulatum, *Eurycea longicauda*

11.2.2. Froschlurche

Anaxyrus quercicus, *A. terrestris*, *Eleutherodactylus planirostris*, *Hyla cinerea*, *H. chrysoscelis*, *H. femoralis*, *H. gratiosa*, *H. squirella*, *Osteopilus septentrionalis, Pseudacris crucifer, P. ocularis, P. ornata, Rana capito, R. clamitans*

11.2.3. Echsen

Anolis carolinensis, A. equestris, A. distichus, Cnemidophorus sexlineatus, Eumeces inexpectatus, E. laticeps, Norops sagrei, Sceloporus undulatus, S. woodi, Sphaerodactylus elegans, S. notatus

11.2.4. Schlangen

Agkistrodon contortrix, A. piscivorus, Crotalus adamanteus, Diadophis punctatus, Drymarchon corais, Lampropeltis getula, L. triangulum elapsoides, Nerodia fasciata, N. erythrogaster, Opheodrys aestivus, O. vernalis, Pantherophis guttatus, P. obsoletus, Pituophis melanoleucus, Sistrurus miliarius, Storeria dekayi, Thamnophis sauritus sackenii, T. sirtalis similis

11.2.5. Schildkröten

Deirochelys reticularia, Graptemys flavimaculata, Kinosternon baurii, Chrysemys picta, Clemmys guttata, Pseudemys concinna, P. peninsularis, P. nelsoni, Sternotherus minor, S. odoratus, Trachemys scripta, Terrapene carolina

11.2.6. Krokodile

Alligator mississippiensis, Crocodylus acutus

11.2.7. Spinnen und andere Spinnenartige

Latrodectus mactans, Mastigoproctus giganteus

11.2.8. Skorpione

Centruroides gracilis

11.2.9. Hundert- und Tausendfüßer

Scolopendra viridis

11.2.10. Insekten

Dynastes tityus, Stagmomantis carolina, Strategus aloeus

11.2.11. Weiterführende Literatur

Bell & Tylor (1982); Sutton & Sutton (1998)

Encyclia tampensis **North Carolina–Florida**

○ ♉ ≈ ☂ II !

Rhipsalis baccifera **Florida–Brasilien, Afrika**

○ ♉ ⌇ ☁ I

Tillandsia bartramii **USA–Guatemala**

○ ♉ ≈ II

Tillandsia fasciculata **südöstliche USA–Peru, Karibik**

○ ♉ ≈ II

Tillandsia juncea **Florida, Karibik–Bolivien**

○ ♉ ≈ II

Tillandsia pruinosa **USA–Brasilien**

○ ♉ ≈ II

Tillandsia schiedeana **Mexiko–Venezuela**

○ ♉ ≈ II

Tillandsia recurvata **USA–Argentinien**

○ ♉ ≈ II

Tillandsia utriculata **Florida, Karibik, Venezuela**

○ ♉ ≈ II

Bignonia capreolata **südöstliche USA, Bermudas**

◗ ♈ ⥉ ☔ II

Clusia rosea **Südflorida–nördliches Südamerika**

◗ ♈ ☔ I

Cuphea hyssopifolia **Mexiko–Guatemala**

◗ ♈ ☔ II

Ficus aurea **Südflorida, Karibik**

◗ ♈ ☔ III

Ficus citrifolia **Florida–Paraguay**

◗ ♈ ☔ III

Leucothoe axillaris **südöstliche USA**

◗ ♈ ☔ II_G ❄

Peperomia rubella **Jamaika**

◗ ⇝ 🌧 I k

Pilea libanensis **Kuba**

◗ ⇝ 🌧 I

Passiflora incarnata **südöstliche USA, Bermudas**

◗ ⥉ 🌧 II

Selaginella apoda **östliche USA**

● ⇝ ≈ 🌧 I k

Woodwardia areolata **östliche USA**

● ♈ ≈ 🌧 II

Zamia pumila **Bahamas, Kuba**

○ ♈ 🌧 II

11.3. Subtropische Feuchtwälder Südamerikas

Im Süden von Brasilien, in Uruguay und im Nordosten von Argentinien gedeihen zwischen dem 25. und 35. südlichen Breitengrad subtropische Feuchtwälder. Gegen Westen gehen diese in die Trockenwälder des Chaco über. Ein zweites subtropisches Feuchtwaldgebiet befindet sich westlich des Chaco am Ostabhang der Anden im Nordwesten von Argentinien und dem anschließenden Teil Boliviens. Hier stauen sich die von Osten kommenden Wolken und regnen ab. Eine besondere Form subtropischer Feuchtwälder sind die Araukarienwälder in den höheren Lagen des südostbrasilianischen Berglandes. Pflanzengeografisch haben die Araukarienwälder viele Gemeinsamkeiten mit den anderen subtropischen Feuchtwaldgebieten Südamerikas, auch wenn sie durch die Araukarien (*Araucaria angustifolia*) einen eigenen Charakter besitzen. Neben Araukarien findet man hier weitere Nadelbäume wie z. B. *Podocarpus lamberti*.

Anders als die tropischen Regenwälder sind die subtropischen Feuchtwälder Südamerikas mehrheitlich laubabwerfend. In ganzjährig sehr feuchten Regionen wachsen immergrüne, loorbeerblättrige Pflanzen. Die meisten Bäume werden 25–30 m hoch. Im Unterholz wachsen neben krautigen Farnen und Baumfarnen auch krautige Blütenpflanzen wie Fuchsien (z. B. *Fuchsia regia*) oder Palmen. Kletterpflanzen (z. B. *Passiflora urnaefolia*, *Philodendron bipinnatifidum*) und Epiphyten (*Aechmea*, *Billbergia*, *Tillandsia*) sind häufig.

Eine Reihe bekannter Zimmerpflanzen stammen aus den subtropischen Regenwäldern Südamerikas. Eine der bekanntesten ist der Zimmerhafer (*Billbergia nutans*). Diese Bromelie ist robust, blühwillig und kommt auch mit zeitweise trockener Luft zurecht. Häufig angeboten wird der epiphytische Binsenkaktus *Rhipsalis teres* und die Passionsblume *Passiflora caerulea*. Oft angeboten wird außerdem die in mediterranen und subtropischen Gärten anzutreffende *Bougainvillea glabra*.

11.3.1. Froschlurche

Dendropsophus microps, *D. minutus*, *Hypsiboas faber*, *H. marginatus*, *Leptodactylus ocellatus*, *Rhinella icterica*

11.3.2. Echsen

Liolaemus cyanogaster, *Mabuya dorsivittata*, *Pantodactylus schreibersii*, *Tupinambis merianae*

11.3.3. Schlangen

Bothrops alternatus, *B. jararaca*, *Epicrates cenchria*, *Liophis poecilogyrus*, *L. jaegeri*, *L. miliaris*, *Oxyrhopus rhombifer*, *Philodryas aestiva*, *P. olfersii*, *Spilotes pullatus*, *Waglerophis merremi*

11.3.4. Schildkröten

Acanthochelys spixii, *Hydromedusa tectifera*

11.3.5. Weiterführende Literatur

Hueck (1966); Seibert (1996); Leme & Marigo (1993); Schneckenburger (1989)

Subtropischer Feuchtwald in der Mata Atlantica (Brasilien)

Billbergia nutans **Südbrasilien, Uruguay**

◗ ♉ ☁ II ♥

Tillandsia aeranthos **Südbrasilien, Argentinien**

◗ ♉ ≈ II

Tillandsia albertiana **Argentinien**

◗ ♉ ≈ II

Tillandsia recurvata **USA–Argentinien**

○ ♉ ≈ II

Tillandsia stricta **Trinidad–Argentinien**

◗ ♉ ≈ II

Vriesea carinata **Südostbrasilien**

◗ ♉ ☁ II ♥

Anthurium coriaceum **Südostbrasilien, Argentinien**

◗ ♉ ☁ II ☠

Rhipsalis teres **Ost- und Südbrasilien**

◗ ♉ ⌇ ☁ II

***Schlumbergera* sp.** **Brasilien, Argentinien**

◗ ♉ ⌇ ☁ II ☠

Manettia luteo-rubra **Brasilien, Paraguay**

◗ ⌇ ⌇ ☁ III

Bougainvillea glabra **Brasilien**

◗ ⌇ ☁ I G

Passiflora caerulea **Mexiko–Uruguay**

○ ⌇ ☁ I

Begonia listada **Brasilien, Argentinien, Paraguay**

● ♈ ☔ II

Calliandra tweedii **Südbrasilien**

◗ ♈ ☔ III

Doryopteris pedata **Brasilien, Paraguay**

● ♈ ≈ ☔ II

Justicia rizzinii **Brasilien, Paraguay**

◗ ♈ ☔ III

Peperomia incana **Südostbrasilien**

◗ ♈ ☔ III

Tradescantia fluminensis **Brasilien, Argentinien**

◗ ⇝ ☔ I ♥

11.4. Subtropische Feuchtwälder Afrikas

Die Südspitze von Afrika ist dem Südostpassat ausgesetzt. Durch den Stau der Wolken an den Drakensbergen erhält der Nordosten von Südafrika ein feuchtes, warm-temperiertes Klima mit tropisch-subtropischen Feuchtwäldern. Diese sind im Norden und Osten klar abgegrenzt. Gegen Südwesten gehen sie dagegen mit diversen Übergangsformen in die Hartlaubvegetation der Kapregion über. Entlang der Küste ziehen sich die subtropischen Feuchtwälder bis etwa in die Gegend von East London. In KwaZulu-Natal und in Mosambik findet man subtropische Feuchtwälder fast nur noch im Unterlauf der größeren Flüsse sowie vereinzelt in mittleren Berglagen. Viele ehemalige subtropische Regenwaldgebiete des südlichen Afrikas sind durch menschlichen Einfluss verschwunden und durch Kulturland, Eukalyptusplantagen oder hartlaubigen Fynbos ersetzt worden. Früher reichten die Feuchtwälder bis zum Osthang des Tafelberges bei Kapstadt. Ein größeres Waldreservat mit alten *Podocarpus*-Bäumen und einer großen Anzahl immergrüner Baumarten wie dem Stingbom (*Ocotea foetens*) ist nur noch in der Gegend von Knyshna der Rodung entgangen.

Problemlos erhältlich sind aus den südafrikanischen Feuchtwäldern diverse Zierspargelarten (*Asparagus densiflorus*, *A. falcatus*, *A. myriocladus*, *A. setaceus*). Als Kletterpflanzen mit hübschen Blüten sind zwei *Thunbergia*-Arten (*Thunbergia alata*, *T. erecta*) insbesondere in den Sommermonaten regelmäßig im Angebot. Eine häufig angebotene Zwiebelpflanze mit auffällig rot-gelben Blüten ist *Gloriosa rothschildiana*. Man kann dieses rankende Zeitlosengewächs leicht aus Zwiebeln ziehen. Die Pflanzen benötigen eine Kletterhilfe, z. B. in Form feiner Äste. Gelegentlich findet man auch einzelne südafrikanische *Ficus*-Arten im Pflanzenhandel. Andere Pflanzenarten aus südafrikanischen Feuchtwäldern bekommt man in der Regel nur über botanische Gärten oder als Samen direkt aus Südafrika.

11.4.1. Froschlurche

Afrixalus spinifrons, *Amietophrynus gutturalis*, *Leptopelis cynnamomeus*, *L. mossambicus*, *L. natalensis*

11.4.2. Echsen

Bradypodion damaranum, *B. nemorale*, *B. transvaalense*, *Rhampholeon marshalli*

11.4.3. Schlangen

Bitis gabonica, *Dendroaspis angusticeps*, *Philothamnus natalensis*

11.4.4. Hundert- und Tausendfüßer

Archispirostreptus gigas

11.4.5. Weiterführende Literatur

Courtenay-Latimer & Smith (1967); Huntley et al. (1997); Pooley (2005)

Natal-Waldsteiger (*Leptopelis natalensis*) in einem subtropischen Küstendünenwald in KwaZulu-Natal (Republik Südafrika)

Asplenium sandersonii **Südafrika**

● ♈ ≈ ☔ III

Asparagus densiflorus **Südostafrika**

◗ ♈ ☔ I

Asparagus falcatus **Südafrika**

◗ ♈ ☔ I

Asparagus myriocladus **Südafrika**

◗ ♈ ☔ I

Asparagus setaceus **Südostafrika**

◗ ♈ ☔ I

***Asparagus setaceus* „Cypressoides“** **Südostafrika**

◗ ♈ ☔ I

Barbacenia elegans **Südafrika**

◗ ♈ 🌧 III

Begonia dregei **Südafrika**

◗ ♈ 🌧 III

Begonia partita **Südafrika**

◗ ♈ 🌧 III

Blechnum australe **Südafrika, Simbabwe**

◗ ♈ ≈ 🌧 III

Cissus quadrangularis **tropisches Afrika, Madagaskar**

○ ⌇ ☁ II

Doryopteris concolor **südliches Afrika, Madagaskar**

● ♈ ≈ 🌧 III

Ficus natalensis **Südafrika**

◗ ♈ ☔ II

Talbotiopsis elegans **Südafrika**

◗ ♈ ☔ III

Thunbergia alata **südöstliches Ostafrika**

◗ ⌇ ☔ I

Thunbergia erecta **Westafrika–Südafrika**

◗ ⌇ ☔ I

Podocarpus henkelii **Südafrika**

◗ ♈ ☔ III G

Theophrasta angustifolia **subtropisches Afrika**

◗ ♈ ☔ III

11.5. Subtropische Feuchtwälder Ostasiens

Subtropische Feuchtwälder findet man vom östlichen Zentralchina und der vorgelagerten Insel Taiwan bis Nordvietnam sowie im äußersten Süden von Japan (Riu-Kiu–Inseln). Die Insel Hainan gehört bereits zu den Tropen. Durch die vielen, oft küstennahen Gebirge und die vorherrschenden Ost- und Südostwinde, die feuchte Luft vom Pazifik herantragen, ist das Gebiet sehr regenreich. Mit den subtropischen Feuchtwäldern Ostasiens vergleichbare Vegetationstypen mit einem hohen Anteil an Pflanzen mit lorbeerartigen Blättern findet man auch in den mittleren Lagen des Himalaya.

Charakterpflanzen sind neben diversen Bambusarten vor allem Magnolien (z. B. *Magnolia officinalis*, *M. sprengeri*), Azaleen und Rhododendren (z. B. *Rhododendron cinnabarinum*, *R. decorum*, *R. griersonianum*, *R. nakaharai*) sowie Kamelien (z. B. *Camellia granthamiana*, *C. japonica*, *C. lutchuensis*). Eine Besonderheit ist der Ginkgo (*Ginkgo biloba*), ein sehr urtümlicher Laubbaum, der als Nacktsamer (Gymnospermae) mit den Nadelbäumen (Pinatae) und den Palmfarnen (Cycadatae) verwandt ist. Diesen Baum trifft man sowohl in Asien als auch in Europa häufig in Parkanlagen.

Die Wälder sind reich an Farnen. Neben bodenbewohnenden Arten gibt es auch viele epiphytische Farne wie Hasenpfoten- (*Davallia*) oder Schneefarne (z. B. *Pyrrosia lingua*, *P. polydactylis*).

11.5.1. Schwanzlurche

Cynops ensicauda, *C. pyrrhogaster*, *Pachytriton labiatus*

11.5.2. Froschlurche

Amolops wuyiensis, *Bombina orientalis*, *Duttaphrynus himalayanus*, *Buergeria robusta*, *Hyla chinensis*, *H. japonica*, *Limnonectes kuhlii*, *Kurixalus eiffingeri*, *Odorrana livida*, *O. schmackeri*, *Oreolalax omeimontis*, *Polypedates chenfui*, *P. megacephalus*, *Pseudoamolops sauteri*, *Rhacophorus arboreus*, *R. schlegelii*, *R. taipeianus*, , *T. bicolor*, *T. corticale*

11.5.3. Echsen

Ateuchosaurus chinensis, *Gekko hokouensis*, *Hemidactylus bowringii*, *Japalura splendida*, *J. swinhonis*, *Ophisaurus harti*, *Scincella formosensis*, *Shinisaurus crocodilurus*, *Sphenomorphus incognitus*, *Takydromus kuehnei*, *T. sexlineatus*

11.5.4. Schlangen

Deinagkistrodon acutus, *Elaphe carinata*, *E. climacophora*, *Euprepiophis mandarinus*, *Oocatochus rufodorsatus*, *Orthriophis taeniurus*, *Ovophis monticola*, *Protobothrops flavoviridis*, *P. mucrosquamatus*, *Rhynchophis boulengeri*, *Viridovipera stejnegeri*, *Zhaoermia mangshanensis*

11.5.5. Schildkröten

Chinemys reevesii, *Cuora mouhotii*, *Mauremys mutica*, *Platysternon megacephalum*,

11.5.6. Weiterführende Literatur

Edie (1977)

Terrarium für Langschwanzeidechsen (*Takydromus sexlineatus*) im Zoo Köln, bepflanzt mit diversen Gräsern

Ampelopsis brevipedunculata **China**

◗ ⥉ ☔ I

Asplenium antiquum **Japan, Taiwan**

◗ ♉ ☔ I

Davallia mariesii **Japan**

◗ ♉ ⇝ ≈ ☔ I

Jasminum officinale **China**

◗ ⥉ ☔ I

Ficus pumila **Japan, China–Australien**

◗ ⥉ ☔ I k ♥

Pyrrosia polydactylis **Taiwan**

◗ ♉ ≈ ☔ II

Acorus gramineus **Japan**

◗ ♈ 🌧 I

Ardisia crenata **Japan**

◗ ♈ 🌧 I

Bambus glaucescens **China**

◗ ♈ 🌧 II

Camellia sinensis **Indien–China**

◗ ♈ 🌧 I *

Carex brunnea **Japan**

◗ ♈ 🌧 I

Cycas revoluta **Korea, Japan**

○ ♈ 🌧 I

Eranthemum wattii **Nordindien**

◗ ♈ 🌧 III

Fatsia japonica **Japan**

◗ ♈ 🌧 I G

Hibiscus rosa-sinensis **subtropisches Asien**

◗ ♈ 🌧 I

Lepisorus macrosphaerus **Zentral- und Westchina**

● ♈ ≈ 🌧 III

Lespedeza davidii **China**

◗ ⇝ 🌧 III

Ophiopogon japonicus **China, Korea, Japan**

◗ ♈ 🌧 I

Punica granatum **Südosteuropa–Indien, China**

○ ♈ ☂ II_G *

Poncirus trifoliata **Nordchina, Korea**

○ ♈ ☂ II_G *

Pilea peperomioides **China (Yunnan)**

◗ ♈ ☂ III

Podocarpus macrophylla **Südchina, Südjapan**

◗ ♈ ☂ III

Polystichum tsus-simense **Japan, Korea–Thailand**

● ♈ ≈ ☂ II

Reineckia carnea **China, Japan**

◗ ♈ ☂ III

Rhaphiolepis umbellata **Japan (Riu-Kiu-Inseln)**

◗ ♈ ☔ II

Rhapis excelsa **Südostchina**

◗ ♈ ☔ I

Schefflera arboricola **Taiwan**

◗ ♈ ☔ I

Selaginella braunii **Westchina**

● ♈ ⇝ ≋ ☔ III

Selaginella tamariscina **Nordindien–Ostasien**

● ♈ ⇝ ≋ ☔ III

Skimmia japonica **Taiwan, Riu-Kiu-Inseln**

● ♈ ☔ I

11.6. Subtropische Feuchtwälder Australiens

Entlang der Dividing Range im Osten von Australien gehen die tropischen Regenwälder von Norden nach Süden im Bereich des südlichen Wendekreises ohne klare Abgrenzung in subtropische Feuchtwälder über, wobei zwischen subtropischen Regenwäldern, feuchten Litoralwäldern im Küstenbereich und feuchten Hartlaubwäldern unterschieden werden muss.

In subtropischen Regenwäldern wie auch in feuchten Litoralwäldern fehlen hartlaubige Bäume und Sträucher. Das Auftreten hartlaubiger Pflanzen – in Australien in erster Linie *Eucalyptus*-Arten – ist entweder ein Zeichen für zeitweiligen Trockenstress oder aber eine Folge von Waldbränden, die die Regenwaldpflanzen zugunsten feuerresistenter Arten verdrängten. Die subtropischen Regenwälder sind noch erheblich stärker fragmentiert als die tropischen Regenwälder im Nordosten des Kontinents. In den meisten Fällen sind die subtropischen Regenwälder auf feuchte Schluchten und Täler oder auf die höheren Lagen von Gebirgszügen im Bereich der Wolkenstufe beschränkt und von feuchten bis halbfeuchten Hartlaubwäldern umgeben. Viele krautige Pflanzen der echten Regenwälder kommen jedoch auch in feuchten Hartlaubwäldern vor, und die beiden Waldtypen unterscheiden sich botanisch in erster Linie durch das Vorhandensein bzw. die Abwesenheit hartlaubiger *Eucalyptus*-Bäume – in den eigentlichen Regenwäldern fehlen diese in Australien weit verbreiteten Pflanzen.

Die subtropischen Regenwälder Australiens sind reich an Epiphyten, wobei Farne (z. B. *Asplenium*, *Platycerium*, *Pyrrosia*) und Orchideen (z. B. *Dendrobium*) dominieren. Lianen (z. B. *Cissus*) und Würgerfeigen (*Ficus*) sind häufig. Im Unterwuchs gedeihen Farne (z. B. *Blechnum*). Viele Bäume bilden Brettwurzeln aus. In den feuchten Litoralwäldern sind die Bäume weniger mächtig als in den eigentlichen Regenwäldern. Brettwurzeln findet man kaum. Es gibt zwar Epiphyten (z. B. *Platycerium bifurcatum*), doch sind sie deutlich seltener als im Regenwald. Lianen (z. B. *Hoya carnosa*) treten regelmäßig auf, insbesondere an Waldrändern oder entlang von Straßen.

Litoria pearsoniana, ein kleiner Laubfrosch aus den subtropischen Feuchtwäldern im Osten von Australien

Im Pflanzenhandel sind nur wenige Arten aus den subtropischen Feuchtwäldern Australiens erhältlich. Regelmäßig angeboten werden der epiphytische Geweihfarn *Platycerium bifurcatum* und die Wachsblume *Hoya carnosa*. Dem epiphytisch wachsenden *Asplenium australasicum* sehr ähnlich und meist problemlos erhältlich ist der asiatische Nestfarn *Asplenium nidus*. Weitere Farne sind in der Regel nur in spezialisierten Farngärtnereien zu finden. Da immer wieder Baumfarne (*Dicksonia*) aus Australien nach Europa importiert werden und auf deren Stämmen jeweils die unterschiedlichsten Pflanzen wachsen, hat man gute Chancen, australische Feuchtwaldpflanzen in Gärtnereien zu finden, die lebende Baumfarne verkaufen. Weiter werden eine Reihe australischer Orchideen in Orchideengärtnereien angeboten, insbesondere Arten der Gattung *Dendrobium*.

11.6.1. Froschlurche

Lechriodus fletcheri, *Litoria caerulea*, *L. chloris*, *L. fallax*, *L. tyleri*, *Limnodynastes tasmaniensis*, *Mixophyes balbus*

11.6.2. Echsen

Cyclodomorphus gerrardii, *Egernia major*, *Eulamprus murrayi*, *Hypsilurus spinipes*, *Physignathus lesueurii*, *Saltuarius swaini*, *Saproscincus spectabilis*, *Varanus varius*

11.6.3. Schlangen

Acanthophis antarcticus, *Morelia spilota*

11.6.4. Weiterführende Literatur

CHAFFEY (2002); HARDEN (2002); KEITH (2004)

Subtropischer Regenwald im Nordosten von New South Wales. Auf den Bäumen wachsen große Geweihfarne (*Platycerium superbum*) sowie kleine, mit langen Rhizomen auf den Ästen kriechende, epiphytische Farne. Lebensraum diverser Echsen (z. B. *Varanus varius*), Schlangen (z. B. *Morelia spilota*) und Froschlurche (z. B. *Litoria pearsoniana*)

Asplenium flaccidum **Ostaustralien**

● ♉ ≋ ☂ II

Dictymia brownii **Ostaustralien**

● ♉ ≋ ☂ II

Platycerium bifurcatum **Ostaustralien, Südostasien**

◗ ♉ ☂ I

Platycerium superbum **Ostaustralien**

◗ ♉ ≋ ☂ II

Pyrrosia rupestris **Ostaustralien**

◗ ♉ ⌇ ≋ ☂ II k

Pyrrosia confluens **Ostaustralien**

◗ ♉ ⌇ ≋ ☂ II k

Blechnum cartilagineum **Ostaustralien**

● ϒ ≈ ☁ II

Blechnum patersonii **Südostaustralien, Tasmanien**

● ϒ ≈ ☁ II

Blechnum wattsii **Südostaustralien, Tasmanien**

● ϒ ≈ ☁ II

Cordyline stricta **Ostaustralien**

● ϒ ☁ II

Cissus antarctica **Ostaustralien**

◗ ⌇ ☁ I ♥

Cissus hypoglauca **Ostaustralien**

◗ ⌇ ☁ III

Doodia caudata **Südostaustralien, Neuseeland**

● ♈ ≈ ☁ III

Ficus superba **Japan–Ostaustralien**

◗ ♈ ☁ III

Ficus rubiginosa **Ostaustralien**

◗ ♈ ☁ II

Hoya carnosa **Südostchina–Ostaustralien**

◗ ⥉ ☁ I N

Piper novae-hollandiae **Ostaustralien**

◗ ⥉ ☁ III

Viola hederacea **Ost- und Südaustralien**

● ♈ ☁ III

Küsten-Redwoodwald an der Pazifikküste in der Gegend von Monterey (Kalifornien). Lebensraum diverser Frösche (z. B. *Rana aurora*), Echsen (z. B. *Eumeces skiltonianus*) und Schlangen (z. B. *Lampropeltis zonata*)

12. Temperierte und gemäßigte Feuchtwälder

Temperierte und gemäßigte Wälder sind insbesondere auf der Nordhalbkugel weit verbreitet. In Form sommergrüner Laubwälder findet man sie in Mitteleuropa, im östlichen Nordamerika und in Ostasien. Sie gedeihen in Zonen mit ozeanischem bis subkontinentalem Klima. Typisch sind saisonal zyklische Niederschläge (500–1.200 mm/Jahr, in höheren Lagen bis 2.000 mm/Jahr) mit einer ziemlich langen, feuchten Vegetationsperiode. Die Winter sind kühl (ozeanisch) bis kalt (kontinental).

Die Bäume in sommergrünen Laubwäldern erreichen eine Stammhöhe von 10–40 m. Es sind meist Mischwälder mit 10–25 Baumarten, wobei der Nadelbaumanteil gegen Norden und in höheren Lagen deutlich zunimmt. Besonders artenreich sind diese Wälder in Nordamerika und Ostasien.

In Europa bildet die Buche (*Fagus sylvatica*) oft reine Bestände. Eine Strauchschicht ist in geschlossenen Wäldern wenig entwickelt. Die Krautschicht ist dagegen meist artenreich und besteht aus Gräsern (z. B. *Molinia*), krautigen Bodenpflanzen (z. B. *Anemone, Claytonia, Erythronium, Galanthus, Lilium, Ranunculus, Trillium*), Farnen (z. B. *Athyrium*, *Dryopteris*, *Polypodium*), Moosen und diversen einjährigen Pflanzen. Lianen findet man nur in ozeanischen Gebieten. Häufigste Arten in Europa sind der Schmerwurz (*Tamus communis*) und die Waldrebe (*Clematis vitalba*). Eine sehr oft anzutreffende Kletterpflanze ist der Efeu (*Hedera helix*). Epiphyten sind auf feuchte Standorte beschränkt. Meist sind es Moose und Flechten, gelegentlich auch Farne (z. B. *Polypodium vulgare*).

Entlang der Pazifikküste Nordamerikas gedeihen pazifische Nadelwälder. Typisch für diese Winterregengebiete sind häufige Nebel im Sommerhalbjahr. Der Nebel kondensiert an den Nadeln und Blättern der Bäume, tropft auf den Waldboden und versorgt so die Vegetation mit ausreichend Wasser, um die nahezu regenfreien Sommer zu überdauern.

In den temperierten und gemäßigten Zonen Ostasiens und in Japan weit verbreitet sind Lorbeerwälder. Diesen Waldtyp findet man auch in Südflorida, an der Südküste des Kaspischen und des Schwarzen Meeres (Nordfuß des pontischen Gebirges). Inselartig treten Lorbeerwälder auch in Nebellagen der Kanarischen Inseln, im Himalaya und in Südchina sowie als Höhenwald in tropischen Sommerregengebieten Madagaskars, Venezuelas und in Ostafrika auf. In tieferen Lagen sind sie oft schwer von Regen- und Hartlaubwäldern abgrenzbar. Pro Jahr fallen 600–900 mm Regen, oft ergänzt durch Nebelniederschlag. Durchschnittstemperatur: 16–18 °C. Die Bäume in Lorbeerwäldern erreichen 10–30 m Höhe. Meist sind sie knorrig, krummschäftig und breitkronig. Sie besitzen ledriges, oft dunkelgrünes, glänzendes Laub (Lorbeer-Blattform). Die Pflanzen der Strauchschicht besitzen vielfach immergrüne Blätter, die nicht frosthart sind. Häufig sind heidekrautähnliche Blattformen. Farne sind im Unterwuchs und als Epiphyten gut vertreten. Viele Moose und Flechten wachsen ebenfalls epiphytisch. Es gibt dagegen in Lorbeerwäldern nur wenige Lianen.

Auf der Südhalbkugel gedeihen in Südchile, Südostaustralien, Tasmanien, Neuseeland sowie in Asien an den Ostseiten der Kontinente in Gebieten mit Passat-Steigungsregen perhumide Küstenregenwälder. Mit Niederschlagsmengen von 1.000–3.000 mm/Jahr ist das Klima hier feuchter als in den sommergrünen Laubwäldern der Nordhalbkugel. Die mittlere Temperatur liegt bei 9–12 °C.

Neben Laubbäumen findet man in den perhumiden Küstenregenwäldern auch Nadelhölzer. Typisch sind außerdem Baumfarne (z. B. *Dicksonia antarctica*). Recht häufig sind Holzlianen (z. B. *Mitraria coccinea oder Sarmienta repens* in Chile). Epiphytische Blütenpflanzen sind dagegen selten. Dafür sind die Stämme vielfach mit Moosen, Flechten und epiphytischen Farnen bewachsen. Vor allem in Asien sind Bambusse häufig. Die Krautschicht ist üppig, wobei vielerorts Farne dominieren.

12.1. Kühle Feuchtwaldterrarien

Tiere und Pflanzen aus den feuchtgemäßigten Waldgebieten pflegt man am besten in Freilandterrarien. Je nach Biotop sollte das Terrarium halbschattig bis schattig stehen. Einzelne Sonnenplätze müssen aber bei der Haltung von Reptilien und sonnenbadenden Amphibien vorhanden sein. Anleitungen zum Bau und Unterhalt von Freilandterrarien findet man bei Hallmen (2003) und Jahn (1974). Zur Bepflanzung eignen sich insbesondere Farne, feuchtigkeitsliebende

Terrarium für Laubfrösche (*Hyla arborea*) und Gelbbauchunken (*Bombina variegata*) im Zoo Innsbruck. Bepflanzt mit Brombeeren (*Rubus* sp.) und Moos

Gräser und krautige Pflanzen sowie niedere Büsche. Gerade in Asien gedeihen viele kleinbleibende Ahornarten (*Acer*), die sich sehr gut für größere Freilandanlagen eignen.

Zimmerterrarien sind für viele Arten der gemäßigten Zonen zu warm, insbesondere, wenn die Terrarien in einem ganzjährig geheizten Raum stehen. Denn die meisten Pflanzenarten benötigen – wie die Tiere – eine Winterruhe bei tiefen Temperaturen oder sogar Frost. Man muss die Pflanzen in diesen Terrarien deshalb im Herbst ausgraben und kühl überwintern.

Gute Erfahrungen konnten mit zu Terrarien umgebauten Kellerschächten gemacht werden (Akeret 2006b). Die Abdeckgitter werden hierfür mittels einer Einbruchsicherung verschraubt und mit einem rostfreien Fliegengitter gegen das Entweichen von Tieren gesichert. So können die nötigen Temperaturschwankungen problemlos erfolgen. Deckt man den Schacht im Winter mit einer Plastikfolie oder einer transparenten Doppelstegplatte ab und klebt man Korkplatten oder andere wärmedämmende Materialien an die Wände des Schachtes, so können auch frostempfindliche Arten aus temperierten Zonen hervorragend gepflegt werden. Der Boden des Kellerschachtes wird 30–40 cm tief ausgehoben und erst eine Drainageschicht aus grobem Kies eingebracht. Diese deckt man mit einer nichtverrottenden Sickermatte ab. Bei grabenden Tieren müssen die Ränder des Flieses gesichert werden. Anschließend füllt man das Pflanzsubstrat ein. Dieses muss gut wasserdurchlässig sein. Andernfalls riskiert man bei starken Regenfällen eine Kellerüberschwemmung.

12.2. Temperierte und gemäßigte Feuchtwälder Nordamerikas

Temperierte und gemäßigte Feuchtwälder sind im Osten Nordamerikas in einem mehrere Hundert Kilometer breiten Band von Nordflorida bis nach Kanada verbreitet. Es sind insbesondere unterschiedliche Typen von artenreichen Eichenmischwäldern (Charakterbaumarten: *Quercus alba*, *Acer saccharum*, *Tilia americana*). Im Unterwuchs gedeihen eine Vielzahl an krautigen Pflanzen wie *Anemonella thalictroides*, *Aralia nudicaulis*, *Hepatica americana*, *Phryma leptostachya*, *Trillium grandiflorum*.

An der Westküste des nordamerikanischen Kontinents bilden die pazifischen Nadelwälder eine der mächtigsten Pflanzenformationen der Erde. Die Baumschicht wird durch eine oder wenige, über 50 m hohe Baumarten dominiert (*Sequoia sempervirens* bis 100 m hoch). Der Unterwuchs besteht aus diversen Laubhölzern, vielen immergrünen Pflanzen (z. B. Ericaceen), Kräutern (z. B. Liliaceen) und Farnen. Aufgrund der dominierenden Baumarten unterscheidet man drei Waldtypen:

- *Sequoia-sempervirens*-Wald: Westküste der USA von Monterey Bay bis Nordkalifornien.
- *Sequoiadendron-giganteum*-Wald: Sierra Nevada in Kalifornien, 1.400–2.500 m ü. d. M.
- *Pseudotsuga/Thuja-plicata/Tsuga-heterophylla*-Wald: Nordkalifornien bis Kanada.

12.2.1. Schwanzlurche

Ambystoma maculatum, *A. opacum*, *A. tigrinum*, *Aneides lugubris*, *Batrachoseps attenuatus*, *Desmognathus fuscus*, *D. monticola*, *Dicamptodon ensatus*, *Ensatina eschscholtzi*, *Eurycea longicauda*, *Gyrinophilus porphyriticus*, *Necturus maculosus*, *Notophthalmus viridescens*, *Plethodon cinereus*, *P. glutinosus*, *Taricha granulosa*, *T. torosa*

12.2.2. Froschlurche

Anaxyrus americanus, *A. boreas*, *A. quercicus*, *A. terrestris*, *A. woodhousii*, *Hyla cinerea*, *H. femoralis*, *H. gratiosa*, *H. squirella*, *H. versicolor*, *Pseudacris crucifer*, *P. ornata*, *P. nigrita*, *P. regilla*, *Rana cascadae*, *R. sylvatica*

12.2.3. Echsen

Anolis carolinensis, *Eumeces* (*Plestiodon*) *fasciatus*, *E.* (*P.*) *laticeps*, *Cnemidophorus sexlineatus*, *Sceloporus undulatus*, *Scincella lateralis*

12.2.4. Schlangen

Agkistrodon contortrix, *Crotalus adamanteus*, *C. horridus*, *Diadophis punctatus*, *Heterodon platirhinos*, *Opheodrys aestivus*, *O. vernalis*, *Pantherophis obsoletus*, *P. vulpinus*, *Pituophis melanoleucus*, *Sistrurus miliarius*, *Storeria dekayi*

12.2.5. Schildkröten

Chrysemys picta, *Clemmys guttata*, *Glyptemys insculpta*, *Sternotherus odoratus*, *Terrapene carolina*, *Trachemys scripta*

12.2.6. Weiterführende Literatur

Faber (1997); Sutton & Sutton (1998); Towe (2004); Whithey (1998)

Terrarium für Berg-Königsnattern (*Lampropeltis zonata knoblochi*) im Zoo Köln. „Bepflanzt" mit trockenen *Thuja*-Zweigen. Diese müssen regelmäßig ersetzt werden, da sie mit der Zeit unansehnlich werden.

Adiantum pedatum **Nordamerika**

● ♈ ≋ 🌧 I_G ❄

Athyrium filix-femina **Eurasien, Nordamerika**

● ♈ ≋ 🌧 I_G ❄

Blechnum spicant **Eurasien, Nordamerika**

● ♈ ≋ 🌧 I_G ❄

Carex grayi **Nordamerika**

◗ ♈ 🌧 I_G ❄

Dryopteris dilatata **Eurasien, Nordamerika**

● ♈ ≋ 🌧 I_G ❄

Dryopteris marginalis **Nordamerika**

● ♈ ≋ 🌧 I_G ❄

Gaultheria shallon **westliche USA**

◗ ♈ ☂ I_G ❄

Polypodium virginianum **Nordamerika, Nordasien**

● ♈ ≋ ☂ I_G ✻

Polystichum acrostichoides **nordöstliches Nordamerika**

● ♈ ≋ ☂ I_G ❄

Polystichum lonchitis **Eurasien, Nordamerika**

● ♈ ≋ ☂ I_G ❄

Selaginella apoda **östliche USA**

● ♈ ⇝ ≋ ☂ I

Woodwardia areolata **östliches Nordamerika**

● ♈ ≋ ☂ I_G ❄

12.3. Südamerika

Die feuchten Wälder im gemäßigten Südamerika (Patagonien) gedeihen etwa zwischen 37° südlicher Breite und Feuerland. Sie sind durch eine breite Trockenzone von den tropischen Wäldern getrennt. Allgemein unterscheidet man folgende Waldtypen mit jeweils mehreren Untertypen:

Sommergrüne Südbuchenwälder gedeihen im warm gemäßigten Klima mit durchschnittlichen Jahrestemperaturen von 12–13 °C und Jahresniederschlägen von 1.000–2.000 mm. Dominierende Baumarten in den nördlicheren Gebieten sind die beiden 35–40 m hohen Südbuchen *Nothofagus obliqua* und *N. procera*. Stellenweise häufig sind hier an kletternde Margriten erinnernde Schlingpflanzen aus der Familie der Korbblütler (*Mutisia decurrens*, *M. retusa*). Charakterbäume in den weiter südlich gelegenen Südbuchenwäldern sind *Nothofagus dombeyi* (Lenga- und Coihue-Wald) bzw. *N. betuloides* (Guido-Wald). Man findet diesen Waldtyp bei mittleren Jahrestemperaturen von 5–8 °C und Jahresniederschlägen zwischen 1.000 und mehr als 4.000 mm. Schnee und Hagel sind häufig. Coihue-Wälder sind nahezu undurchdringlich, da hier dichte, 3–6 m hohe Bambusbestände (*Chusquea culeou*) mit 2–5 cm dicken Halmen wachsen.

In Höhenlagen zwischen 600 und 1.600 m ü. d. M. gedeiht in den Anden und in der Cordillera von Arauco ein **Araukarienwald** (*Araucaria araucana*). Die Jahresniederschläge liegen hier zwischen 600 und 1.200 mm. Beigemischt sind oft Südbuchen (*Nothofagus* spp.).

Entlang den chilenischen Pazifikküsten wächst zwischen ca. 38 und 43° südlicher Breite der **Valdivianische Regenwald**. Bei durchschnittlich 11–12 °C beträgt die Jahresniederschlagsmenge bis zu 2.500 mm. Der größte Teil des Regens fällt von Mai–Juli (Winterregen). Nebel ist häufig. Ein typischer Baum dieses 40–50 m hohen Waldes ist *Aextoxicon punctatum*. Epiphyten (z. B. *Fascicularia* spp.) und Lianen sind häufig. Wie in tropischen Regenwäldern gibt es Bäume mit Brettwurzeln. Immergrüne Blätter vom Magnolien- und Lorbeertyp kennzeichnen den Wald. Im Unterwuchs sind Farne häufig.

Im Pflanzenhandel sind nur wenige südamerikanische Feuchtwaldpflanzen erhältlich. Am bekanntesten sind Fuchsien (*Fuchsia*) die mit einer großen Sortenvielfalt angeboten werden, entweder als mehrjährige Kalthaus- oder als einjährige Gartenpflanzen, die man nach dem Verblühen wegwirft. Ebenfalls regelmäßig im Angebot sind Escallonien (*Escallonia rubra*) und Inka-Lilien (*Alstroemeria aurantiaca*). Beide sind in milden Lagen auch in Mitteleuropa winterhart. Gelegentlich erhältlich ist die strauchförmige *Buddleja globosa* sowie der attraktiv blühende, bis 1,5 m hohe Strauch *Desfontainia spinosa*, dessen dunkel glänzende Blätter an diejenigen der mitteleuropäischen Stechpalme (*Ilex aquifolium*) erinnern. Besonders attraktiv sind die Blüten der Pantoffelblumen (*Calceolaria*), die mit rund 300 Arten von Mexiko bis nach Patagonien vorkommen. Aus dieser Gattung sind Kultivare in unterschiedlichen Größen und Blütenfarben regelmäßig im Handel erhältlich, die von drei chilenischen Arten abstammen (*Calceolaria x herbeohybrida*). Wichtig ist ein kühler Standort und regelmäßiges Gießen. Leider sind sie anfällig für Krankheiten und Schädlinge, sodass sie nur als einjährige Pflanzen gezogen werden.

In Farngärtnereien werden gelegentlich patagonische Farne verkauft, z. B. *Blechnum penna-marina*, eine Art, die in den gemäßigten Regionen der südlichen Hemisphäre weit verbreitet ist.

12.3.1. Froschlurche

Batrachyla leptopus, *Rhinella spinulosa*, *Nannophryne variegata*, *Eupsophus calcaratus*, *Hylorina sylvatica*, *Pleurodema bibroni*, *Rhinoderma darwinii*

12.3.2. Echsen

Liolaemus cyanogaster, *L. pictus*, *Pristidactylus torquatus*

12.3.3. Weiterführende Literatur

Schneckenburger (1989); Seibert (1996)

Acaena anserinifolia **Patagonien**

◗ ♈ ⇝ 🌧 III

Acaena pinnatifida **Patagonien**

◗ ♈ ⇝ 🌧 III

Acaena sericea **Patagonien**

○ ♈ 🌧 III

Azorella trifurcata **Feuerland**

◗ ♈ ⇝ 🌧 III

Blechnum auriculatum **gemäßigtes Südamerika**

◗ ♈ ⇝ 🌧 II_G

Blechnum penna-marina **südliche gemäßigte Zone**

● ♈ ⇝ 🌧 II_G

Fuchsia magellanica **südliches Südamerika**

◗ ♈ ☁ II

Lapageria rosea **Chile**

○ ↑ ☁ II

***Calceolaria*-Hybride** **Chile**

◗ ♈ ☁ I

Myrceugenia exsucca **südliches Südamerika**

◗ ♈ ☁ III

Nothofagus antarctica **südliches Südamerika**

◗ ♈ ☁ I_G

Pernettya mucronata **Chile**

◗ ♈ ☁ III

12.4. Europa

Ursprünglich waren weite Teile Mittel- und Westeuropas von ausgedehnten Laub- und Mischwäldern bewachsen. Waldfrei waren fast nur übernasse Standorte im Einflussbereich von Gewässern und Moore, Felsstandorte, Steinschlag- und Lawinenzüge, die Regionen oberhalb der klimatischen Waldgrenze sowie die sich bei jedem Hochwasser verändernden Kiesbänke der großen Flüsse. Im Laufe der letzten Jahrhunderte wurden riesige Waldflächen gerodet und urbar gemacht, sodass sich die Region der temperierten und gemäßigten Feuchtwälder Europas heute als Mosaik isolierter Waldflächen präsentiert, die durch Agrarland und Siedlungsgebiete voneinander getrennt sind.

Typische Laubbaumarten der europäischen Wälder sind Buchen (*Fagus*), Eichen (*Quercus*), Eschen (*Fraxinus*), Ahorn (*Acer*) und an feuchten Standorten Erlen (*Frangula*). Unter den Nadelbäumen dominieren Fichten (*Picea*), Tannen (*Abies*) und an trockenen Standorten Kiefern (*Pinus*) sowie Wacholder (*Juniperus*). Epiphyten sind selten. Meist handelt es sich um Algen und Flechten. In feuchten Biotopen wie Schluchten findet man jedoch auf den Ästen der Laubbäume oft dicke Moospolster, in denen der Tüpfelfarn (*Polypodium vulgare)* wächst. Efeu (*Hedera helix*) und Waldreben (*Clematis vitalba*) sind die wichtigsten Lianen. Im Unterwuchs gedeihen bei ausreichender Feuchtigkeit häufig Farne (*Athyrium*, *Blechnum spicant*, *Dryopteris*). Weit verbreitet sind Brombeeren (*Rubus*) und grasartige Pflanzen (*Cyperus*, *Luzula*, *Molinia*).

Durch das Abholzen der Wälder wurde das Mikroklima und damit auch die Vegetationszusammensetzung der Rodungsflächen stark verändert. Bäume fehlen weitgehend, außer in größeren Parkanlagen und Gärten, und einheimische Arten wurden durch fremdländische ersetzt. Büsche und Sträucher sind auf Hecken und Gärten beschränkt. Feuchtigkeitsliebende und Schatten ertragende Waldarten wurden durch trockenresistente und lichtbedürftige Steppenarten verdrängt.

Für die Bepflanzung von Terrarien stehen eine sehr große Auswahl an Arten aus den europäischen Waldgebieten zur Verfügung. In jedem Gartenzentrum werden einheimische Pflanzen angeboten, sodass man darauf verzichten kann, diese der Natur zu entnehmen. Es sei an dieser Stelle nochmals darauf hingewiesen, dass Pflanzen aus einer Gärtnerei in den allermeisten Fällen besser gedeihen als in der Natur ausgegrabene. Außerdem stehen viele Pflanzen unter Naturschutz.

Für eher feuchte Terrarien eignen sich Farne wie *Athyrium filix-femina*, *Blechnum spicant*, *Dryopteris filix-mas* und krautige Pflanzen wie das sehr empfehlenswerte Pfennigkraut (*Lysimachia nummularia*) – eine Pflanze, die auch noch in sumpfigem Boden wächst, Alpenveilchen (*Cyclamen)* oder Aronstab (*Arum*) sowie grasartige Pflanzen (*Cyperus*, *Luzula*, *Molinia*). Zur Begrünung von Rückwänden oder Kletterstämmen ist Efeu (*Hedera helix*) geeignet. Man sollte allerdings darauf achten, eine kletternde Efeusorte zu kaufen. Hän-

Terrarium für Laubfrösche (*Hyla arborea*) im Tierpark Goldau (Schweiz). Bepflanzt mit Efeu (*Hedera helix*), Gräsern, Farnen und Moos

gesorten sterben oft ab, wenn man versucht, sie an einer Wand hochzuziehen. Als Bodendecker kann das Immergrün (*Vinca minor*) verwendet werden. Sehr robust sind Brombeeren (*Rubus* spp.); man sollte allerdings wenn möglich stachellose Sorten verwenden, um Verletzungen bei den Tieren wie auch beim Pfleger zu vermeiden. Schneidet man Brombeeren regelmäßig zurück, so kann man sich strauchartig verzweigte Pflanzen heranziehen, die z. B. Laubfröschen hervorragende Klettermöglichkeiten bieten.

Für eher trockene bis halbtrockene Terrarien eignen sich felsbewohnende Farne wie der Streifenfarn *Asplenium trichomanes* oder die Hirschzunge (*Phyllitis scolopendrium*). Hier können bei ausreichender Beleuchtung auch Mauerpfeffer (*Sedum album*, *S. acre*) verwendet werden. Für Freilandanlagen geeignet sind kriechende Wacholderarten (*Juniperus*). Diese werden gerne von Schlangen als Sonnenplatz genutzt.

12.4.1. Schwanzlurche

Chioglossa lusitanica, *Hydromantes italicus*, *Mertensiella caucasica*, *Salamandra salamandra*, *Ichthyosaura alpestris*, *Lissotriton boscai*, *L. helveticus*, *L. montandoni*, *L. vulgaris*, *T. cristatus*, *T. marmoratus*

12.4.2. Froschlurche

Alytes obstetricans, *Bufo bufo*, *Epidalea calamita*, *Hyla arborea*, *Rana arvalis*, *R. temporaria*

12.4.3. Echsen

Anguis fragilis, *Lacerta agilis*, *L. bilineata*, *Zootoca vivipara*

12.4.4. Schlangen

Natrix natrix, *N. maura*, *N. tessellata*, *Vipera berus*, *V. kaznakovi*, *V. seoanei*

12.4.5. Schildkröten

Emys orbicularis

12.4.6. Spinnen und andere Spinnenartige

Araneus diadema, *A. marmoreus*, *Misumena vatia*, *Ischyropsalis hellwigi*

12.4.7. Skorpione

Euscorpius germanus, *E. italicus*

12.4.8. Weiterführende Literatur

Aichele & Schwegler (1986); Düll & Kutzelnigg (2005); Schmeil et al. (2003); Lauber (2001); Rothmaler et al. (2000); Schmeil & Fitschen (1993)

Terrarium mit wasserüberrieselten Steinplatten für Feuersalamander (*Salamandra salamandra*) im Zoo Berlin. Bepflanzt mit Farnen, Moosen und Hain- oder Hagebuchen (*Carpinus betulus*)

Asplenium trichomanes **Eurasien, Nordamerika**

◗ ♈ ☔ I_G k ❄

Athyrium filix-femina **Eurasien, Nordamerika**

● ♈ ≈ ☔ I_G ❄

Blechnum spicant **Eurasien, Nordamerika**

● ♈ ≈ ☔ I_G ❄

Cyclamen purpurascens **Westeuropa**

◗ ♈ ☔ I_G k ❄

Dryopteris dilatata **Eurasien, Nordamerika**

● ♈ ≈ ☔ I_G ❄

Dryopteris filix-mas **Eurasien, Nordamerika**

● ♈ ≈ ☔ I_G ❄

Gymnocarpium robertianum **nördliche gemäßigte Zone**

● ♈ ≋ ☔ I_G k ❄

Hedera helix **Europa, Asien, Nordafrika**

◗ ⇡ ⇝ ☔ I k ☠ ❄

Lysimachia nummularia **Europa**

◗ ⇝ ☔ I_G k ❄ ♥

Luzula sylvatica **Europa**

◗ ♈ ☔ I_G ❄

Osmunda regalis **Europa**

◗ ♈ ≋ ☔ I_G ❄

Molinia caerulea **Europa**

◗ ♈ ☔ I_G ❄

Polypodium vulgare **Eurasien**

● ♉ ⇝ I_G ❄

Polystichum lonchitis **Eurasien, Nordamerika**

● ♈ I_G ❄

Polystichum setiferum **Europa, Westasien**

● ♈ I_G ❄

Phyllitis scolopendrium **Europa, Nordamerika**

◗ ♈ I_G ❄

***Rubus* sp.** **Europa, Westasien**

◗ ⇝ I_G ❄

Vinca minor **Europa, Westasien**

● ⇝ I_G ❄

12.5. Asien

Vom nördlichen Europa zieht sich ein riesiger Waldstreifen durch ganz Russland bis zur asiatischen Pazifikküste. In den nördlicheren, ausgesprochen winterkalten Gebieten dominieren ausgedehnte Nadelwälder das Landschaftsbild. Typische Baumarten sind hier Lärchen (*Larix dahurica*), Tannen (*Abies sibirica*) und Kiefern (*Pinus sibirica*, *P. cembra*). Gegen Süden nimmt der Anteil an Laubbäumen markant zu. Mit zunehmendem Abstand von der asiatischen Pazifikküste gehen die Wälder gegen Osten in die Steppen Zentralasiens über.

Im östlichen China, in Korea und in Japan gedeihen winterkahle, sogenannte mandschurische Laubwälder. Diese gleichen den europäischen Laubwäldern in vielerlei Hinsicht. So findet man hier größtenteils dieselben Baumgattungen wie in Mitteleuropa, wenn auch mit anderen Arten. Insgesamt ist die Artenvielfalt in Ostasien jedoch deutlich höher als in Europa, da in China und Japan keine Gebirgszüge oder breite Meere während der Eiszeiten den Pflanzen das Ausweichen in südlichere und damit wärmere Zonen erschwerten. Typische Arten der temperierten Wälder Chinas sind Ahorn (*Acer buergerianum*, *A. davidii*, *A. mono*, *A. pectinatum*, *A. pentaphyllum*). Buchen (*Fagus crenata*, *F. multinervis*), Birken (*Betula costata*, *B. platyphylla*), Eichen (*Quercus acutissima*, *Q. mongolica*), Eschen (*Fraxinus mandshurica*), Linden (*Tilia mandshurica*) und Kirschen (*Prunus glandulosa*). In den japanischen Wäldern findet man *Acer cissifolium*, *A. japonicum*, *A. palmatum*, *A. rufinerve*, *Fraxinus japonica*, *Quercus dentata* und *Tilia japonica*. Neben laubwerfenden Arten, gedeihen in den mandschurischen Laubwäldern auch eine größere Anzahl immergrüner Bäume und Büsche wie Stechpalmen (z. B. *Ilex cornuta*, *I. serrata*), Kamelien (z. B. *Camellia cuspidata*, *C. japonica*) und Magnolien (z. B. *Magnolia cylindrica*, *M. delavayi*, *M. hypoleuca*, *M. officinalis*, *M. stellata*). Der Unterwuchs ist oft reich an Farnen wie *Cyrtomium fortunei*, *Dryopteris erythrosora*, *Dryopteris uniformis*, *Polystichum falcatum*, *Polystichum polyblepharum*. Entlang der regenreichen Küste und in Gebirgslagen findet man

Aquaterrarium für Krokodilhöckerechsen (*Shinisaurus crocodilurus*) im Zoo Dresden mit einer wasserüberrieselten Felsrückwand. Bepflanzt mit Farnen und Moosen

häufig Bambus im Unterwuchs der Wälder (z. B. *Sasa palmata*, *S. veitchii*, *Sasaella masumuneana* = *Arundinaria purpurea*). Ähnlich wie in Europa gedeihen auch in Ostasien entlang von Flüssen Bruchwälder, hier mit Japanerlen (*Alnus japonica*) als Charakterbaum.

Im Handel sind viele Pflanzen aus ostasiatischen Laubwäldern verfügbar. So werden *Rhododendron*-Arten regelmäßig angeboten. Unter den krautigen Pflanzen sind es Farne wie diverse Arten der Gattungen *Adiantum*, *Blechnum*, *Cyrtomium*, *Dryopteris* und *Polystichum*, die man in Gartenzentren erwerben kann. Häufig angeboten werden Bergenien (*Bergenia*) und der Schlangenbart (*Ophiopogon planiscapus*). Unter den vielen Bambus-Arten eignen sich nur wenige für die Bepflanzung von Terrarien. Die meisten werden selbst für Freilandterrarien zu groß. Problematisch ist außerdem, dass viele Bambus-Arten sich stark ausbreiten und nur mittels spezieller, tief ins Erdreich eingelassener Barrieren an einem Ort gehalten werden können. Als Träger des Feuerbrandes können *Cotoneaster* für Obstbäume gefährlich sein!

12.5.1. Schwanzlurche

Hynobius nebulosus, *Lyciasalamandra luschani*, *Salamandrella keyserlingii*, *Tylototriton verrucosus*

12.5.2. Froschlurche

Bufo gargarizans, *B. japonicus*, *Hyla japonica*, *Rana amurensis*, *R. dybowskii*, *R. japonica*, *R. pirica*

12.5.3. Echsen

Lacerta agilis, *Shinisaurus crocodilurus*, *Takydromus amurensis*, *T. tachydromoides*, *T. wolteri*, *Zootoca vivipara*

12.5.4. Schlangen

Elaphe climacophora, *E. quadrivirgata*, *E. schrenckii*, *Gloydius blomhoffi*, *G. saxatilis*, *Oocatochus rufodorsatus*, *Vipera berus*

12.5.5. Weiterführende Literatur

Miyawaki et al. (1983); Miyawaki (1988); Murakami & Miyawaki (1995)

Voliere für Chinesische Zwergwachteln (*Excalfactoria chinensis*) im Zoo Stuttgart. Bepflanzt mit Schlangenbart (*Ophiopogon planiscapus*)

Adiantum venustum **Himalaya**

● ϒ ≈ ☁ I_G ❄

Asplenium trichomanes **Eurasien, Nordamerika**

◗ ϒ ☁ I_G ❄

Bergenia stracheyi **westlicher Himalaya**

◗ ϒ ☁ I_G ❄

Blechnum spicant **Eurasien, Nordamerika**

● ϒ ≈ ☁ I_G ❄

Cotoneaster dammeri **Himalaya**

● ϒ ⇝ ☁ I_G ❄

Cyrtomium fortunei **China, Japan, Korea**

● ϒ ≈ ☁ I_G ❄

Daphne oleoides **Europa–Himalaya**

◗ ♈ ☔ III ❄

Dryopteris erythrosora **Japan**

● ♈ ≈ ☔ I_G ❄

Dryopteris uniformis **China, Japan**

● ♈ ≈ ☔ I_G ❄

Camellia japonica **Japan, Korea–Taiwan**

○ ♈ ☔ II *

Liriope muscari **China**

◗ ♈ ☔ I_G ❄

Microbiota decussata **südöstliches Sibirien**

◗ ♈ ☔ I_G ❄

Ophiopogon planiscapus **Japan**

◗ ♈ ☁ I_G ❄

Pachysandra terminalis **China, Japan**

◗ ♈ ☁ I_G ❄

Polystichum falcatum **China, Japan, Korea**

● ♈ ≈ ☁ I_G ❄

Polystichum polyblepharum **China, Japan, Korea**

● ♈ ≈ ☁ I_G ❄

Primula rosea **westlicher Himalaya, Kaschmir**

◗ ♈ ☁ I_G ❄

Rhododendron calostrotum **Nordost-Myanmar**

◗ ♈ ☁ II_G ❄

Rhododendron hippophaeoides **Südchina, Myanmar**

◗ ♈ ☔ II_G ❄

Rhododendron williamsianum **Zentralchina**

◗ ♈ ☔ II_G ❄

Roscoea alpina **Himalaya**

◗ ♈ ☔ I_G ❄

Sarcococca humilis **Zentral- und Westchina**

◗ ♈ ☔ II_G ❄

Sarcococca ruscifolia **Zentral- und Westchina**

◗ ♈ ☔ II_G ❄

Skimmia reevesiana **China, Taiwan**

◗ ♈ ☔ II_G ❄

Kühl-gemäßigter Regenwald im Tara-Bulga-Nationalpark (Victoria, Australien) mit vielen Farnen. Lebensraum einiger Skink- (z. B. *Saproscincus mustelinus*) und Froscharten (z.B. *Litoria paraewingi*, *L. verreauxii*)

12.6. Südaustralien, Tasmanien und Neuseeland

Temperierte und gemäßigte Feuchtwälder sind in Südostaustralien nur relativ kleinräumig verbreitet. Sie sind in der Regel auf feuchte Schluchten und Täler beschränkt und sind umgeben von ausgedehnten, feuchten und halbfeuchten Hartlaubwäldern. In Neuseeland und auf Tasmanien nehmen die Feuchtwälder einen deutlich größeren Flächenanteil in Anspruch als auf dem australischen Kontinent.

Charakteristisch für die gemäßigten und temperierten Regen- und feuchten Hartlaubwälder dieser Region sind Baumfarne. Die beiden wichtigsten Arten sind *Dicksonia antarctica* und *Cyathea australis*. Daneben gedeihen hier eine große Anzahl mittelgroßer und kleiner Farne. Die häufigsten Arten sind *Asplenium bulbiferum*, *Blechnum patersonii*, *Blechnum wattsii*, *Doodia aspera*, *Diplazium australe*, *Grammitis billardierei*, *Histiopteris incisa*, *Hymenophyllum cupressiforme*, *Lastreopsis microsora*, *Microsorum pustulatum*, *Microsorum scandens* und *Polystichum proliferum*. Viele Arten wachsen epiphytisch, entweder auf den Stämmen der Baumfarne oder auf den Ästen von Bäumen – oft in dicken Moospolstern. Lianen sind selten. Die beiden wichtigsten Arten sind *Cissus hypoglauca* und *Smilax australis*.

Die Auswahl im Handel erhältlicher Pflanzen aus den gemäßigten und temperierten Feuchtwaldgebieten Südostaustraliens, Tasmaniens und Neuseelands ist bescheiden. Regelmäßig angeboten wird *Muehlenbeckia complexa*, eine kriechende Pflanze aus Neuseeland, die in Mitteleuropa an günstigen Standorten winterhart ist. Zwei Farne, die zum Standardsortiment vieler Zimmerpflanzenhandlungen gehören, sind *Pellaea falcata* aus Südostaustralien und *P. rotundifolia* aus Neuseeland. Eine Reihe weiterer Farne sind in Farngärtnereien erhältlich. Wie bereits im Kapitel „subtropische Feuchtwälder" erwähnt, kann man oft auch Pflanzen aus Ostaustralien auf den Stämmen importierter Baumfarne finden. Es lohnt sich, hierfür einmal in einer Gärtnerei, die Baumfarne anbietet, vorbeizuschauen. In vielen Fällen wird man dabei nicht nur Farne, sondern auch Blütenpflanzen finden.

12.6.1. Froschlurche

Leiopelma hamiltoni, *Limnodynastes tasmaniensis*, *Litoria ewingii*, *L. peronii*

12.6.2. Brückenechsen

Sphenodon spp.

12.6.3. Echsen

Cyclodina oliveri, *C. ornata*, *Hoplodactylus chrysosireticus*, *H. granulatus*, *H. maculatus*, *Naultinus* spp., *Physignathus lesueurii*, *Tiliqua nigrolutea*

12.6.4. Schlangen

Acanthophis antarcticus

12.6.5. Weiterführende Literatur

CHAFFEY (2002); CHINNOCK & HEATH (1987); DUNCAN & GOLDA (1986); HARDEN (2002)

Großterrarium für Brückenechsen (*Sphenodon punctatus*) im Zoo Berlin. Bepflanzt mit Farnen, Gräsern und Büschen

Acaena anserinifolia **Südostaustralien, Neuseeland**

◗ ♈ III

Blechnum penna-marina **südliche gemäßigte Zone**

● ♈ II

Cissus hypoglauca **Ostaustralien**

◗ III ♥

Doodia caudata **Südostaustralien, Neuseeland**

● ♈ III

Doodia maxima **Südostaustralien**

● ♈ III

Doodia media **Südostaustralien**

● ♈ III

Marsilea drummondii **Ostaustralien**

◗ ♈ ≈ ☔ II

Muehlenbeckia complexa **Neuseeland**

◗ ⤳ ☔ I k

Pandorea jasminoides **Ostaustralien**

◗ ⌇ ☔ III

Pellaea falcata **Südostaustralien**

● ♈ ≈ ☔ I

Pellaea rotundifolia **Neuseeland**

● ♈ ≈ ☔ I

Podocarpus lawrencei **Südostaustralien**

◗ ♈ ☔ II

13. Moore und atlantische Heiden

Flachmoor im Süden von Alabama (USA) mit einem dichten Bestand Gelber Schlauchpflanzen (*Sarracenia flava*). Lebensraum von Zwergklapperschlange (*Sistrurus miliarius*) und Carolina-Laubfrosch (*Hyla cinerea*)

Wenngleich sich Atlantische Heiden und Moore bezüglich der Bodenfeuchtigkeit deutlich unterscheiden – Moore sind Sumpfgebiete, Heiden dagegen eher trocken –, so haben sie doch eine Reihe von bodenbiologischen und botanischen Gemeinsamkeiten. Oft findet man die beiden Vegetationstypen in der Natur in unmittelbarer Nähe zueinander. Und so sollen sie hier auch gemeinsam behandelt werden.

Als Moore bezeichnet man Lagerstätten von Torfen mit einer Dicke von mindestens 20–30 cm. Ist die Torfschicht dünner, oder ist der Torfgehalt des Bodens geringer als 15–30 %, so spricht man von Anmooren. Torfe entstehen, wenn organisches Material wie Blätter, Zweige und Moose nicht oder nur teilweise abgebaut werden und sich im Laufe der Zeit akkumulieren. Ursache des fehlenden oder unvollständigen Abbaus sind in erster Linie ein Mangel an Sauerstoff im Boden – meist als Folge einer Vernässung. Zusätzlich verlangsamen der hohe Säuregehalt des Bodens, diverse Humin- und Gerbstoffe sowie die relative Substratunterkühlung die Abbauprozesse.

Moore sind, unabhängig von der Mächtigkeit der Torfschicht, an einen hohen Grundwasserspiegel gebunden. Im Allgemeinen unterscheidet man zwischen folgenden Moorgrundtypen (nach Richter 2001):

Nieder- und Flachmoore. Hier sorgt ein Bach in der Regel für die Wasserzufuhr oder das Moor befindet sich im Einflussbereich eines Sees. Dieser Moortyp ist im gemäßigten und subarktischen Eurasien sowie in Nordamerika weit verbreitet. Gräser (z. B. *Scheuchzeria palustris*) und Seggen (z. B. *Carex nigra*) sind häufig. Auch Zwergsträucher (z. B. *Calluna vulgaris*, *Vaccinium uliginosum)* sowie Büsche und Bäume (z. B. Birken, *Betula pendula*) können gedeihen.

Hochmoore besitzen keinen Wasserzulauf über einen Bach. Sie werden ausschließlich durch Niederschläge gespeist. Das Wasser bleibt in der bis zu 10 m mächtigen Torfschicht gespeichert. In der Regel sind sie baumlos. Die mit Abstand wichtigsten Pflanzen sind Torf- oder Bleichmoose (*Sphagnum*). Eine Besonderheit sind fleischfressende Pflanzen wie Sonnentau (z. B. *Drosera longifolia*, *D. rotundifolia*, *D. linearis*) oder in Nordamerika die Schlauchpflanzen (z. B. *Sarracenia minor*, *S. psittacina*, *S. purpurea*). Die Artenvielfalt der Flora in Hochmooren ist aufgrund der Nährstoffarmut und der Dominanz der starkwüchsigen Torfmoose gering. In Mitteleuropa gedeihen in Hochmooren *Eriophorum vaginatum*, *Trichophorum cespitosum* sowie die Zwergsträucher *Andromeda polifolia*, Preiselbeere (*V. vitis-idaea*), *Vaccinium oxycoccus*, *V. uliginosum*, das Heidekraut (*Calluna vulgaris*) sowie *Empetrum*. In atlantischen Regionen kommen *Narthecium*, in Osteuropa und Asien *Ledum palustre* und *Chamaedaphne calyculata* hinzu. In einem großen, wachsenden Hochmoor unterscheidet man zwischen der sehr nassen, wenig gewölbten Hochfläche, den besser entwässerten, relativ steil abfallenden Randhängen und dem das Hochmoor umsäumenden Lagg. Die Hochfläche ist nicht völlig eben. Sie besitzt kleine Erhebungen, sogenannte Bulten, die über die Moorfläche hinausragen, sowie Schlenken. Letztere sind wassergefüllte Senken, in denen neben wasserliebenden Torfmoosen insbesondere Sauergräser (*Carex limosa*) und Süßgräser (*Scheuchzeria*) wachsen. Wo sich mehrere Schlenken vereinen, da entstehen größere Wasserflächen: Blänken, Kolke oder gar Moorseen.

Polstermoore sind mehrheitlich in den Anden und auf den subantarktischen Inseln verbreitet. Sauergräser (z. B. *Trichophorum atacamensis*) und Junkerlilien (*Oxychloë andina*, *Distichia muscoides*) bilden steinharte Polster.

Atlantische Heiden sind fast immer Degenerationsstadien von Laubwäldern. Die Zerstörung der westeuropäischen Wälder reicht bis in prähistorische Zeit zurück. Weidewirtschaft und regelmäßige Brände verhinderten das erneute Aufkommen von Wald. Heiden sind in den westeuropäischen Küstengebieten von Portugal und Nordspanien über Westfrankreich, die britischen Inseln bis nach Norwegen weit verbreitet. Ausläufer der atlantischen Heide findet man außerdem in den mitteleuropäischen Mittelgebirgen (Ardennen, Eifel, Sauerland, Vogesen, Schwarzwald), vereinzelt im Alpenvorland und in den Voralpen sowie in Insubrien (Südschweiz, Norditalien).

Heideböden sind wie Moorböden äußerst nährstoffarm und sauer, im Gegensatz zu den Mooren aber zumindest zeitweise relativ trocken. Durch das Abholzen der ursprünglichen Laubwälder wurden die nun ungeschützten Böden durch Niederschläge ausgelaugt – vergleichbar mit der Situation gerodeter Regenwälder. Heideböden sind häufig ausgesprochen sandig, wobei der Sand jedoch durch eine mehr oder weniger dicke Rohhumusauflage bedeckt ist.

Das Klima in Heidegebieten ist mäßig trocken. Pro Jahr fallen 750–1.000 mm Niederschläge, in Gebirgslagen bis 2.000 mm/Jahr (Maximum bis 6.000 mm/Jahr in England). Durchschnittstemperatur 9–11 °C, Tagesschwankungen um 6 °C, Temperaturunterschied zwischen Januar und Juli durchschnittlich 8–11 °C.

Das Heidekraut (*Calluna vulgaris*) und andere, meist 20–50 cm hohe Zwergsträucher wie Heidelbeere (*Vaccinium myrtillus*) oder Preiselbeere (*V. vitis-idaea*) bilden die vorherrschende Vegetation. Insbesondere in südlichen Gebieten sind

Fabaceen-Sträucher wie Ginster (*Genista*, *Ulex*) und Besenginster (*Sarothamnus*) stark vertreten. Stickstofffixierende Knöllchenbakterien in speziellen Wurzelknöllchen ermöglichen diesen Pflanzen, in den nährstoffarmen Heiden zu gedeihen. Ebenfalls sehr häufig ist der Gemeine Wacholder (*Juniperus communis*). Weiterhin findet man viele Gräser (*Festuca ovina*, *Deschampsia flexuosa*, *Nardus*, *Molinia*) und Kräuter wie das Fingerkraut (*Potentilla erecta*) oder das Labkraut (*Galium saxatile*). Sofern die Zwergsträucher nicht zu dicht wachsen, so kann auch eine gut entwickelte Moosschicht vorhanden sein.

Das Wachstum der Heide ist zyklisch und stark von Bränden abhängig. Nach 15–20 Jahren beginnt das Heidekraut zu altern. Nach maximal 25 Jahren sterben ganze Bestände ab, und die Kahlstellen werden vorübergehend durch *Arctostaphylos* und *Empetrum* besiedelt.

Falls an mehr als 235 Tagen/Jahr Niederschläge fallen, so entwickeln sich **Deckenmoore** wie in Westschottland, Westirland und in Nordengland. Hier findet man viele Torfmoose (*Sphagnum*) und andere Laubmoose, außerdem Haarbinsen (*Trichophorum cespitosum*), Scheidiges Wollgras (*Eriophorum vaginatum*), Schwärzliche Kopfbinse (*Schoenus nigricans*) und ebenfalls Heidekraut (*Calluna*).

Heiden kommen auch in anderen Gebieten der Welt vor wie in Australien oder Südafrika. Diese Heiden unterscheiden sich jedoch deutlich von den atlantischen Heiden und werden im Kapitel „Hartlaubwälder“ behandelt.

13.1. Moor- und Heideterrarien

Moor- und/oder Heideterrarien sind in den meisten Fällen Freilandanlagen (Hallmen 2003; Jahn 1974). Als Standort wählt man einen vollsonnigen Platz. Zur Gestaltung eines künstlichen Moores wird zunächst ein Teich angelegt (siehe Kapitel „Gewässerränder und Sumpfgebiete“). Anschließend wird der Teich mit Torf oder einem Torf/Quarzsandgemisch aufgefüllt. Um Torf zu sparen, kann man auch Pinienrinde untermischen. Eine andere Möglichkeit zur Torfeinsparung ergibt sich, wenn man zunächst Blähton oder ein anderes, pH-neutrales, lockeres Füllsubstrat in den noch leeren Teich schüttet. Darauf legt man eine Drainagematte, die an einer Stelle, bei größeren Anlagen auch an mehreren Stellen, tief in die Füllsubstratschicht abgesenkt und dort mit einem Ziegelstein beschwert wird. Nun kann man eine weniger mächtige Torfschicht auf die Drainagematte ausbringen. Die Absenkungen wirken später wie Dochte, die das Wasser aus dem Reservoir aufsaugen. Auf jeden Fall sollte die Torfschicht aber mindestens 10, besser 20 cm dick sein. Auf keinen Fall darf man kalkhaltige Substrate beimischen, da Moorpflanzen Kalk nicht vertragen und absterben. Die Torfoberfläche sollte nicht flach sein, sondern Hügel (Bulten) und wassergefüllte Senken (Schlenken) aufweisen. Die Bulten werden dann mit geeigneten Gräsern, Seggen, Zwergsträuchern und vor allem Torfmoos (*Sphagnum*) bepflanzt. Torfmoose kann man regelrecht aussäen, wenn man ein paar Moosbüschel mit einem Messer kleinhackt. Die kleinen Stücke werden anschließend auf die nasse Torfoberfläche gestreut, wo sie rasch anwachsen, wenn man sie feucht hält. Sie wachsen binnen weniger Wochen zu einem dichten Moosteppich heran, der rasch dicker wird. Leider werden Torfmoose aus Freilandanlagen oft von Vögeln als Nistmaterial genutzt. Häufig beschädigen die Tiere dabei nicht bloß den Moosteppich, sondern auch andere, darin wachsende Pflanzen. Es empfiehlt sich deshalb, den Moosteppich zu schützen, indem das Terrarium mit einem Drahtgeflecht abgedeckt wird.

Besonders attraktiv sind in Moorterrarien fleischfressende Pflanzen. Für Nordamerika-Anlagen können Schlauchpflanzen (*Sarracenia*) verwendet werden. Besonders frostunempfindlich ist die bis nach Kanada verbreitete *Sarracenia purpurea*, aber auch die meisten anderen Arten sind in Mitteleuropa winterhart. Die geringste Winterhärte zeigt *Sarracenia psittacina*. Ohne besonderen Schutz erfriert diese Art aus dem Südosten der USA bei größerer Kälte. Ebenfalls aus nordamerikanischen Mooren stammt die hübsche Sumpforchidee *Calopogon tuberosus*. Den fleischfressenden Sonnentau (*Drosera*) sollte man erst nach ein paar Jahren in die Anlage pflanzen. Ansonsten werden die kleinen Pflanzen sehr schnell vom Torfmoos überwuchert. Wenn die Moosschicht allerdings erst einmal 20–40 cm mächtig ist, wird sie nicht mehr so schnell noch dicker, sodass auch kleinere Pflanzen eine Chance haben zu gedeihen. In den wassergefüllten Schlenken können Wasserpflanzen wie fleischfressende Wasserschläuche (z. B. *Utricularia australis*, *U. neglecta*, *U. minor*) oder Wasserfallen (*Aldrovanda vesiculosa*) gedeihen. Letztere reagiert allerdings sehr empfindlich auf Fadenalgen und sollte nur eingesetzt werden, wenn diese nicht vorhanden sind.

Wichtig ist, dass man das Moor nie austrocknen lässt und auf keinen Fall düngt. Während längerer Trockenperioden muss man mit kalkfreiem Wasser gießen. Am besten sammelt man hierfür Niederschlagswasser in einer Regentonne und versorgt das Moor daraus bei Bedarf mit dem nötigen Wasser.

Lässt man in größeren Anlagen das Terrain im Randbereich des Moores ansteigen, so kann man hier eine Heide anlegen. Als Substrat sollte man kalkfreien Sand (z. B. Quarzsand) verwenden, dem man 10–20 % Torf beimischt. Wichtig ist ein ausgesprochen nährstoffarmer und saurer Boden. Zur Bepflanzung eignen sich Heidekraut (*Calluna vulgaris*) und andere Zwergsträucher wie Heidelbeere (*Vaccinium myrtillus*), Preiselbeere (*V. vitis-idaea*) oder andere *Vaccinium*-Arten. In größeren Anlagen kann man Wacholder (*Juniperus communis*) einpflanzen. Dazu kommen Gräser wie *Festuca ovina*, *Deschampsia flexuosa*, *Nardus* oder *Molinia*.

13.1.1. Froschlurche

Hyla andersonii, *H. arborea*, *H. cinerea*, *H. chrysoscelis*, *Pelophylax lessonae*, *Pseudacris crucifer*, *P. ornata*, *Rana arvalis*, *R. okaloosae*, *R. temporaria*

13.1.2. Echsen

Lacerta agilis, *Zootoca vivipara*

13.1.3. Schlangen

Natrix natrix, *Vipera berus*, *Vipera seoanei*, *Sistrurus miliarius*

13.1.4. Spinnen und andere Spinnenartige

Dolomedes fimbriatus

13.1.5. Weiterführende Literatur

Längst (1992); Jahn (1974)

Freilandterrarium (100 x 100 x 200 cm) cm für Carolina-Laubfrösche (*Hyla cinerea*). Bepflanzt mit Torfmoos (*Sphagnum*), Schlauchpflanzen (*Sarracenia flava*, *S. purpurea*, *S. leucophylla*), Kobralilien (*Darlingtonia californica*), Sibirischer Schwertlilie (*Iris sibirica*), Sumpfblutauge (*Comarum palustre*), Wollgras (*Eriophorum* sp.) und Heidekraut (*Calluna vulgaris*)

Andromeda polifolia **Nordamerika, Eurasien**

◗ ♈ 🌧 I_G ❄

Calluna vulgaris **Europa**

◗ ♈ ⇝ 🌧 I_G ❄

Calopogon tuberosus **östliches Nordamerika**

○ ♈ 🌧 II_G ❄

Erica carnea **Alpen**

◗ ♈ 🌧 I_G ❄

Erica tetralix **Nordamerika, Eurasien**

◗ ♈ 🌧 I_G ❄

Gaultheria procumbens **Nordamerika**

◗ ♈ 🌧 I_G ❄

Sarracenia flava **südöstliche USA**

○ ♈ ≋ I ❄

Sarracenia purpurea **östliches Nordamerika**

○ ♈ ≋ I ❄

Sphagnum palustre **holarktische Verbreitung**

◗ ♈ ⇝ ≋ III ❄

Thelypteris palustris **Europa, Asien**

◗ ♈ ≋ I_G ❄

Vaccinium myrtillus **Europa, Asien, Nordamerika**

◗ ♈ 🌧 I_G ❄

Vaccinium uliginosum **Europa, Asien, Nordamerika**

◗ ♈ 🌧 I_G ❄

Trockenwald auf der Azuero-Halbinsel in Südpanama mit Feigenkakteen (*Opuntia elatior*), Bromelien (*Aechmea*, *Bromelia*) sowie diversen Büschen und Schlingpflanzen. Biotop von Schwarzen Leguanen (*Ctenosaura similis*), Saumfingern (*Norops auratus*) und Ameiven (*Ameiva ameiva*)

14. Trockenwälder, Baumsavannen und Savannen

Im Übergangsbereich der Tropen in die Subtropen sind die Niederschlagsmengen aufgrund der Topografie und der Distanz zum Meer sehr ungleich verteilt. Dementsprechend sind auch die Vegetationsformen nicht einheitlich. Allen diesen Gebieten ist jedoch ein mehr oder weniger ausgeprägter Wechsel zwischen Regen- und Trockenzeiten eigen. Die Anzahl der jährlichen Regenzeiten – zwei oder nur eine Regenzeit pro Jahr –, die Niederschlagsmenge und die Dauer der Trockenzeit bestimmen neben weiteren Faktoren die Vegetation. In relativ feuchten Gebieten kann ein Trockenwald aufkommen. Viele Baum- und Straucharten sind hier laubabwerfend und während der Trockenzeit kahl. Außer in Australien, wo große Säugetiere fast vollständig fehlen, besitzen viele Bäume und Sträucher in Trockenwäldern Dornen, die sie bis zu einem gewissen Grad davor schützen, gefressen zu werden. Sukkulenten sind außer in Australien häufig. In Nord-, Mittel- und dem nördlichen Südamerika sowie auf den trockeneren Inseln der Karibik wachsen Agaven. Kakteen und an Trockenheit angepasste, zumeist bedornte Bromelien findet man in vielen lateinamerikanischen Trockengebieten. Manche Kakteen wie die Königin der Nacht (*Selenicereus grandiflorus*) nutzen Bäume und Sträucher als Kletterstützen. In der alten Welt besetzen sukkulente Wolfsmilchgewächse (*Euphorbia*), *Aloe* sowie sukkulente Seidenpflanzengewächse (*Stapelia*, *Hoodia*, *Huernia* usw.) vergleichbare ökologische Nischen. In australischen Trockenwäldern und Savannen findet man natürlicherweise kaum Sukkulenten. Seit der Besiedlung durch die Europäer wurden allerdings eine Reihe von Kakteen – insbesondere Feigenkakteen (*Opuntia*) – eingeschleppt, die sich in manchen Regionen zu einer ernsten Plage entwickelten. Der auffällige Mangel an Sukkulenten hängt damit zusammen, dass in Australien die Regenzeiten sehr unregelmäßig verteilt sind. Sukkulenten gedeihen in Regionen mit einigermaßen regelmäßigen Regenzeiten. In den trockenen Gebieten von Australien gibt es aber immer wieder Jahre, in denen die Regenzeit ausfällt, während die Savannen in anderen Jahren nach starken, lang andauernden Niederschlägen oft für Wochen oder gar Monate unter Wasser stehen – Bedingungen, die den meisten Sukkulenten nicht zusagen.

Mit zunehmender Trockenheit steigt in subtropischen Regionen der Anteil an Dornbüschen, der Wald wird lichter, um schließlich ganz zu verschwinden. Es entsteht eine Grassavanne, die allenfalls noch mit einem Bestand weit verstreuter Bäume und Sträucher (häufig Akazien) durchsetzt ist. Große Herden pflanzenfressender Säugetiere können die Ausdehnung von Savannen vergrößern, indem sie junge Bäume verbeißen und so verhindern, dass eine Baumsavanne entsteht. Ein weiterer Faktor, der die Ausbreitung von Savannen begünstigt, sind Buschfeuer. Insbesondere in Afrika hat der Mensch die Landschaft mit dem gezielten Legen von Bränden planmäßig verändert und sorgt noch heute für die Umwandlung von Wäldern in Grasland.

Viele Terrarientiere aus Savannengebieten leben nicht oder nur teilweise in der eigentlichen Grassavanne. Ein erheblicher Teil der Reptilien, Amphibien, Kleinsäuger und Invertebraten besiedelt vielmehr Felsabbrüche, Inselberge (in Südafrika „Kopjes“ genannt), Steinhaufen, Termitenhügel oder ähnliche Biotope, die mehr Strukturen bieten als die eintönigen Grasflächen. Die Vegetation von Felsinseln unterscheidet sich aber deutlich von derjenigen der Savanne, wo Gräser dominieren. Die Felsen sind für viele

Anolis oculatus cabritensis aus dem Trockenwald der Insel Dominica (Kleine Antillen)

Großtiere eher schlecht zugänglich, sodass sie nur einen beschränkten Fraßdruck auf Büsche und Bäume ausüben. Während in den Grasebenen das Wasser nach einem Regen entweder relativ schnell abfließt, versickert oder wieder verdunstet, bleibt es in Gesteinsspalten länger gespeichert. Viele Pflanzen durchwurzeln solche Wasserspeicher und decken so ihren Wasserbedarf. Dementsprechend findet man auf den Inselbergen oft eine erstaunliche Artenvielfalt nicht nur an Tieren, sondern auch an Sträuchern, Büschen sowie an krautigen Pflanzen – besonders Zwiebelpflanzen – und Sukkulenten.

14.1. Trockenwald- und Savannenterrarien

Terrarien für Tiere und Pflanzen aus Trockenwäldern, Baumsavannen und Savannen sind in jedem Fall geheizte und helle Zimmer- oder allenfalls Gewächshausterrarien. Die Temperatur sollte im Laufe des Jahres gemäß den natürlichen Gegebenheiten schwanken. Wichtig ist in den meisten Fällen eine deutliche Absenkung der Nachttemperatur. Verwendet man zur Beleuchtung starke HQI- oder HQL-Lampen, so ergibt sich diese bei ausreichender Entlüftung in der Regel von selbst. Auf jeden Fall muss im Zimmerterrarium nachts die Heizung ausgeschaltet werden.

Für baumbewohnende Arten aus Trockenwäldern sind Kletteräste wichtig. Diese dienen gleichzeitig kletternden Pflanzen als Stütze. Zur Verkleidung der Rück- und allenfalls auch der Seitenwände eignen sich Korkplatten. Auch hier können Kletterpflanzen hochranken. Für Arten aus Felsformationen sollte man eine Gesteinsrückwand bauen und größere Felsen als Sonnen- und Aussichtsplätze einbringen. In der Natur wachsen am Fuße von Felsen in der Savanne oft Pflanzen, denn hier rieselt nach einem Regen noch einige Zeit Wasser herunter. Die Wasserversorgung ist dadurch besser als auf einer freien Fläche. Auch im Terrarium platziert man lebende Pflanzen am Fuße der Felsrückwand oder neben größeren Steinen, um einen natürlichen Eindruck zu erzielen.

Ein besonderes Gestaltungselement für Savannenterrarien sind künstliche Termitenhügel. Diese kann man leicht selbst bauen: Um einen kegelförmigen Styroporkern wird mit eingefärbtem Beton (1 Teil Weißzement, 2–3 Teile feiner Sand und Zementpigment [z. B. Bayrferox]) ein Überzug geformt. Befeuchtet man eine erste Betonschicht nach deren Aushärtung, bewirft sie anschließend mit frischen, noch weichen Betonstücken und lässt die Oberfläche anschließend aushärten, so bekommt man eine erstaunlich echt wirkende Oberfläche des künstlichen Termitenhügels. Lose Betonstücke kann man mit einem Spachtel nach der Aushärtung entfernen (Akeret 2006). Solche Termitenhügel werden von vielen Echsen als Aussichtspunkte genutzt.

Ein Problem bei der Kultur vieler nicht sukkulenter Savannenpflanzen im Terrarium ist die Wasserversorgung. Akazien, Tamarisken, Kasuarinen und andere Büsche und Bäume wurzeln in der Savanne sehr tief bis ins Grundwasser. Im Terrarium ist dies nicht möglich. Es hat sich deshalb bewährt, die Pflanzen über eine automatische Bewässerungsanlage mit dem nötigen Wasser zu versorgen. Es ist darauf zu achten, die Wassergaben sorgfältig auf den Bedarf der Pflanzen abzustimmen, um zu vermeiden, dass der Bodengrund versumpft oder bei zu geringen Wassergaben austrocknet. Die Substratoberfläche muss immer binnen weniger Stunden nach dem Gießen wieder trocken sein. Gräbt man jedoch ein paar Zentimeter tief, so sollte der Bodengrund hier leicht feucht sein. Durch die ständig leicht feuchten Bedingungen sind die Wurzelballen gleichzeitig auch gute Eiablageplätze für viele Reptilien. Etwas problematisch kann allenfalls das Ausgraben der Eier im Wurzelbereich der Pflanzen sein. Insbesondere Akazien reagieren sehr empfindlich, wenn man beim Ausgraben ihre Wurzeln stört. Meist verdorren ihre Blätter dann binnen kurzer Zeit und fallen ab. Gießt man die Pflanzen nach der Störung für 1–2 Wochen kräftig, so regenerieren sie in der Regel jedoch erstaunlich schnell.

14.2. Nord- und Mittelamerika

Trockenwälder und Baumsavannen gedeihen von Mexiko bis an die Pazifikküste von Costa Rica. Diese Region ist charakterisiert durch eine ausgeprägte Trockenzeit etwa von Dezember bis April. Im nördlichen Mexiko kommen vor allem Dornsavannen und Dornbuschwälder vor, die gegen Norden in Halbwüsten und Wüsten übergehen. Zwischen den Bäumen und Sträuchern findet man in den nord- und mittelamerikanischen Trockenwäldern viele Agaven- und Kakteenarten. Neben kleinen, kugel-, säulenförmigen oder kriechenden Kakteen wachsen hier auch große, kandelaberförmige Arten, deren Arme oft das Blätterdach des niederen Trockenwaldes überragen.

Gegen Süden nimmt die Feuchtigkeit stetig zu, sodass in Zentralamerika die Trockenwälder langsam in Feuchtwälder übergehen. In mittleren Lagen (500–2.000 m ü. d. M.) von Mexiko und dem nördlichen Zentralamerika sind trockene Eichen- und Eichen-Kiefernwälder weit verbreitet. In manchen dieser Wälder treten individuen- und artenreiche Bestände grauer, epiphytischer Tillandsien auf.

Auch in der Karibik sind Trockenwälder und Baumsavannen anzutreffen. Besonders trocken sind die Inseln des Bahamas-Archipels. Es handelt sich um Koralleninseln, die nur wenig über dem Meeresspiegel liegen. Trotz Jahresniederschlägen von rund 1.000 mm müssen die hier lebenden Pflanzen Trockenstress ertragen, da das Wasser im porösen Boden schnell versickert. Die Vegetation besteht mehrheitlich aus niederen Büschen. Auf den Großen und den Kleinen Antillen gedeihen Trockenwälder und Savannen in den tieferen Lagen (von Meereshöhe bis 300–400 m ü. d. M.) auf der windabgewandten, d. h. westlichen Seite von Bergen. Während die Ostabhänge und die höheren Lagen vielerorts von dichtem Regenwald bewachsen sind, erhalten die im Regenschatten liegenden Gebiete nur wenig Niederschlag. Dadurch sind viele Bäume und Sträucher in der Trockenzeit kahl. Aufgrund des zeitweise ariden Klimas konnten sich hier Agaven und Kakteen

Großterrarium für Nashornleguane (*Cyclura cornuta*) im Tierpark Bern. Bepflanzt mit Feigenkakteen (*Opuntia* sp.), Elefantenfußbäumen (*Beaucarnea recurvata*), Gräsern und diversen Büschen

(z. B. *Acanthocereus tetragonus*, *Cereus* spp., *Melocactus macrocanthus*, *M. curvispinus*, *Opuntia* spp., *Stenocereus griseus*) ansiedeln. An den Bäumen findet man oft graue Tillandsien.

Pflanzen aus den Halbtrockengebieten Nord- und Mittelamerikas sind im Handel leicht erhältlich. Insbesondere Kakteen, kleinbleibende Agaven und andere Sukkulenten werden häufig angeboten. Desgleichen auch Tillandsien. Ebenfalls häufig im Angebot sind *Beaucarnea recurvata* und *Yucca elephantipes*. Gelegentlich werden außerdem einzelne *Zamia*-Arten verkauft.

14.2.1. Froschlurche

Rhinella marina, *Hyla eximia*, *Pachymedusa dacnicolor*, *Triprion petasatus*

14.2.2. Echsen

Cnemidophorus deppei, *Coleonyx elegans*, *C. mitratus*, *Ctenosaura acanthura*, *C. defensor*, *C. pectinata*, *C. similis*, *C. quinquecarinata*, *Cyclura cornuta*, *Heloderma horridum*, *Iguana iguana*, *Leiocephalus carinatus*, *L. personatus*, *L. schreibersi*, *Norops sagrei*, *N. sericeus*, *Phyllodactylus tuberculosus*, *Sceloporus aeneus*, *S. jalapae*, *S. macdougalli*, *S. siniferus*

14.2.3. Schlangen

Atropoides nummifer, *Agkistrodon bilineatus*, *Cerrophidion godmani*, *Coluber constrictor*, *Crotalus durissus*, *C. triseriatus*, *C. unicolor*, *Epicrates angulifer*, *E. cenchria*, *E. chrysogaster*, *E. fordii*, *Lampropeltis ruthveni*, *L. triangulum*, *Porthidium ophryomegas*, *Sistrurus ravus*, *Senticolis triaspis*

14.2.4. Spinnen und andere Spinnenartige

Brachypelma boehmei, *B. emilia*, *B klaasi*, *B. smithi*, *Dugesiella crinita*

14.2.5. Skorpione

Tityus sp.

14.2.6. Weiterführende Literatur

Blancke (1999); Gentry (1982); Unger (1992)

Tillandsia argentea **Mexiko, Guatemala, Karibik**

☼ ♉ ≈ I

Tillandsia filifolia **Mexiko, Guatemala**

○ ♉ ≈ II

Tillandsia ionantha **Mexiko–Nicaragua**

○ ♉ ≈ I

Tillandsia xerographica **Südmexiko–El Salvador**

☼ ♉ I

Passiflora citrina **Guatemala, Honduras**

○ I

Selenicereus grandiflorus **Mexiko, Karibik**

☼ I

Agave filifera **Zentralmexiko**

○ ♈ II

Agave geminiflora **Mexiko (Nayarit)**

☼ ♈ II

Beaucarnea recurvata **Mexiko**

◗ ♈ I

Begonia hydrocotylifolia **Mexiko**

◗ ♈ ⤳ ☁ II

Callisia navicularis **Mexiko**

◗ ⤳ ☁ II

Coryphantha elephantidens **Südwestmexiko**

☼ ♈ II *

Echeveria difractens **Zentralmexiko**

☼ ♈ II

Echeveria elegans **Zentralmexiko**

☼ ♈ II

Ferocactus macrodiscus **Südmexiko**

☼ ♈ II *

Fuchsia microphylla **Mexiko–Südamerika**

◗ ♈ II

Graptopetalum macdougallii **Südmexiko**

○ ⇝ II k

Graptopetalum pachyphyllum **Zentralmexiko**

○ ⇝ II k

Hechtia argentea **Mexiko**

○ ♈ II

Hechtia glomerata **Texas–Guatemala**

○ ♈ II

Hechtia marnier-lapostollei **Südmexiko**

☼ ♈ II

Mammillaria carnea **Zentralmexiko**

☼ ♈ II *

Mammillaria melaleuca **Südmexiko**

☼ ♈ II * k

Mammillaria karwinskiana **Zentralmexiko**

☼ ♈ II *

Mammillaria longimamma **Zentralmexiko**

☼ ♈ II *

Mammillaria prolifera **Mexiko**

☼ ♈ II * k

Mammillaria mystax **Zentralmexiko**

☼ ♈ II *

Mammillaria vetula **Zentralmexiko**

☼ ♈ II * k

Sedum allantoides **Südmexiko**

○ ⇝ II

Sedum humifusum **Zentralmexiko**

☼ ⇝ II k

Peperomia obtusifolia **Südwestmexiko**

◗ ♈ II

Sedum compactum **Südmexiko**

○ ⇝ II k

Sedum hernandezii **Zentralmexiko**

○ ⇝ II k

Sedum lucidum **Zentralmexiko**

○ ⤳ II k

Sedum versadense **Südmexiko**

○ ⤳ II k

Setcreasea purpurea **Mexiko**

◗ ⤳ II

Tradescantia sillamontana **Nordmexiko**

☼ ⤳ III

Yucca elephantipes **Südmexiko, Guatemala**

◗ ♈ I G ♥

Zamia furfuracea **Mexiko**

○ ♈ I ♥

Terrarium (100 x 70 x 70 cm) für Langnasen-Strauchnattern (*Philodryas baroni*) in einer Sonderausstellung der Sukkulentensammlung Zürich. Bepflanzt mit Binsenkakteen (*Rhipsalis*), Erdbromelien (*Dyckia*). Waldreben bieten Klettermöglichkeiten.

14.3. Südamerika

In Südamerika gibt es vier große Gebiete mit Savannen und laubabwerfenden Trockenwäldern: Die **Llanos** am Orinoco in Venezuela sind eine Feucht- und Überschwemmungssavanne. Diese zieht sich auf einem bis zu 400 km breiten Streifen entlang dem Orinoco-Nordufer auf einer Länge von rund 1.000 km von Kolumbien bis in den Unterlauf. Einzelne Ausläufer finden sich auch noch im Süden von Guyana und im südlichen Surinam. Auf eine sieben Monate dauernde Regenzeit folgt eine fünfmonatige Trockenzeit. Die Jahresniederschläge liegen bei 1.300 mm. Die Flüsse treten während der Regenzeit über die Ufer und überschwemmen das umliegende Grasland (*Leersia*, *Oryza*, *Paspalum*), das von zerstreut auftretenden Bäumchen (*Curatella*, *Byrsonima*, *Bowdichia*) und Palmen (*Copernicia tectorum*) bewachsen ist. Brände treten häufig auf. Sukkulenten sind selten. Erdbromelien (z. B. *Brocchinia steyermarkii*) kann man in regelmäßig antreffen. Stellenweise bilden sie dichte Bestände.

Der **Campo Cerrado** bedeckt in Zentralbrasilien eine Fläche von rund 2.000.000 km^2. Kennzeichnend ist eine fünfmonatige Trockenzeit. Die Jahresniederschläge liegen zwischen 1.100 und 2.000 mm. Da der Boden bereits in zwei Metern Tiefe ständig feucht bleibt, haben tief wurzelnde Arten auch während der Trockenzeit ausreichend Wasser zur Verfügung. Die Böden sind vielerorts sandig, sehr nährstoffarm und verhindern das Aufkommen laubabwerfender Wälder. Feuer sind häufig, insbesondere im Winter. Neben Gräsern und grasartigen Pflanzen findet man häufig Pflanzen mit unterirdischen Knollen oder Arten mit schwer entflammbarer Rinde. Der Campo Cerrado ist arm an Kakteen. Nur wenige Arten haben sich an die nährstoffarmen Böden in Kombination mit den regelmäßigen Feuern angepasst. Typische Kakteenarten sind *Discocactus*, *Pilosocereus machrisii*, *P. aureispinus*, *Arrojadoa dinae* und *Cereus mirabella*. Weiter gedeihen hier Erdbromelien (z. B. *Dyckia mello-barretoi*, *Vriesea oligantha*).

Wesentlich artenreicher sind als **Campo Rupestre** bezeichnete, felsige Standorte in Lagen oberhalb von 750 m ü. d. M. Hier gedeihen viele Kakteen (z. B. *Pilosocereus fulvilanatus*, *P. aurisetus*, *Melocactus paucispinus*, *M. violaceus*, *Stephanocereus* *luetzelburgii*, *Pierrebraunia*) und Erdbromelien (z. B. *Aechmea distichantha*, *Billbergia leopoldii*, *B. vittata*, *Cryptanthus caracensis*, *C. glaziovii*, *Dyckia dissitiflora*, *Neoregelia diamantinensis*, *Orthophytum amoenum*, *O. burle-marxii*, *O. glabrum*).

Ganz im Nordosten von Brasilien findet sich mit der **Caatinga** eine semi-aride Region. Das Wort „ca-atinga" bedeutet in der Sprache der Tupi-Ethnie „schattenloser Wald". Die Trockenzeit kann in der Caatinga bis zu neun Monate andauern. Unregelmäßige Starkniederschläge führen zu starker Bodenerosion. Typisch sind sandige, steinige oder lehmige Böden. Die Vegetation besteht mehrheitlich aus niederen, laubabwerfenden Dornbüschen und -bäumen. Auffällig sind in manchen Regionen Flaschenbäume wie *Cavanillesia arborea*. Epiphyten fehlen fast vollständig. Gräser und andere, krautige Pflanzen sind nur während der kurzen Regenzeit grün und verdorren nach dem Beginn der Trockenzeit schnell. Sukkulenten sind häufig, wobei Säulenkakteen (z. B. *Cereus jamacaru*, *Pilosocereus*) dominieren. Auch sukkulente Euphorbien und Erdbromelien (*Billbergia*, *Cryptanthus*, *Dyckia*, *Encholirium*, *Hohenbergia*, *Orthophytum*) sind hier weit verbreitet. Felsbiotope werden von grauen Tillandsien (z. B. *Tillandsia gardneri*, *T. milagrensis*, *T. streptocarpa*, *T. tenuifolia*) besiedelt.

Der **Chaco** erstreckt sich von Südbolivien über Paraguay bis weit nach Westargentinien und Südbrasilien. Die Nord-Süd-Ausdehnung beträgt ca. 1.500 km, die mittlere Breite rund 750 km. Die Jahresniederschläge liegen bei 900–1.200 mm. Während der starken Sommerregen sind weite Teile des Chaco überschwemmt. Parklandschaften mit Wald, Palmsavannen, periodisch überschwemmte Grasflächen und Sümpfe wechseln einander ab. Der westliche Teil Argentiniens ist stark verbuscht. Hier findet man auch Salzpfannen mit Halophyten. Charakteristische Gräser sind *Elionurus muticus* und *Spartina argentinensis*. Typische Baumarten der Chaco-Wälder sind *Aspidosperma quebracho-blanco* und *Schinopsis balansae*. *Trithrinax campestris* und *Copernicia alba* sind zwei häufige Palmen.

Ein weiteres, relativ kleines Trockenwaldgebiet findet sich in den höheren Lagen auf der

Terrarium (100 x 70 x 70 cm) für Kielschwanzleguane (*Tropidurus torquatus*) in einer Sonderausstellung der Sukkulentensammlung Zürich. Bepflanzt mit *Jatropha*, diversen Kakteen (*Cleistocactus*, *Echinopsis*, *Parodia*, *Praecereus*) und Erdbromelien (*Aechmea recurvata*, *Dyckia*) aus Brasilien

Pazifikseite der Anden im Nordwesten von Peru und im anschließenden Ecuador.

Gräser aus südamerikanischen Grasland- und Trockenwaldgebieten sind im Handel kaum erhältlich. Eine Ausnahme stellt das Pampasgras (*Cortaderia selloana*) dar. Die Art eignet sich aufgrund ihrer Größe jedoch nur für Freilandanlagen. Sehr groß ist dagegen das Angebot an Sukkulenten. Insbesondere Kakteen haben die meisten größeren Pflanzenhandlungen im Angebot. In spezialisierten Bromelien- oder aber in manchen Sukkulentengärtnereien erhältlich sind xerophytische Bromelien, wobei Arten der Gattungen *Cryptanthus* und *Dyckia* am häufigsten verkauft werden. Obwohl Erstere oft in Regenwaldterrarien verwendet werden, handelt es sich eigentlich um Arten der ostbrasilianischen Trockenwälder. Gelegentlich sogar in Gartenzentren erhältlich ist der Dornbusch *Colletia paradoxa*. In Galeriewäldern entlang von Flüssen gedeihen in Südamerika oft Epiphyten. Im Handel erhältlich sind hiervon Arten der Gattung *Rhipsalis* (Binsenkakteen), *Tillandsia* sowie der altbekannte Zimmerhafer (*Billbergia nutans*). Als Kletterpflanze besonders empfehlenswert ist die Blaue Passionsblume (*Passiflora caerulea*), eine in Lateinamerika weit verbreitete und im Terrarium bei guter Beleuchtung sehr robuste Art.

14.3.1. Froschlurche

Ceratophrys cranwelli, Dermatonotus muelleri, Melanophryniscus stelzneri, Phyllomedusa azurea, P. hypochondrialis, P. sauvagii, Physalaemus biligonigerus, Rhinella granulosa, R. marina

14.3.2. Echsen

Ameiva ameiva, A. chrysolaema, Cnemidophorus lemniscatus, Liolaemus lemniscatus, L. nigromaculatus, L. tenuis, Mabuya mabouya, Sphaerodactylus fantasticus, Tropidurus semitaeniatus, T. torquatus, Tupinambis teguixin

14.3.3. Schlangen

Boa constrictor, Bothrops jararaca, B. neuwiedi, Crotalus durissus, Drymobius margaritiferus, Philodryas baroni, P. mattogrossensis

14.3.4. Schildkröten

Chelonoidis chilensis

14.3.5. Spinnen und andere Spinnenartige

Aphonopelma saltator, A. seemanni, Cyrtophora citricola, Grammostola cala, G. spatulata, Phormictopus cubensis

14.3.6. Skorpione

Tityus paraensis, Tityus serrulatus

14.3.7. Hundert- und Tausendfüßer

Julius sp.

14.3.8. Insekten

Brunneria subaptera, Stagmatoptera hyaloptera

14.3.9. Weiterführende Literatur

ARMITANO (1987); BOLLINGER & EGGLI (2005); BUCHER (1982); EGGLI (1994b), LEME & MARIGO (1993)

Terrarium (60 x 40 x 40 cm) für Schwarzkrötchen (*Melanophryniscus klappenbachi*), bepflanzt mit diversen Bromelien (*Cryptanthus bivittatus, Neoregelia willsoniana, Orthophytum* sp.).

Aechmea recurvata **Brasilien**

◗ ♉ ☁ II

Billbergia nutans **Brasilien**

◗ ♉ ☁ I ♥

Tillandsia araujei **Brasilien**

○ ♉ ≈ II

Tillandsia argentina **Brasilien**

○ ♉ ≈ II

Tillandsia cauligera **Peru**

☼ ♉ ≈ II

Tillandsia capillaris **Mexiko–Chile, Argentinien**

☼ ♉ ≈ II

Tillandsia floribunda **Ecuador, Peru**

○ ♉ II

Tillandsia incarnata **Kolumbien, Ecuador**

☼ ♉ II

Tillandsia vernicosa **Bolivien–Paraguay**

○ ♉ II

Tillandsia xiphioides **Bolivien–Paraguay**

○ ♉ II

Pyrostegia venusta **Südbrasilien, Paraguay**

○ II

Passiflora caerulea **Mexiko–Uruguay**

○ I

Cleistocactus baumannii **Südbrasilien–Bolivien**

☼ ⇝ II *

Cryptanthus acaulis **Brasilien**

◗ ♈ 🌧 I k

Cryptanthus bivittatus **Brasilien**

◗ ♈ 🌧 I k

Cryptanthus fosterianus **Brasilien**

◗ ♈ 🌧 I

Calliandra tweedii **Südbrasilien**

◗ ♈ 🌧 III

Colletia paradoxa **Südostbrasilien, Uruguay**

☼ ♈ II

Discocactus heptacanthus **Zentralbrasilien**

☼ ♈ II *

Dyckia brevifolia **Brasilien**

○ ♈ II

Dyckia choristaminea **Südostbrasilien**

○ ♈ II

Dyckia dawsonii **Zentralbrasilien**

○ ♈ II

Dyckia rariflora **Brasilien**

○ ♈ II

Dyckia „Rauhii“ **Brasilien**

☼ ♈ II

Dyckia remotiflora **Brasilien**

○ ♈ II

Echinopsis oxygona **Südostbrasilien–Nordargentinien**

☼ ♈ II *

Echinopsis smrziana **Nordargentinien**

☼ ♈ II *

Erythrina crista-galli **subtropisches Südamerika**

○ ♈ I

Fuchsia microphylla **Mexiko–Südamerika**

◗ ♈ II

Gymnocalycium bruchii **Westargentinien**

☼ ♈ II *

Gymnocalycium megalothelon **Südamerika**

☼ ♈ II *

Gymnocalycium buenekeri **Südbrasilien**

☼ ♈ II *

Hohenbergia correia-araujі **Venezuela, Brasilien**

☼ ♈ II

Orthophytum disjunctum **Ostbrasilien**

○ ♈ II

Orthophytum lemei **Ostbrasilien**

☼ ♈ II

Orthophytum supthutii **Südostbrasilien**

○ ♈ II

Parodia buiningii **Südbrasilien, Norduruguay**

☼ ♈ II *

Parodia erinacea **Südbrasilien–Nordostargentinien**

☼ ♈ II *

Parodia magnifica **Brasilien**

☼ ♈ II *

Parodia schumanniana **Südbrasilien**

☼ ♈ II *

Parodia warasii **Südbrasilien**

☼ ♈ II *

Sinningia aggregata **Südostbrasilien**

○ ♈ III

14.4. Afrika

In Afrika zieht sich ein riesiges Gebiet mit Savannen, Dornbuschsavannen und Trockenwäldern im Süden der Sahara von Senegal im Westen, Äthiopien und Somalia im Osten bis nach Südafrika. Aufgrund der großen Ausdehnung ist die Vegetation sehr vielfältig. Sehr stark ist in manchen Gebieten der Einfluss großer Säugetiere wie Elefanten, Gazellen, Gnus, Giraffen oder Zebras, die das Aufkommen eines Baumbestandes verhindern oder zumindest verlangsamen.

Neben Gräsern (z. B. *Sporobolus robustus*) sind in Afrika Akazien (*Acacia*) charakteristisch für Trockenwälder und Dornbuschsavannen. Ebenfalls häufig ist der Scheabutterbaum (*Butyrospermum parkii*) und der Leberwurstbaum (*Kigelia africana*). Von beiden Arten werden gelegentlich Samen angeboten. Auch Flaschenbäume der Gattungen *Adansonia* und *Bombax* findet man regelmäßig.

In Ostafrika verbreitet sind als „Miombo" bezeichnete Trockenwälder; es handelt sich dabei um das größte Trockenwaldgebiet der Erde. Dominante Bäume und Sträucher sind hier Arten der Gattungen *Acacia*, *Brachystegia*, *Isoberlinia* oder *Julbernardia*, weiter Baobabarten (*Adansonia*) und die Palme *Elaeis guineensis*.

In afrikanischen Savannen, Dornbuschsavannen und Trockenwäldern wachsen mancherorts große, säulenförmige Euphorbien (z. B. *Euphorbia breviarticulata*, *E. magnicapsula*). Im Bereich von Felsformationen sind Sukkulenten jedoch deutlich häufiger. Neben Arten der riesigen Gattung *Euphorbia* sind Asclepiadaceen (*Caralluma*, *Ceropegia*, *Fockea*, *Huernia*, *Stapelia*) sowie Aloaceen (*Aloe, Gasteria, Haworthia*) und Bogenhanfarten (*Sansevieria*) weit verbreitet und teilweise sehr auffällig.

Im Handel ist eine große Vielzahl für die Bepflanzung von Terrarien geeigneter Pflanzenarten aus den afrikanischen Savannen, Dornbuschsavannen und Trockenwäldern verfügbar. Insbesondere bei den Sukkulenten ist die Auswahl in spezialisierten Sukkulentengärtnereien sehr groß. Für Savannen- oder Trockenwaldterrarien mit Tieren aus Westafrika hervorragend geeignet ist der Bogenhanf (*Sansevieria trifasciata*) – oft etwas bösartig auch als „Schwiegermutterzunge" bezeichnet. Von dieser leicht kultivierbaren Pflanze existieren Hunderte von Zuchtformen: Neben rein grünen oder hell- und dunkelgrün marmorierten Sorten gibt es auch solche mit gelben Streifen. Außerdem kann die Wuchshöhe stark variieren: So kennt man kleinwüchsige Sorten, die nur rund 10 cm hoch werden und sich somit auch für kleinere Terrarien eignen, während andere mehr als einen Meter erreichen. Daneben kennt man rund 60 weitere *Sansevieria*-Arten, die mehrheitlich aus Ost- und Südafrika stammen. Diese Arten kann man in der Regel nur in Sukkulentengärtnereien kaufen. Viele der kleineren Arten eignen sich sehr gut zur Bepflanzung von Terrarien. Die meisten Sukkulentengärtnereien bieten auch eine Vielzahl weiterer Pflanzen aus den afrikanischen Savannen und Trockenwäldern an. Insbesondere *Euphorbia*- und *Aloe*-Arten sind in der Regel in

Terrarium für Eierschlangen (*Dasypeltis scabra*) im Zoo Stuttgart. Bepflanzt mit Bogenhanf (*Sansevieria trifasciata*)

Felsplateau eines Inselberges in der Baumsavanne von Südwest-Ghana mit *Euphorbia deightonii*, *Sansevieria liberica*, *Cyanotis lanata* und vielen anderen Pflanzen. Lebensraum von *Agama agama*, *Trachylepis quinquetaeniata*, *Python sebae*, *Bitis arietans* oder *Causus rhombeatus*. In Senken bilden sich hier nach Regenfällen Tümpel. Diese sind Lebensraum von *Drosera indica*, *Burmannia latialata* sowie von Fröschen wie *Hoplobatrachus occipitalis* oder *Phrynobatrachus* spp.

einer reichen Formenvielfalt verfügbar. Auch von diesen beiden Gattungen eignen sich viele Arten als Terrarienpflanzen. Vorsicht ist allerdings im Umgang mit Euphorbien angesagt! Fast alle Arten besitzen einen giftigen und oft stark reizenden, weißen Milchsaft, der bei Verletzungen der Pflanze aus der Wunde austritt. Gelangt der Saft auf Schleimhäute (Augen, Nasen, Mund), so können schwere Verbrennungen die Folge sein. Von einigen Arten ist bekannt, dass der Milchsaft die Haut schädigen kann und in manchen Fällen führten sogar verdunstende Bestandteile des Milchsaftes zu schweren Verätzungen, ohne dass die Person direkten Kontakt mit der Pflanze hatte. Nicht von Ungefähr wird der Saft der Euphorbien als „Wolfsmilch" bezeichnet. Es gibt aber auch Reptilien, die Teile von Euphorbien fressen, ohne Schaden zu nehmen (Eggli & Akeret 2000). Grundsätzlich sollte man Euphorbien nicht verwenden, wenn pflanzenfressende Tiere im Terrarium leben. Müssen die Pflanzen zurückgeschnitten werden, bringt man die Tiere für 1–2 Tage in einem anderen Terrarium unter. Auf jeden Fall sollte man Schutzhandschuhe und eine Brille tragen, wenn man mit Wolfsmilchgewächsen arbeitet, insbesondere beim Schneiden von Blättern oder Trieben! Spritzer auf der Haut sind unverzüglich abzuwaschen. Führt ein Kontakt mit Milchsaft zu Hautreizungen oder gelangt er trotz Vorsichtsmaßnahmen in die Augen bzw. auf Schleimhäute, so sollte man unverzüglich einen Arzt konsultieren.

Als Aronstabgewächs zwar ebenfalls leicht giftig, aber trotzdem fürs Terrarium geeignet, ist die seit einiger Zeit häufig angebotene *Zamioculcas zamiifolia*. Die Art ist von Tansania bis Natal verbreitet und gedeiht auch bei mäßigen Lichtverhältnissen. Leider verletzen Reptilien mit scharfen Krallen leicht die Blattoberflächen, wodurch die Pflanzen unansehnlich werden.

Einfach zu pflegende, kriechende oder als Ampeln kultivierbare, ungiftige Sukkulenten sind die Leuchterblumen mit der häufig angebotenen Art *Ceropegia linearis*. Wer afrikanische Kletterpflanzen in sein Trockenterrarium pflanzen möchte, dem seien die beiden Weinrebengewächse *Cissus quadrangularis* und *C. rotundifolia* sowie die Leuchterblume *Ceropegia sandersonii* empfohlen. Gerade im gut beleuchteten Chamäleonterrarium bieten diese drei Arten den Tieren bereits nach kurzer Zeit hervorragende Kletter- und Versteckmöglichkeiten. Bei guter Beleuchtung wächst insbesondere *Cissus quadrangularis* sehr schnell, und muss regelmäßig zurückgeschnitten werden, und sie verzeiht es auch, wenn ein Chamäleon oder ein anderes Tier mal ein Blatt frisst.

Schwierig erhältlich sind Dornsträucher. Gelegentlich werden Akaziensamen angeboten. Meist dauert es aber 2–3 Jahre, bis man daraus einen kleinen Busch herangezogen hat. Es ist zu beachten, dass Akazien empfindlich auf Manipulationen im Wurzelbereich reagieren und oft alle Blätter fallen lassen, wenn man sie umtopft. Gießt man sie danach regelmäßig, so treiben sie jedoch in der Regel rasch wieder aus.

Terrarium für Felsenskorpione (*Hadogenes bicolor*) im Zoo Berlin. Bepflanzt mit Bogenhanf (*Sansevieria trifasciata*, *S. volkensii*)

14.4.1. Froschlurche

Afrixalus dorsalis, A. fornasini, Amietophrynus regularis, Chiromantis xerampelina, Kassina maculata, Pyxicephalus adspersus

14.4.2. Echsen

Acanthocercus atricollis, Agama agama, Bradypodion pumilum, Chamaeleo dilepis, Cordylus cataphractus, C. cordylus, C. giganteus, C. tropidosternum, C. warreni, Gerrhosaurus flavigularis, G. major, G. vallidus, Lygodactylus keniensis, L. gutturalis, L. picturatus, L. kimhowelli, L. gravis, Platysaurus guttatus, Trachylepis quinquetaeniata, Varanus albigularis, V. exanthematicus

14.4.3. Schlangen

Aspidelaps lubricus, A. scutatus, Bitis arietans, B. atropos, Dasypeltis scabra, Dendroaspis polylepis, Dispholidus typus, Hemachatus haemachatus, Lamprophis aurora, L. fuliginosus, Naja melanoleuca, N. nivea, N. pallida, Proatheris superciliaris, Psammophis sibilans, Psammophylax rhombeatus, Python regius, P. sebae, Thelotornis kirtlandii

14.4.4. Schildkröten

Chersina angulata, Geochelone pardalis, G. sulcata, Homopus spp., *Kinixys belliana, Malacochersus tornieri, Psammobates geometricus*

14.4.5. Spinnen und andere Spinnenartige

Cyrtophora citricola, Harpactira gigas, Pterinochilus vorax, P. murinus

14.4.6. Skorpione

Hadogenes bicolor, H. trichiurus, Hottentotta hottentotta

14.4.7. Insekten

Miomantis abyssinica, M. paykullii, Parasphendale affinis, Phyllocrania paradoxa, Popa undata, Pseudocreobotra ocellata, P. wahlbergii, Sphodromantis lineola

14.4.8. Weiterführende Literatur

Carter (1983–1994); Ernst (1971); Ghazanfar (1988); Schmidt (1963)

Terrarium (100 x 70 x 70 cm) für südafrikanische Puffottern (*Bitis arietans*) in einer temporären Sonderausstellung der Sukkulentensammlung Zürich. Bepflanzt mit *Aloe* und *Gasteria* und *Haworthia*

Ceropegia africana **Südafrika**

◗ ⌇ ☁ II

Ceropegia albisepta **Ostafrika**

◗ ⌇ ☁ II

Ceropegia linearis **Südafrika**

◗ ⌇ ☁ II

Ceropegia linearis woodii **Südafrika**

◗ ⌇ ☁ I ♥

Ceropegia multiflora **Südafrika**

◗ ⌇ ☁ II

Ceropegia sandersonii **Mosambik–Transvaal**

○ ⌇ ☁ II

Cissus quadrangularis **Ostafrika, Arabien, Indien**

○ II

Cissus rotundifolia **Mosambik–Jemen**

○ II

Acacia karroo **Südafrika**

○ ♈ II G

Adenia globosa **Kenia**

☼ ♈ II !

Aloe dorotheae **Tansania**

○ ♈ II

Aloe juvenna **Kenia**

○ ♈ II

Ceraria pygmaea **Südafrika (Namaqualand)**
○ ♈ II

Crassula ovata **Südafrika (östliches Kap–Kwazulu-Natal)**
○ ♈ I

Cyanotis lanata **tropisches Afrika, südl. Arab. Halbinsel**
◗ ⇝ II

Cyanotis somaliensis **Somalia**
◗ ⇝ II

Echidnopsis nubica **Sudan, Äthiopien**
☼ ⇝ II k

Cycas thouarsii **Südkenia–Sambesi**
○ ♈ II

Euphorbia baioensis **Kenia**

○ ♈ II ☠

Euphorbia enormis **Südafrika (Transvaal)**

○ ♈ II ☠

Euphorbia deightonii **Westafrika**

○ ♈ II ☠

Euphorbia decussata **Südafrika (Transvaal)**

○ ♈ II ☠

Euphorbia pulvinata **Südafrika**

○ ♈ II ☠

Euphorbia richardsiae **Malawi**

○ ♈ II ☠

Euphorbia rubrispinosa **Tansania**

○ ♈ II ☠

Huernia leachii **Mosambik**

☼ ♈ II k

Huernia hystrix **Mosambik–Swasiland**

☼ ♈ II k

Kalanchoe humilis **Mosambik**

○ ♈ II

Kleinia fulgens **Ost- und Südafrika**

◗ ⇝ II ☠

Kleinia petraea **Uganda, Kenia, Tansania**

◗ ⇝ II ☠

Kleinia stapeliiformis **nordöstliches Südafrika**

◗ ⇝ II ☠

Monadenium guentheri **Ostafrika**

○ ⇝ II

Monadenium heteropodum **Tansania**

○ ⇝ II

Ledebouria socialis **Südafrika**

◗ ♈ II

Sansevieria gracilis **Ostafrika**

◗ ♈ II

Sansevieria kirkii **Malawi, Tansania, Sansibar**

◗ ♈ II

Sansevieria metallica **tropisches Afrika**

◗ ♈ II

Sansevieria parva **Kenia, Uganda**

◗ ♈ II

Sansevieria pinguicula **Kenia**

◗ ♈ II

Sansevieria raffillii **Kenia**

◗ ♈ II

Sansevieria sinus-simiorum **Malawi**

◗ ♈ II

Sansevieria trifasciata **Westafrika**

◗ ♈ I ♥

Sansevieria volkensii **Ostafrika**

◗ ♈ II

Sarcocaulon vanderietiae **Südafrika**

○ II

Senecio jacobsenii **Kenia, Tansania**

○ II ☠

Sarcostemma stolonifera **Ostafrika**

○ ♈ II

Stapelia gigantea **Südafrika**

☼ ♈ I

Zamioculcas zamiifolia **Ostafrika, Sansibar**

◗ ♈ I ☠

14.5. Madagaskar

Trockenwälder, Baumsavannen und Savannen bedecken in unterschiedlicher Ausprägung den größten Teil von Madagaskar. Das zentrale Hochland ist mit einer Jahresniederschlagsmenge von rund 1.500 mm relativ feucht. Die Trockenzeit dauert hier in der Regel nur einen bis maximal vier Monate. Der größte Teil Zentralmadagaskars ist mit Savannen und Baumsavannen bedeckt. Neben Gräsern, Büschen und Bäumen findet man hier auch Palmen (z. B. *Chrysalidocarpus*). Entlang von Flüssen wachsen auch in den trockeneren Regionen Schraubenpalmen (z. B. *Pandanus pulcher*). Besonders interessant sind die vielen isolierten Inselberge und Felsformationen des zentralen Hochlandes. Diese besitzen eine vielfach hochdifferenzierte und interessante Vegetation mit einer großen Anzahl an Sukkulenten. Viele der hier vorkommenden Pflanzen sind im höchsten Grad endemisch, d. h., ein erheblicher Teil der Arten kommt nur auf einem einzigen Inselberg oder einer Bergflanke vor und sonst

nirgends. Besonders häufig und auffallend sind Vertreter der Gattungen *Aloe*, *Kalanchoë* und *Euphorbia*. Auch einige *Pachypodium*-Arten gedeihen hier wie *Pachypodium densiflorum* im südlichen Zentralmadagaskar. Entlang den Westabhängen des Ostküstengebirges findet man in Höhenlagen zwischen 800 und 1.600 m sogenannte Tapia-Wälder mit der dominanten Baumart *Uapaca bojeri*. Diese Wälder gleichen in ihrem Erscheinungsbild etwas den mediterranen Korkeichenwäldern. Epiphyten sind hier selten. Waldbrände treten regelmäßig auf. Wo es

Terrarium (100 x 70 x 70 cm) für Madagaskar-Taggeckos (*Phelsuma madagascariensis grandis*) und Madagaskarfröschchen (*Mantella viridis*, oben) in einer Sonderausstellung der Sukkulentensammlung Zürich. Bepflanzt mit *Aloe* und *Cissus*

häufig brennt – Ursache ist heute oft der Mensch –, werden andere Baumarten zunehmend durch die feuerresistenten Tapiabäume verdrängt.

Ganz im Norden in der Umgebung von Diego Suarez (Antsiranana) und entlang der Westküste Madagaskars gedeihen mehrheitlich 12–15 m hohe Trockenwälder (z. B. Wälder von Ankarafantsika, Ankarana und Kirindi). Pro Jahr fallen zwischen 500 und 1.500 mm Niederschlag. Die Trockenzeit dauert hier sieben bis acht Monate. Große Bäume und Epiphyten sind selten, Lianen dagegen recht häufig, so z. B. *Ceropegia leroyi*, *Cynanchum floriferum*, *C. insigne* (Asclepiadaceae) oder *Cissus quadrangularis* (Vitaceae). Der heute weltweit in tropischen und subtropischen Regionen wegen seiner großen, auffällig roten Blüten angepflanzte Flamboyant (*Delonix regia*) stammt ursprünglich aus den Trockenwäldern Nordmadagaskars. Viele Bäume haben ganz charakteristisch horizontal ausgerichtete, fingerförmig gefiederte Blätter (z. B. *Euphorbia bongolavensis*).

Auch in den Trockenwäldern der Nord- und Westküste sind Sukkulenten häufig. So überragt etwa ganz im Norden in der Umgebung von Diego Suarez *Pachypodium rutenbergianum* das grüne Blätterdach, oder *P. decaryi* gedeiht an felsigen, sonnenexponierten Standorten. Der Boden ist oft wenig bewachsen und von einer dicken Laubschicht bedeckt. Pachycaule, d. h. stammsukkulente Bäume wie die Flaschenbäume (z. B. *Moringa drouhardii*) oder die Baobabs (z. B. *Adansonia grandidieri*) geben den Wäldern ein besonderes Erscheinungsbild. Ebenfalls wasserspeichernde Stämme besitzen die große gelbe Blüten bildenden Sträucher und Bäume der Gattung *Uncarina*. Leider werden heute viele Trockenwälder gerodet und in Grasland umgewandelt.

Im Handel wird eine große Vielfalt an Pflanzen aus den Trockengebieten Madagaskars angeboten. Es handelt sich meist um Sukkulenten. So haben viele Sukkulentengärtnereien neben den üblichen Kakteen oft auch ein mehr oder weniger breites Sortiment an madagassischen *Aloe*-, *Kalanchoë*- und *Euphorbia*-Arten. Die am häufigsten angebotene Pachypodien-Art – das meist als „Madagaskarpalme" bezeichnete *Pachypodium*

Terrarium (100 x 70 x 70 cm) für Madagaskar-Boas (*Acrantophis dumerili*, rechts unter der *Aloe*) in einer Sonderausstellung der Sukkulentensammlung Zürich. Bepflanzt mit *Aloe* sp. und *Euphorbia leucodendron*

lamerei – stammt aus den Dornbusch-Halbwüsten im äußersten Südwesten der Insel. Arten aus den Trockenwäldern und Savannen sind deutlich schwieriger erhältlich. Man findet sie am ehesten in Gärtnereien, die sich auf Madagaskarsukkulenten spezialisiert haben. Diese Pachypodien sind im Terrarium nicht sehr ausdauernd.

Neben den Sukkulenten werden in Sukkulentengärtnereien gelegentlich auch madagassische Sträucher angeboten wie *Commiphora edulis* oder einzelne *Uncarina*-Arten.

14.5.1. Froschlurche

Boophis tephraeomystax, *Mantella betsileo*, *M. viridis*

14.5.2. Echsen

Brookesia bonsi, *B. ebenaui*, *B. perarmata*, *Furcifer lateralis*, *F. verrucosus*, *Oplurus cuvieri*, *O. cyclurus*, *O. grandidieri*, *O. quadrimaculatus*, *Paroedura bastardi*, *P. lohatsara*, *P. maingoka*, *P. picta*, *Phelsuma abbotti*, *P. dubia*, *P. modesta*, *P. mutabilis*, *Zonosaurus karsteni*, *Z. laticaudatus*, *Z. madagascariensis*

14.5.3. Schlangen

Acrantophis dumerili, *Langaha madagascariensis*, *Leioheterodon madagascariensis*, *L. modestus*, *Madagascarophis ocellatus*

14.5.4. Schildkröten

Pyxis planicauda

14.5.5. Spinnen und andere Spinnenartige

Argiope coquereli

14.5.6. Insekten

Majanga basilaris, *Phyllocrania illudens*, *Polyspilota aeruginosa*, *Popa batesi*

14.5.7. Weiterführende Literatur

CALLMANDER (2001); HERMANS et al. (1998); HUMBERT (1939, 1941); KOECHLIN et al.(1997); PRESTON-MAFHAM (1991); RAUH (1995, 1998)

Aloe delphinensis **Südostmadagaskar**

○ ♈ II

Aloe bellatula **Zentralmadagaskar**

○ ♈ II

Aloe deltoideodonta **Zentralmadagaskar**

○ ♈ II

Aloe fragilis **Nordmadagaskar**

○ ♈ II

Aloe ibitiensis **Madagaskar**

○ ♈ II

Aloe parvula **Itremo-Cabinge-Hochland**

○ ♈ II

Aloe rauhii **Madagaskar**

○ ♈ II

Aloe spinosissima **Madagaskar**

○ ♈ II

Aloe suarezensis **Nordmadagaskar**

○ ♈ II

Cissus quadrangularis **Ostafrika, Madagaskar**

○ II

Commiphora edulis **Madagaskar**

○ ♈ II

Euphorbia bongolavensis **Nordwestmadagaskar**

○ ♈ II ☠

Euphorbia leucodendron **Südmadagaskar**

○ ♈ II ☠

Euphorbia pedilanthoides **Westmadagaskar**

○ ♈ II ☠

Kalanchoë milloti **Südostmadagaskar**

○ ♈ II

Kalanchoë pumila **Zentralmadagaskar**

○ ♈ ⇝ I

Kalanchoe tomentosa **Zentralmadagaskar**

○ ♈ ⇝ II

Medinilla sedifolia **Ostmadagaskar**

◗ ⇝ ⌇ II

Oeceoclades roseovariegata **Nordmadagaskar**

○ ♈ II !

Pachypodium densiflorum **Zentralmadagaskar**

○ ♈ II !

Sansevieria canaliculata **Ostafrika, Madagaskar**

○ ♈ II

14.6. Asien

In Asien findet man keine großflächigen Savannenlandschaften. Trockenwälder und Dornbuschsavannen sind dagegen insbesondere auf dem indischen Subkontinent (Ost-Ghats, Deccan-Plateau in Zentralindien und Nordostindien) und einem Streifen von Myanmar über Nordthailand und Laos bis Kambodscha weit verbreitet. Die Trockenzeit dauert je nach Region 5–9 Monate. Bei Niederschlagsmengen von 1.000–1.600 mm/Jahr gedeiht auf dem nordwestlichen Deccan-Plateau ein ca. 20 m hoher Salbaumwald (*Shorea robusta*). In manchen Gebieten sind hier Bambusarten (*Dendrocalamus*) häufig. Sie bilden stellenweise dichte Reinbestände, die dafür sorgen, dass der Boden mit einer Schicht aus Bambusblättern und -blattscheiden bedeckt ist. Auch Palmen (z. B. *Caryota mitis*, *C. urens*, *Corypha umbraculifera*, *Phoenix acaulis*, *P. farinifera*, *P. sylvestris*) sind weit verbreitet. Bei Jahresniederschlagsmengen unter 1.000 mm gedeihen in Zentralindien Teakwälder (*Tectona grandis*). Mit zunehmender Trockenheit gehen sie in Dornbuschsavannen über. Diese ziehen sich in Indien vom äußersten Südosten des Landes auf der Ostseite der Ghats über das westliche Deccan-Plateau bis in die Täler von Ganges und Indus, wo sie in die Halbwüsten Zentralasiens übergehen. Typische Pflanzen der indischen Dornbuschsavannen sind *Albizia amara*, *Acacia arabica*, *A. catechu*, *A. senegal*, *Anogeissus pendula*, *Euphorbia caducifolia*, *Salvadora oleoides* und *Prosopis cineraria*. Sukkulenten fehlen fast überall.

Von Kambodscha über Laos bis Nordthailand und Myanmar wachsen in feuchteren Regionen lichte, laubwerfende Dipterocarpaceenwälder (*Dipterocarpus alatus*, *D. obtusifolius*) mit einer lockeren Grasschicht im Unterwuchs.

Savannen findet man auch auf einigen Inseln zwischen Malaysia und Neuguinea, insbesondere wenn keine Berge die Regenwolken stauen. So ist Komodo mit Saisonwäldern und Savannen bewachsen. Teilweise sind Letztere jedoch Folgen großflächiger Rodungen wie z. B. auf Timor.

Im Handel sind kaum Pflanzen aus den asiatischen Trockenwäldern erhältlich. Am ehesten

Terrarium für Tigerpythons (*Python molurus*) im Zoo Basel. Bepflanzt mit Palmen (*Phoenix* sp.) und Benjaminsfeige (*Ficus benjamina*)

dürfte man Kapernsträucher (*Capparis spinosa*) in einer Mittelmeerpflanzengärtnerei erstehen können. Kapern sind vom Mittelmeer bis in die Trockenwälder Indiens verbreitet. Gelegentlich werden Palmen aus diesen Gebieten angeboten. Als Alternativen eignen sich aber auch Palmen aus anderen Regionen. Insbesondere Dattelpalmen (*Phoenix*) und Fischschwanzpalmen (*Caryota*), beides Gattungen, bei denen Vertreter in asiatischen Trockenwäldern vorkommen, werden im Handel häufig angeboten. Da Akazien in vielen Gebieten der Erde charakteristisch sind für Dornbuschwälder, wären auch hier Alternativen zu finden. Eine Kletterpflanze, die man sich eventuell aus dem Urlaub am Mittelmeer mitbringen kann, ist die bis nach Indien verbreitete Stechwinde (*Smilax aspera*). Die Pflanzen müssen allerdings sehr sorgfältig ausgegraben werden, weil sie kaum anwachsen, wenn man nicht ausreichend Wurzelmaterial mitnimmt. Alternativ können Stechwinden auch aus Samen gezogen werden. Leider werden diese Pflanzen kaum kultiviert, obwohl sie sich recht gut für Terrarien eignen würden.

14.6.1. Froschlurche

Duttaphrynus melanostictus

14.6.2. Echsen

Brachysaura minor, *Calotes versicolor*, *Hemidactylus maculatus*, *Psammophilus dorsalis*, *Varanus bengalensis*, *V. flavescens*

14.6.3. Schlangen

Coelognathus helenus, *Daboia russelii*, *Echis carinatus*, *Naja kaouthia*, *N. naja*, *Oligodon taeniolatus*, *Ophiophagus hannah*, *Ptyas mucosa*, *Python molurus*

14.6.4. Schildkröten

Geochelone elegans, *Indotestudo elongata*

14.6.5. Insekten

Creobroter pictipennis, *Gongylus gongylodes*

14.6.6. Weiterführende Literatur

GANDHI (1999); SINGH (1994, 2002)

Großterrarium für Komodowarane (*Varanus komodoensis*) im Zoo Rotterdam. Bepflanzt mit Palmen (z. B. *Caryota* sp.) und tropischen Sträuchern

Capparis spinosa **Mittelmeerraum–Indien**

○ ♈ ☁ III

Cissus quadrangularis **Ostafrika, Arabien, Indien**

○ ⥉ ☁ II

Cycas circinalis **Indien–Celebes**

○ ♈ ☂ III

Dioscorea bulbifera **Afrika, Asien, Nordaustralien**

○ ⥉ ☁ II

Dischidia bengalensis **Indien–Neuguinea**

○ ♉ ⌇ ☁ II ☠

Euphorbia mayuranathanii **Südostindien**

○ ♈ ▟ II ☠

Euphorbia royleana **Nordostindien**

○ ♈ II ☠

Ficus benjamina **Indien–Malaysia**

◗ ♈ I ♥

Myrmecodia armata **Südostasien**

◗ ♉ II m

Punica granatum **Südosteuropa–Indien, China**

○ ♈ I ✻

Sansevieria roxburghiana **Indien**

○ ♈ II

Sansevieria zeylanica **Sri Lanka**

○ ♈ II

14.7. Australien

Savannen sind in Australien auf den Norden und den Nordosten beschränkt, insbesondere westlich der Dividing Range. Es handelt sich um subtropische und tropische Grasländer, die mehrheitlich einen lockeren Baumbewuchs aufweisen. Unter günstigen Bedingungen können die Gräser 2 m Höhe erreichen. Vorherrschende Bäume sind Eukalyptus-Arten. Vielerorts gehen die Savannen gegen das Zentrum des Kontinents langsam in Halbwüsten und Wüsten über, während gegen Osten und Südosten mit zunehmender Regenmenge die Baumbestände dichter und die Bäume höher werden, bis schließlich ein geschlossener Hartlaubwald auftritt. Vielerorts ist eine klare Abgrenzung zum Hartlaubwald schwierig. Auffallend sind in manchen Gebieten große pachycaule Bäume wie *Adansonia gregorii* im Norden oder *Brachychiton australis* im Nordosten des Kontinents. Selbst wenn die Trockenwälder zur Gewinnung von Weideland gerodet werden, bleiben diese Flaschenbäume häufig stehen. An mäßig feuchten Standorten wie in Schluchten treten vielerorts Palmen auf (*Livistona*). In gewissen Trockenwaldtypen findet man einen artenreichen Bestand an Schlingpflanzen wie z. B. *Clematis pickeringii*, *C. microphylla*, *Jasminum lineare*, *Sarcostemma viminale*, *S. esculentum*.

Im Gegensatz zu Afrika und Südamerika findet man in australischen Savannen und Trockenwäldern kaum Dornbüsche. Selbst die meisten Akazien sind in Australien dornenlos, während die afrikanischen Arten oft zentimeterlange Dornen ausbilden. Ein möglicher Grund könnte sein, dass auf dem roten Kontinent große, pflanzenfressende Wildtiere – mit Ausnahme der Kängurus – vollständig fehlten, bis der Mensch vor noch nicht allzu langer Zeit Kühe, Schafe, Ziegen, Pferde und Dromedare einführte. So fehlte in Australien für die Pflanzen der Selektionsdruck zur Ausbildung von Dornen

Aufgrund der strengen australischen Exportbestimmungen für Pflanzen ist es schwierig, für die Terrarienbepflanzung geeignete Arten zu finden. Vielfach muss man sich diese erst aus

Eine Agame (*Diporiphora pindan*) sonnt sich auf einem Stein in der Baumsavanne der Kimberleys (Westaustralien). Lebensraum von *Chlamydosaurus kingii*, *Pogona minor*, *Varanus acanthurus*, *Varanus tristis* und vielen anderen Reptilien

Terrarium (150 x 140 x 125 cm) für Kimberley Felsenwarane (*Varanus glauerti*). Bepflanzt mit Palme (*Livistona australis*), Schraubenpalme (*Pandanus pacificus*) und Wachsblume (*Hoya australis*). Beleuchtung: zwei 38-W-Leuchtstoffröhren, ein 150-W-HQI-Strahler und eine 80-W-HQL-Lampe

Samen heranziehen. Am schnellsten geht dies mit einer Reihe von Akazienarten. Diese sind so schnellwüchsig, dass sie bei guter Pflege bereits im Alter von 1–2 Jahren ins Terrarium gepflanzt werden können. Bei guter Beleuchtung wachsen sie schnell weiter und müssen regelmäßig zurückgeschnitten werden. Da Akazien mithilfe von Knöllchenbakterien Luftstickstoff (N_2) fixieren, benötigen sie keinen stickstoffhaltigen Dünger.

Regelmäßig angebotene Sträucher aus Australien sind Pfeifenputzersträucher (*Callistemon*). Diese Pflanzen sollten kühl (10–15 °C) und nicht zu feucht überwintert werden. Sie ertragen weder Trockenheit noch übermäßige Nässe. Gute Erfahrungen konnten in warmen und sehr stark beleuchteten Großterrarien (min. 300 W HQI oder Leuchtstoffröhren/m^2) gemacht werden, wenn diese Pflanzen täglich mittels einer automatischen Bewässerung mit Regenwasser gegossen wurden.

In den letzten Jahren tauchte immer wieder mal der Flaschenbaum *Brachychiton rupestris* im Pflanzenhandel auf. Bei guter Beleuchtung gedeiht diese Art im Terrarium sehr gut. Wichtig sind regelmäßige Wassergaben, wobei darauf zu achten ist, dass das Substrat nicht vernässt. *Brachychiton* erträgt kurzzeitig leichten Frost.

Eine sehr teure Exklusivität aus Australien sind Grasbäume (*Xanthorrhoea*). Die meisten Arten sind auf Heiden oder mäßig feuchte Hartlaubwälder beschränkt. Einige Arten gedeihen aber auch in Baumsavannen. Wer sich eine solche Rarität ins Terrarium stellen will, muss sich auf jeden Fall im Vorwege über die speziellen Ansprüche dieser Pflanzen informieren. Sie benötigt sehr viel Licht. Außerdem muss besonders gut auf die Bewässerung geachtet werden. Grundvoraussetzung ist ein durchlässiges, mineralisches Substrat. Bei hohen Temperaturen sollte man täglich gießen, wobei aber überschüssiges Wasser auf jeden Fall abfließen können muss. Die meisten im Handel erhältlichen *Xanthorrhoea* sind Naturentnahmen. Grasbäume wachsen sehr langsam. Viele Arten benötigen über 100 Jahre, um einen nur wenige Dutzend Zentimeter hohen Stamm auszubilden.

***Brachychiton* sp. blüht im laublosen Zustand während der Trockenzeit in den Kimberleys (nördliches Westaustralien).**

14.7.1. Froschlurche

Litoria caerulea, L. congenita, L. rothii, L. rubella, L. splendida, L. watjulumensis

14.7.2. Echsen

Chlamydosaurus kingii, Diporiphora pindan, Egernia cunninghami, E. stokesii, Heteronotia binoei, Lophognathus gilberti, Nephrurus asper, Pogona barbata, P. vitticeps, Tiliqua multifasciata, T. scincoides, Trachydosaurus rugosus, Varanus acanthurus, V. gilleni, V. glauerti, V. gouldi, V. kingorum, V. panoptes, V. pilbarensis, V. storri, V. tristis

14.7.3. Schlangen

Acanthophis praelongus, Antaresia maculosa, Aspidites melanocephalus, Leiopython albertisii, Morelia amethistina, M. spilota, Pseudechis australis, P. colletti

14.7.4. Spinnen und andere Spinnenartige

Cyrtophora citricola, Latrodectus hasselti

14.7.5. Insekten

Archimantis spp., *Tenodera* spp.

14.7.6. Weiterführende Literatur

Brock (1997); Kenneally et al. (1996); Wheeler et al. (1992); Wrigley & Fagg (2003)

Acacia melanoxylon **Ostaustralien**

○ ♈ 🌧 II_S

Adansonia gregorii **Nordaustralien**

○ ♈ ☁ III

Brachychiton rupestris **Queensland**

○ ♈ ☁ I

Callistemon citrinus **Ostaustralien**

○ ♈ 🌧 I

Cycas basaltica **Nordaustralien**

○ ♈ ☁ III

Dendrobium speciosum **Ostaustralien**

○ ♉ ☁ II

Dioscorea bulbifera **Afrika, Asien, Nordaustralien**

○ II

Livistona australis **Ostaustralien**

○ ♈ I

Pachynema sphenandrum **Nordaustralien**

○ ♈ III

Platycerium veitchii **Ostaustralien**

☼ ♉ II

Sarcostemma australe **Nord- und Ostaustralien**

○ II

Xanthorrhoea johnsonii **Nordostaustralien**

○ ♈ II !

15. Hartlaubwälder

Trockenrasen und Macchia in Griechenland. Lebensraum von Landschildkröten (*Testudo hermanni*, *T. marginata*), Eidechsen (*Lacerta trilineata*, *Podarcis tauricus*) und Schlangen (*Elaphe quatuorlineata*, *Vipera ammodytes*, *Zamenis situla*)

Hartlaubwälder haben sich in Regionen mit Mittelmeerklima ausgebildet: Milde, regenreiche Winter wechseln sich ab mit heißen, trockenen Sommern. Frost ist selten. Die hauptsächliche Vegetationsperiode ist das Frühjahr. Im Sommer wird das Wachstum wegen Wassermangel stark reduziert. Nach Einsetzen der Niederschläge im Herbst kann es zu einer zweiten Wachstumsperiode kommen. So treiben manche Zwiebelpflanzen bereits im Herbst aus und können dann im zeitigen Frühjahr blühen und Samen bilden. Vielerorts ist es im Winter zumindest während des Tages ausreichend warm, um ein massiges Wachstum zu ermöglichen.

Als Anpassung an die alljährliche, mehrmonatige Trockenperiode bilden viele Baum- und Straucharten verdunstungshemmende, hartlaubige Blätter aus und vermindern so den Trockenstress. Krautige Pflanzen ziehen während des Sommers ihre Blätter ein oder lassen diese vertrocknen und überdauern die heiße, trockene Jahreszeit unterirdisch als Zwiebeln, Knollen, mit Speicherrhizomen oder anderen Überdauerungsorganen. Gräser und Zwiebelpflanzen verdorren bereits im späten Frühjahr und werden gelb oder braun.

15.1. Hartlaubwaldterrarien

Beim Hartlaubwaldterrarium handelt es sich um ein halbtrockenes Terrarium, das in der warmen Jahreszeit geheizt wird. Im Winter sollten Tiere wie Pflanzen kühl gehalten werden. Viele Tiere wird man außerhalb des Terrarium an einem frostfreien Ort überwintern. Die meisten Pflanzen müssen jedoch auch in der kühlen Jahreszeit weiter mit Wasser und Licht versorgt werden. Können die Temperaturen im Zimmerterrarium nicht ausreichend abgesenkt werden, so empfiehlt es sich, die Pflanzen z. B. in einem frostfreien Frühbeetkasten oder einem kühlen Gewächshaus zu überwintern. Manche Arten wie z. B. der Efeu können jedoch auch über Jahre ohne kühle Phase erfolgreich gepflegt werden. Eine Reihe von Pflanzen aus Hartlaubwaldgebieten wie manche Feigenbaumsorten (*Ficus*) sind auch in Mitteleuropa in milden Lagen winterhart, falls man ihnen einen gewissen Frostschutz bieten kann. Von anderen Arten wie Lavendel (*Lavandula*), Ginster (*Genista*) oder *Mahonia pinnata* gibt es sogar völlig winterharte Sorten, die sich hervorragend zur Bepflanzung von Freilandterrarien eignen.

15.2. Nordamerika

In Nordamerika zieht sich ein schmales Hartlaubwaldgebiet entlang der mittel- und südkalifornischen Küste, im Osten begrenzt durch die Sierra Nevada. Häufig und sehr artenreich sind hier Eichen (*Quercus*). Andere artenreiche Gattungen der kalifornischen Hartlaubwälder sind *Arbutus*, *Ceanothus*, *Arctostaphylos*. Leitart ist das Rosengewächs *Adenostoma fasciculatum*.

In höheren Lagen ab ca. 500 m ü. d. M. gedeiht mit dem Chaparral ein dichter, immergrüner Eichenhartlaubwald, der vergleichbar ist mit der Macchie des Mittelmeerraumes. Im Gegensatz zur Macchie ist der Chaparral jedoch eine natürliche, zonale Pflanzengesellschaft, die an Brände angepasst ist. Dieser Vegetationstyp gedeiht nicht nur im kalifornischen Küstengebiet, sondern auch in den Gebirgen der Wüstengebiete Arizonas und des anschließenden Nordmexikos. In felsigen Bereichen, wo der Boden keinen oder nur einen lichten Baumwuchs zulässt, wachsen Kakteen (*Opuntia*, *Echinocereus*) und Agaven (*Agave parryi*).

Aus den Hartlaubwaldgebieten von Nordamerika sind nur eine sehr begrenzte Anzahl an Pflanzenarten im Handel erhältlich. In Gartenzentren häufig angeboten wird die in Mitteleuropa winterharte *Mahonia pinnata*. Ebenfalls regelmäßig erhältlich ist *Cupressus macrocarpa*. Diese als Zimmerzypressen bezeichneten Nadelgehölze sind leider im Zimmerterrarium wenig haltbar. Besser gedeihen sie im Gewächshaus, wobei sie allerdings nicht in der prallen Sonne stehen dürfen. Sie ertragen weder Trockenheit noch Staunässe und müssen kühl überwintert werden.

Zumeist nur in Sukkulentengärtnereien erhältlich sind die diversen Arten der Crassulaceen-Gattung *Dudleya*. Diese Pflanzen wachsen in der Natur an felsigen Standorten und gelten in der Kultur als heikel. Sie benötigen viel Licht. Auf keinen Fall darf Wasser in die Rosetten gelangen, sodass man die Pflanzen nur seitlich gießen darf. Staunässe ist auf jeden Fall zu vermeiden.

Regelmäßig angeboten werden dagegen Kakteen (*Echinocereus*) und Agaven (*Agave parryi*, *A. utahensis*) aus den Gebirgsregionen von Arizona. Kann man ihnen im Winter und bei längeren Schlechtwetterperioden einen Regenschutz bieten, so eignen sie sich sogar zur Bepflanzung von Freilandterrarien. Wichtig ist hierbei, auf ein lockeres, wasserdurchlässiges Substrat zu achten.

15.2.1. Froschlurche

Anaxyrus boreas, *A. californicus*, *Pseudacris cadaverina*, *P. regilla*, *Spea hammondii*

15.2.2. Echsen

Cnemidophorus labialis, *Eumeces* (*Plestiodon*) *gilberti*, *E.* (*P.*) *skiltonianus*, *Sceloporus occidentalis*, *S. jarrovi*, *Urosaurus graciosus*, *Xantusia henshawi*

15.2.3. Schlangen

Crotalus lepidus, *C. ruber*, *C. viridis*, *C. willardi*, *Diadophis punctatus*, *Pituophis catenifer*

15.2.4. Weiterführende Literatur

Faber (1997); Whithey (1998)

Agave parryi **Utah–Nordmexiko**

☼ ♈ II ❄

Ceanothus crassifolius **Kalifornien, Baja California**

○ ♈ III *

Ceanothus verrucosus **Kalifornien, Baja California**

○ ♈ III *

Cupressus macrocarpa **Kalifornien**

○ ♈ I *

Dudleya viscida **Kalifornien, Baja California**

○ ♈ II * !

Garrya elliptica **Oregon, Kalifornien**

○ ♈ III *

Mahonia nevinii **Kalifornien, Baja California**

○ ♈ ☁ III ∗

Mahonia pinnata **Kalifornien, Baja California**

○ ♈ ☁ I_G ❄

Prunus ilicifolia **Kalifornien, Baja California**

○ ♈ ☁ III ∗

15.3. Südamerika

In Südamerika findet sich ein kleines Hartlaubgebiet im mittleren Chile etwa von 30–37° südlicher Breite. Typische Pflanzen sind der Seidenrindenbaum (*Peumus boldus*) und die bei Berührung Hautausschlag und Fieber hervorrufende *Lithraea caustica*. In feuchten Schluchten findet man *Cryptocarya* und *Beilschmiedia*. In einem relativ kleinen Gebiet nordöstlich von Valparaiso wächst die Palme *Jubaea chilensis*. An trockenen und felsigen Standorten fallen Säulenkakteen (*Echinopsis chiloensis*) und große Erdbromelien (*Puya*) auf. Ferner findet man hier dornige Sträucher aus den Gattungen *Colletia* und *Trevoa*.

Außer Kakteen und Erdbromelien der Gattung *Puya* sind kaum Pflanzen aus den chilenischen Hartlaubgebieten im Handel erhältlich. Man wird deshalb in den meisten Fällen darauf angewiesen sein, sich über botanische Gärten Samen zu beschaffen und die gewünschten Pflanzen selbst heranzuziehen.

15.3.1. Echsen

Callopistes maculatus, *Liolaemus bellii*, *L. lemniscatus*, *L. leopardinus*, *L. kuhlmanni*, *L. monticola*, *L. nigroviridis*, *L. nitidus*, *L. schroederi*, *L. tenuis*, *L. zapallarensis*, *Phymaturus palluma*

15.3.2. Schlangen

Philodryas chamissonis

15.3.3. Spinnen

Grammostola rosea, *Paraphysa* sp.

15.3.4. Weiterführende Literatur

Seibert (1996); Walter & Breckle (1999)

Liolaemus nigroviridis campanae

Berberis darwinii **Chile**

◗ ♈ ☁ III ＊

Crinodendron patagua **Chile**

◗ ♈ ☁ III ＊

Fabiana imbricata **Südperu–Südchile, Argentinien**

◗ ♈ ☁ III ＊

Myrtus luma **Chile**

◗ ♈ ☁ III ＊

Puya raimondii **Peru, Nordchile**

○ ♈ ☁ II G

Quillaja saponaria **Peru, Bolivien, Chile**

◗ ♈ ☁ III ＊

15.4. Mittelmeergebiet, Kanarische Inseln

Die Region rund ums Mittelmeer ist die größte Hartlaubwaldregion. Durch den Jahrtausende währenden Einfluss des Menschen wurde die natürliche Vegetation des Mittelmeerraumes stark verändert. Man geht heute davon aus, dass ursprünglich Steineichenwälder (*Quercus ilex*) in vielen Regionen die natürliche Vegetation bildeten. Typischerweise findet man neben der Steineiche noch folgende Pflanzen in den wenigen verbliebenen Steineichenwald-Restbeständen. Sträucher: *Arbutus unedo*, Buchsbaum (*Buxus sempervirens*), *Viburnum tinus*, *Phillyrea angustifolia*, *P. media*, Pistaziensträucher (*Pistacia lentiscus*, *P. terebinthus*), *Rhamnus alaternus*, Rosen (*Rosa sempervirens*), Mäusedorn (*Ruscus aculeatus*). Lianen: *Smilax aspera*, *Lonicera etrusca*, *Clematis campaniflora*, *C. viticella*. Krautige Pflanzen: *Asparagus acutifolius*, *Asplenium adiantum*, *Carex distachya*. In Südosteuropa tritt die Kermeseiche (*Quercus coccifera*) an die Stelle der Steineiche. Auf Kalkböden gedeiht im westlichen Mittelmeerraum anstelle der Steineiche die Korkeiche (*Quercus suber*), deren Verbreitung durch den Menschen (Korkgewinnung) gefördert wird. In Südspanien und in Nordafrika findet man in tiefen, warmen Lagen wilde Ölbäume (*Olea oleaster*) und Johannisbrotbäume (*Ceratonia siliqua*) sowie die einzige europäische Palme *Chamaerops humilis*.

Als Folge des menschlichen Einflusses ist heute vielerorts ein als Macchie bezeichneter Niederwald vorherrschend. Dieser wird rund alle 20 Jahre geschlagen und regeneriert sich durch Stockausschläge.

Im Handel ist eine große Anzahl Pflanzen aus dem Mittelmeerraum verfügbar. Viele Arten kann man in Gartenzentren kaufen: Zistrosen (*Cistus*), Olivenbäumchen (*Olea europaea*), Ginster (*Genista*) oder Gewürzpflanzen wie Lavendel (*Lavandula*), Rosmarin (*Rosmarinus*) und Salbei (*Salvia*) werden regelmäßig angeboten – manche allerdings nur saisonal. Viele dieser Pflanzen eignen sich zur Bepflanzung von Freilandterrarien. Zistrosen und Olivenbäume sind jedoch in Mitteleuropa nicht winterhart und müssen frostfrei

Freilandterrarium für Breitrandschildkröten (*Testudo marginata*) im Tierpark Bern. Bepflanzt mit diversen, winterharten Mittelmeerpflanzen wie z. B. Lavendel (*Lavandula angustifolia*), Meerträubchen (*Ephedra*), Ginster (*Genista*), Gräsern usw.

überwintert werden. Werden die Pflanzen im Zimmerterrarium gehalten, so empfiehlt sich eine kühle Überwinterung.

Ein Winterregengebiet, das geografisch zwar nicht mehr zum eigentlichen Mittelmeerraum gehört, botanisch aber viele Anklänge an diese Region aufweist, ist Makaronesien. Es sind dies die Inselgruppen der Azoren, Madeira sowie die Kanarischen und Kapverdischen Inseln. Letztere sind allerdings ausgesprochen trocken und besitzen ein Halbwüstenklima mit der entsprechenden Vegetation. Die Kanarischen Inseln standen insbesondere im Tertiär mehrfach mit Nordafrika in Verbindung und wurden von dort durch Pflanzen besiedelt. In höheren Lagen gedeiht in der Wolkenstufe ein Lorbeerwald mit vielen Farnen im Unterwuchs. Tiefere Lagen sind trocken und haben teilweise sogar ein Halbwüstenklima. Typische Pflanzen dieser Region sind *Launaea arborescens* und *Zygophyllum fontanesii*. Hier gedeihen außerdem eine Reihe von Sukkulenten, die von Sukkulentengärtnereien regelmäßig verkauft werden; z. B. *Aeonium*, *Ceropegia dichotoma*, *Kleinia*, *Monanthes* oder *Euphorbia canariensis*

Freilandterrarium für Perleidechsen (*Timon lepidus*) im Alpenzoo Innsbruck. Bepflanzt mit diversen, winterharten Mittelmeerpflanzen.

15.4.1. Froschlurche

Bufo bufo meridionalis, Hyla meridionalis, H. savignyi, H. sarda, Pseudepidalea viridis

15.4.2. Echsen

Archaeolacerta bedriagae, Gallotia galloti, Hellenolacerta graeca, Hemidactylus turcicus, Lacerta bilineata, L. viridis, Phoenicolacerta laevis, Podarcis hispanicus, P. melisellensis, P. muralis, P. peloponnesiacus, P. siculus, Podarcis tiliguerta, Tarentola mauritanica, Timon lepidus, T. pater

15.4.3. Schlangen

Elaphe quatuorlineata, Hemorrhois hippocrepis, H. nummifer, Hierophis viridiflavus, Macrovipera lebetina, M. schweizeri, Vipera ammodytes, V. aspis, V. latastei, Rhinechis scalaris, Zamenis longissimus, Z. situla

15.4.4. Schildkröten

Testudo graeca, T. hermanni, T. marginata

15.4.5. Spinnen und andere Spinnenartige

Argiope bruennichi, A. lobata, Cteniza sauvagesi, Latrodectus tredecimguttatus

15.4.6. Skorpione

Buthus occitanus, Mesobuthus gibbosus, Euscorpius flavicaudis, E. germanus, E. italicus

15.4.7. Hundert- und Tausendfüßer

Scolopendra cingulata, Scutigera coleoptrata

15.4.8. Insekten

Empusa pennata, Geomantis larvoides, Iris oratoria, Ameles decolor, Mantis religiosa, Rivetina baetica

15.4.9. Weiterführende Literatur

Bärtels (1997, 2003); Düll & Düll (2008); Colomo (1999); Kürschner et al. (1995); Minch (2006); Polunin (1980); Sinclair (1998)

Hedera canariensis **Kanarische Inseln, Marokko**

◗ ⥉ ⇝ ☁ I ☠

Hedera helix **Europa, Asien, Nordafrika**

◗ ⥉ ⇝ ☁ I ☠ ❄

Smilax aspera **Osteuropa–Indien**

○ ⥉ ☁ III

Aristolochia baetica **Südwesteuropa**

○ ⥉ ☁ III

Adiantum capillus-veneris **Mittelmeerraum**

● ♈ ☁ I

Aeonium decorum **Gomera**

○ ♈ II

Aeonium sedifolium **Kanarische Inseln**

○ ⇝ II k

Capparis spinosa **Mittelmeerraum–Indien**

○ ♈ ☁ I_G

Ceropegia dichotoma **Kanarische Inseln**

○ ♈ II

Chamaerops humilis **westlicher Mittelmeerraum**

○ ♈ ☁ I_G *

Cistus **sp.** **Mittelmeerraum**

○ ♈ ☁ I_G *

Echinospartum horridum **westlicher Mittelmeerraum**

○ ♈ ☁ II *

Erinacea anthyllis **westlicher Mittelmeerraum**

○ ♈ ⌒ III *

Euphorbia aphylla **Kanarische Inseln**

○ ♈ II ☠ *

Euphorbia canariensis **Kanarische Inseln**

○ ♈ II ☠

Euphorbia obtusifolia **Portugal, Nordafrika, Kanaren**

○ ♈ ⌒ III ☠ *

Euphorbia myrsinites **Südeuropa, Kleinasien**

○ ↝ ⌇ ⌒ I_G ☠ ❄

Marrubium supinum **Spanien, Nordafrika**

○ ↝ III k

Genista hispanica — **Südfrankreich, Nordspanien**

○ ♈ I_G ❄

Lavandula angustifolia — **Mittelmeergebiet**

○ ♈ I_G ❄

Monanthes anagensis — **Teneriffa**

○ ⇝ II k

Monanthes laxiflora — **Kanarische Inseln**

○ ⇝ II k

Monanthes polyphylla — **Kanarische Inseln**

○ ⇝ II k

Myrtus communis — **Mittelmeergebiet**

◗ ♈ I_G *

Nerium oleander **Mittelmeergebiet**

◗ ♈ ☁ I_G ☠ *

Olea europaea **Mittelmeergebiet**

○ ♈ ☁ I_G *

Phlomis purpurea **Spanien, Südportugal**

○ ♈ ☁ III *

Pteris cretica **Mittelmeergebiet**

● ♈ ≈ ☂ I

Ramonda nathaliae **Balkan**

○ ♈ ☂ II_G ❄

Rosmarinus officinalis **Mittelmeergebiet**

○ ♈ ☁ I_G *

Ruscus aculeatus **Südeuropa, Orient**

○ ϒ ⌓ I_G *

Ruscus hypoglossum **Südosteuropa, Türkei**

○ ϒ ⌓ I_G *

Salvia nemorosa **Mittelmeergebiet**

○ ϒ ⌓ I_G *

Saxifraga marginata **Balkan**

○ ⇝ ⌓ I_G k ❄

Saxifraga sancta **Griechenland, Türkei**

○ ⇝ ⌓ I_G k ❄

Sedum album **Europa, Nordafrika, Kleinasien**

○ ⇝ I_G k ❄

Sedum lydium **westliche Türkei**

☼ ⇝ I_G ❄

Sedum sediforme **Mittelmeerraum**

○ ⇝ I_G ❄

Soleirolia soleirolii **Korsika**

◗ ♈ ☁ I_G

Tanacetum argenteum **Türkei**

☼ ♈ ☁ III ✻

Thymus serpyllum **Südeuropa**

○ ♈ ☁ I_G ❄

Vella spinosa **Südspanien**

○ ♈ ☁ III ✻

15.5. Südafrika

Die Hartlaubwälder Südafrikas bilden in der Kapregion das kleinste Hartlaubgebiet der Erde. Diese als „Fynbos" bezeichnete Region ist floristisch isoliert. Mit über 2.000 endemischen Arten ist der Fynbos außerordentlich artenreich. Alleine die Gattung *Erica* ist mit rund 600 Arten vertreten, die Gattung *Protea* mit über 100 Arten. Unter den hartlaubigen Pflanzen dominieren Proteaceen. Artenreich sind Zwiebelpflanzen. Viele Arten sind sehr kleinräumig verbreitet.

Feuer ist ein wichtiger Faktor für die Florenzusammensetzung des Fynbos. Viele Zwiebelpflanzen blühen erst nach einem Feuer. Ansonsten vermehren sie sich vegetativ. Sie dominieren dadurch die erste Vegetationsperiode nach einem Feuer. In den kommenden Jahren breiten sich krautige Pflanzen und Zwergsträucher aus. Hartlaubige Proteaceen benötigen dagegen rund sieben Jahre, bis sie aus Sämlingen oder Stockausschlägen wieder herangewachsen sind. Bleiben Buschfeuer aus, so können sie ein sehr hohes Alter erreichen, bilden dann aber immer weniger Blüten.

Die Böden der Kap-Region sind sauer und mineralstoffarm. Insbesondere Proteaceen und Ericaceen sind an solche Bodenverhältnisse angepasst. Mycorrhiza-Pilze helfen ihnen, hier zu überleben. Bei der Kultur muss man deshalb auf saure, nährstoffarme und wasserdurchlässige Substrate achten. Geeignet ist grober Quarzsand mit beigemischtem Torf. Viele Fynbossträucher wurzeln sehr tief bis in ständig feuchte Bodenschichten. In der Kultur muss man deshalb darauf achten, dass das Substrat nie austrocknet, aber auch nicht vernässt. Dies bedeutet, dass man bei guter Drainage täglich gießen muss – Bedingungen, die im Terrarium nur schwer zu erfüllen sind. Man sollte das Terrarium mit einer Drainageschicht sowie einem Wasserablauf ausstatten und die Pflanzen über eine Bewässerungsanlage täglich gießen. Bei großen Becken kann man allenfalls auf den Wasserablauf verzichten, wenn man die Bewässerung sorgfältig dosiert.

Neben Ericaceen und Proteaceen sind in der Kapregion Sukkulenten artenreich vertreten, wobei Aizoaceae, Euphorbiaceae und *Aloe* dominieren. Viele dieser Sukkulenten sind im Terrarium besser haltbar als die hartlaubigen Sträucher. Viele Zimmerpflanzen wie *Amaryllis*, Clivien (*Clivia*), *Gasteria*, Geranien (*Pelargonium*) oder *Haworthia* stammen aus der südafrikanischen Kapregion. Dementsprechend groß ist auch die Auswahl geeigneter Terrarienpflanzen. Besonders empfehlenswert sind die meisten Vertreter der Gattungen *Gasteria* und *Haworthia*. Sofern es sich nicht um hochsukkulente Arten handelt, ist ihr Lichtbedürfnis nicht allzu hoch und kann dadurch im Terrarium auch erfüllt werden.

15.5.1. Froschlurche

Capensibufo rosei, *Semnodactylus wealii*

15.5.2. Echsen

Afrogecko porphyreus, *Agama atra*, *Bradypodion gutturale*, *B. pumilum* , *Chamaesaura anguina*, *Cordylus coeruleopunctatus*, *C. cordylus*, *Pachydactylus geitje*, *Pseudocordylus microlepidotus*, *Tetradactylus tetradactylus*, *Trachylepis homalocephala*, *Tropidosaura gularis*, *T. montana*

15.5.3. Schlangen

Amplorhinus multimaculatus, *Bitis atropos*, *B. cornuta*, *Hemachatus haemachatus*, *Lamprophis inornatus*, *Naja nivea*

15.5.4. Schildkröten

Chersina angulata, *Homopus areolatus*, *Psammobates geometricus*

15.5.5. Skorpione

Opisthacanthus capensis, *Parabuthus capensis*, *Uroplectes variegatus*

15.5.6. Weiterführende Literatur

Cowling & Richardson (2000); Grams (2002); Jaarsveld et al. (2000); Walter & Breckle (1999); Wyk & Smith (2001)

Adromischus cooperi Südafrika (Kap-Provinz)

○ ♈ I k ♥

Aloe humilis Südafrika (Kap-Provinz)

○ ♈ II

Carruanthus ringens Südafrika (Kap-Provinz)

○ ⤳ II

Crassula perforata Südafrika (Kap-Provinz–KwZulu-Natal)

○ ⤳ II

Carpobrotus acinaciformis Südafrika (Kap-Provinz)

☼ ⤳ II *

Delosperma aberdeenense Südafrika (Kap-Provinz)

☼ ⤳ II ❄

Delosperma cooperi **Südafrika (Kap-Provinz)**

☼ ⇝ I_G ❄

Erica canaliculata **Südafrika (Kap-Provinz)**

◗ ♈ III

Euphorbia aggregata **Südafrika (Kap-Provinz)**

○ ♈ II ☠

Euphorbia esculenta **Südafrika (Kap-Provinz)**

○ ♈ I

Euryops pectinatus **Südafrika (Kap-Provinz)**

○ ♈ II

Faucaria tigrina **Südafrika (Kap-Provinz)**

○ ♈ I

Gasteria batesiana **Südafrika (Kap-Provinz)**

◗ ♈ II k

Gasteria bicolor **Südafrika (Kap-Provinz)**

◗ ♈ II

Gasteria verrucosa **Südafrika (Kap-Provinz)**

◗ ♈ I

Geranium trifidum **Südafrika (Kap-Provinz)**

◗ ♈ ☁ II

Haemanthus albiflos **Südafrika (Kap-Provinz–Natal)**

◗ ♈ ☁ II

Haworthia fasciata **Südafrika (Kap-Provinz)**

◗ ♈ I k

Haworthia reinwardtii **Südafrika (Kapregion)**

◗ ♈ II k

Haworthia viscosa **Südafrika**

◗ ♈ II k

Lampranthus brownii **Südafrika (Kapregion)**

○ ⇝ II_S

Leucospermum cordifolium **Südafrika (Kap-Provinz)**

○ ♈ II !

Orbea variegata **westliche Kapregion**

☼ ⇝ II

Senecio scaposus **Südafrika (Kap-Provinz)**

☼ ♈ II ☠

15.6. Australien

Australien besitzt zwei weit auseinanderliegende Regionen mit Hartlaubwäldern. Die eine zieht sich auf einem mehrere Hundert Kilometer breiten Streifen an der Ostküste entlang. Die andere liegt im Winterregengebiet im Südwesten des Kontinents. Charakterpflanzen aller australischer Hartlaubgebiete sind baum- und strauchförmige *Eucalyptus*-Arten. Diese Gattung kommt mit weit über hundert Arten außer in Regenwäldern und ausgesprochen ariden Wüstengebieten im Zentrum des Kontinents fast überall in Australien vor. Dementsprechend vielfältig sind auch die australischen Hartlaubwaldtypen:

In feuchten Hartlaubwäldern bilden hartlaubige *Eucalyptus*-Arten die Baumschicht. In der Krautschicht wachsen dagegen Regenwaldpflanzen wie Farne und Moose. Häufig sind Baumfarne (*Dicksonia antarctica*). Buschfeuer sind selten. Treten sie in kurzen Abständen auf, so werden die krautigen Pflanzen von hartlaubigen verdrängt.

Trockene Hartlaubwälder umfassen flächenmäßig den größten Anteil der Hartlaubwälder Australiens. Hier sind nicht nur die Bäume hartlaubig, sondern auch viele Büsche und krautige Pflanzen. Daneben findet man harte, trockenresistente Gräser im Unterwuchs. Buschfeuer treten alle paar Jahrzehnte auf.

Auf nährstoffarmen, relativ trockenen Sandböden gedeihen im südöstlichen wie auch im südwestlichen Australien Heidewälder. Hier fehlen Eucalypten weitgehend. Charakterpflanzen dieses Hartlaubwaldtyps sind Proteaceen wie *Grevillea robusta*. Auffällig sind in den Heidewäldern die fremdartig wirkenden Grasbäume (*Xanthorrhoea*). Aufgrund der häufigen Buschbrände – oft alle 8–10 Jahre – besitzen die Bäume und Büsche dicke, zum Teil korkartige Borken, die sie vor dem Feuer schützen. Viele Pflanzen sind Pyrophyten und keimen erst nach einem Buschfeuer, das den Unterwuchs auslichtet.

Malee ist die Bezeichnung für einen ausgesprochen trockenen und dadurch bereits halbwüstenähnlichen, hartlaubigen Buschwald

Terrarium für Tigerottern (*Notechis scutatus*) im Australia Zoo in Beerwa (Queensland). Bepflanzt mit *Patersonia* sp. Eukalyptusblätter und -rindenstücke bedecken den Boden.

Australischer Hartlaubwald an der Küste von New South Wales. Neben *Eucalyptus*, *Grevillea* und anderen Hartlaubgehölzen wachsen hier große Grasbäume (*Xanthorrhoea australis*). Lebensraum von Agamen (z. B. *Amphibolurus muricatus*, *Pogona barbata*) und Waranen (*Varanus rosenbergi*, *V. varius*)

Die kleine Mulga-Agame *Ctenophorus fordi* lebt in lichten, sandigen Mallee-Buschwäldern zwischen Stachelschwein-Grasbulten.

auf nährstoffarmen Sandböden. 3–6 m (in Ausnahmefällen bis 12 m) hohe, in der Regel mehrstämmige Malee-Eucalypten (z. B. *Eucalyptus orbifolia*) bilden einen lichten Strauchbestand. Dazwischen stehen in erster Linie verstreute Stachelschweingrashorste (*Triodia*) in lockerer Formation. Die Stachelschweingräser bilden für viele Tiere des Malee sichere Versteckplätze vor Feinden und Schutz vor der heißen Sonne. Im Hattah-Kathyla National Park im Südwesten von New South Wales konnte ich am 24. Januar 2005 um 17^{30} h auf einer mit *Triodia* bewachsenen Sanddüne eine Oberflächentemperatur des Sandes von 51,7 °C messen. Im Innern eines *Triodia*-Horstes betrug die Temperatur dagegen nur noch 37 °C. Die Lufttemperatur lag in 2 m Höhe im Schatten eines Baumes bei 34 °C. Am Morgen konnten hier bis gegen 10 h Malee-Agamen (*Ctenophorus fordi*) beobachtet werden. Anschließend wurde der Sand so heiß, dass sich die Echsen in Gänge und Höhlen unter den *Triodia*-Bulten zurückzogen.

15.6.1. Froschlurche

Litoria caerulea, L. dentata, L. ewingii, L. fallax, L. latopalmata, L. lesueurii, L. nasuta, L. peronii

15.6.2. Echsen

Egernia cunninghami, Oedura monilis, O. robusta, Pogona barbata, P. vitticeps, Tiliqua scincoides, Trachydosaurus rugosus, Underwoodisaurus milii, Varanus rosenbergi, V. tristis, V. varius

15.6.3. Schlangen

Acanthophis antarcticus, Notechis scutatus

15.6.4. Spinnen und andere Spinnenartige

Arbanitis gracilis, Atrax robustus, Delena cancerides, Holconia immanis, Latrodectus hasselti, Misgolas rapax, Neosparassus diana, Nephila maculata, Selenotypus plumipes

15.6.5. Weiterführende Literatur

Greig (2001, 2002); Keith (2004); Wrighley & Fagg (2003)

Terrarium (70 x 25 x 90 cm) für Samtgeckos (*Oedura monilis*). Bepflanzt mit Wachsblumen (*Hoya carnosa*). Beleuchtung: zwei 18-W-Leuchtstoffröhren

Acacia cultriformis **Queensland, Neusüdwales**

○ ♈ ☁ II

Acacia iteaphylla **Südaustralien, Neuseeland**

○ ♈ ☁ II

***Anigozanthos*-Hybride** **Südwestaustralien**

◗ ♈ ☂ I !

Callistemon citrinus **Queensland–Victoria**

○ ♈ ☁ I

Calocephalus brownii **südliches Australien (Küste)**

○ ♈ ☁ I_G

Eucalyptus cinerea **Neusüdwales, Victoria**

○ ♈ ☁ I_G ❄ G

Eucalyptus gunnii **Tasmanien**

○ ♈ ▴ $\mathrm{I_G}$ ❄(-15°C) G

Grevillea robusta **Ostaustralien**

○ ♈ ▴ II G

Melaleuca nesophila **Westaustralien**

○ ♈ ▴ III

Metrosideros excelsa **Neuseeland**

○ ♈ ▴ $\mathrm{II_G}$

Pennisetum alopecuroides **Ostaustralien**

○ ♈ ▴ $\mathrm{I_G}$ ❄

Xanthorrhoea australis **Süsostaustralien, Tasmanien**

○ ♈ ▴ II !

16. Steppen und Gebirgssteppen

***Artemisia*-Steppe in Nevada (USA). Lebensraum der Prärieklapperschlange (*Crotalus viridis*), der Nasennatter (*Rhinocheilus lecontei*) und des Seitenfleckleguans (*Uta stansburiana*)**

Für die trockenen Kontinentalzentren der gemäßigten Zonen sind Steppen und Halbwüsten charakteristisch. Diese sind insbesondere auf der Nordhalbkugel in Nordamerika (Prärie) sowie in Zentralasien großflächig anzutreffen. Auf der Südhalbkugel beschränken sich Steppen auf kleinere Gebiete an den Ostküsten der Kontinente sowie auf hoch gelegene Gebirgsregionen. Steppenartige Vegetationstypen findet man aber auch in den Zentralbereichen vieler Gebirge der gemäßigten Zone wie in den Trockentälern der Zentralalpen (z. B. Inntal, Rhonetal).

In Steppengebieten sind Gräser (z. B. *Agropyron*, *Festuca*, *Poa*, *Stipa*) die vorherrschenden Pflanzen. Man findet meist sowohl ein- als auch mehrjährige Gräser. Daneben kommen hier auch viele Kräuter und insbesondere Zwiebelpflanzen (Geophyten) vor. Ein großer Teil der bei uns angebotenen Tulpen, Narzissen, Krokus usw. stammen ursprünglich aus Steppen. Mit zunehmender Trockenheit steigt der Anteil an Zwergsträuchern. In feuchteren Regionen geht die Steppe langsam in eine Waldsteppe und schließlich in Wald über.

Steppen und Gebirgssteppen sind geprägt von starken jahreszeitlichen Temperatur- und Niederschlagsschwankungen. Während die Sommer oft sehr warm sind (mittlere Tagestemperatur in Kamylkowo/Kasachstan, nördlich des Kaspischen Meeres: 25 °C, höchster gemessener Wert: 45 °C), fällt das Thermometer im Winter in weiten Gebieten deutlich unter 0 °C (mittlere Tagestemperatur im Januar in Kamylkowo: -12 °C, tiefster gemessener Wert: -45 °C). Dies bedeutet, dass sowohl Tiere als auch Pflanzen aus Steppen überwintert werden müssen. Aber nicht nur die jahreszeitlichen Temperaturschwankungen sind beträchtlich. Auch im Tagesverlauf kommt es zu ausgeprägten Unterschieden: Im Laufe des Tages heizen sich Steppen stark auf und kühlen in der Nacht wieder ab, wobei im Frühjahr und Herbst oft Nachtfröste auftreten.

Der Hauptanteil der spärlichen Niederschläge fällt im Sommer. In Kamylkowo ist nur ein einziger Monat humid, d. h. hat eine Niederschlagsmenge, die über der Verdunstungsrate liegt. Durchschnittlich fallen hier nur 107 mm Niederschlag pro Jahr. Im Allgemeinen haben Steppenpflanzen deshalb nur während 3–5 Monaten pro Jahr ausreichend Wasser zur Verfügung. Werden sie ständig feucht gehalten, so besteht die Gefahr von Pilzbefall.

Die meisten Steppen weisen eine hohe Sonneneinstrahlung auf. Viele Pflanzen haben deshalb spezielle Sonnenschutzeinrichtungen ausgebildet, z. B. in Form einer dichten, silbernen Behaarung. Die Anpassung dieser Pflanzen an ausgesprochen helle Bedingungen muss bei der Pflege im Terrarium unbedingt berücksichtigt werden. Ähnlich wie bei Wüstenterrarien sind auch hier viele und vor allem starke Lampen unabdingbar.

16.1. Steppenterrarien

In den meisten Fällen können die steppentypisch ausgeprägten Temperaturschwankungen im Zimmerterrarium nicht erreicht werden. Für die Pflege von Steppentieren und -pflanzen sind deshalb Freilandterrarien einem Zimmerterrarium vorzuziehen. Da das Klima in Mitteleuropa in den meisten Fällen zu feucht ist, benötigen solche Anlagen einen Regenschutz. Dieser wird am besten fest montiert. Ist dies nicht möglich oder erwünscht, so bringt man ihn zumindest bei länger dauernden Regenperioden und während des Winterhalbjahres über dem bepflanzten Teil an. Dabei muss aber auf jeden Fall darauf geachtet werden, dass die ungehinderte Frischluftzufuhr weiterhin gewährleistet bleibt. Alternativ

Freilandterrarium für Europäische Ziesel (*Citellus citellus*) im Tierpark Bern. Bepflanzt mit diversen Steppengräsern und Wiesenblumen. Um das Eindringen von Raubtieren (Katzen, Marder) zu verhindern, sollten Freilandterrarien abgedeckt werden.

kann man auch besonders empfindliche Arten im Spätsommer aus der Anlage nehmen und mit regelmäßigen, aber geringen Wassergaben kühl überwintern. Die Zwiebeln von Geophyten gräbt man am besten aus, wenn die Blätter abgestorben sind und lagert sie bis zum nächsten Frühjahr trocken, kühl und dunkel.

Pflegt man Steppentiere und -pflanzen im Zimmerterrarium, so sollte man für eine ausgeprägte Nachtabsenkung sorgen, z. B. indem man das Becken neben ein Fenster stellt, das nachts geöffnet ist.

In jedes Steppenterrarium gehören Gräser. Spezifische Informationen zur Kultur von Gräsern macht Zinkernagel (1993). Leider sind, wie bereits beschrieben, die meisten Gräser im Zimmerterrarium wenig ausdauernd. Da jedoch viele Gräser auch im trockenen Zustand längere Zeit recht ansehnlich bleiben, kann man problemlos mit trockenen Grasbüscheln aus der Umgebung des Wohnortes einen Steppencharakter erzielen. Auch in der Natur vertrocknen die oberirdischen Pflanzenteile bereits kurz nach den wenigen Regenfällen. Problematisch für die trockenen Gräser können allenfalls Grillen und andere Futtertiere werden, welche die Halme fressen, sodass man die Grasbüschel häufig auswechseln muss. Unter den lebenden Steppenpflanzen am einfachsten erhältlich sind verschiedene Wermut- oder Beifuß-Arten (z. B. *Artemisia tridentata* aus Nordamerika oder *A. abrotanum*, *A. absinthium* und *A. dracunculus* aus Europa bzw. Asien). Da viele in Gartenzentern angebotenen Arten aus nicht allzu trockenen Gebieten stammen, müssen sie regelmäßig gegossen werden. Eine kühle Überwinterung ist aber auch hier unabdingbar.

Die meisten Steppenpflanzen sind im Zimmerterrarium wenig ausdauernd. Deshalb wurde dieses Terrarium (50 x 70 x 60 cm) für Hakennattern (*Heterodon nasicus*) nur mit einem trockenen Busch (*Calocephalus brownii*) „bepflanzt". Die Rückwand des Terrariums besteht aus vertikal gestellten Styroporplatten, die mit einer ca. 1 cm dicken Schicht aus rötlich eingefärbtem Beton überzogen wurde.

16.2. Nordamerika

Von Kanada zieht sich im Zentrum des nordamerikanischen Kontinents ein ausgedehntes Grasland über den mittleren Westen der USA bis nach Mexiko. Sind im Osten der USA die Appalachen noch recht feucht und dadurch mit Laubwald bewachsen, so nehmen die Niederschläge mit zunehmender Kontinentalität gegen Westen langsam ab. Mit den immer geringeren Niederschlagsmengen verschwinden auch die Laubwälder und machen langsam erst einer Langgras-, weiter westlich dann einer Kurzgrasprärie Platz. Im Südwesten schließen sich mit zunehmender Trockenheit die Wüsten und Halbwüsten Nordamerikas an. Weiter nordwestlich begrenzen die Rocky Mountains zusammen mit weiteren Gebirgszügen die Prärie.

Weite Bereiche der Prärie sind nahezu baumlos. Einzig entlang von Flüssen wachsen Wälder. Insbesondere in höheren Lagen des Südwestens gedeihen aber auch nur wenige Meter hohe Kiefern und Wacholder in sehr lockeren Beständen im ansonsten ziemlich eintönigen Grasland. An trockenen Kurzgrasprärie-Standorten findet man häufig Feigenkakteen (*Opuntia*), wobei einige dieser Sukkulenten wie *Opuntia fragilis* selbst noch weit im Norden in den Badlands von Alberta in Kanada vorkommen. Viele *Opuntia*-Arten aus den nordamerikanischen Prärien sind in Mitteleuropa winterhart und eignen sich deshalb zur Bepflanzung von Freilandterrarien. Voraussetzung ist ein lockerer Boden mit einer hohen Wasserdurchlässigkeit. Wenn möglich, sollte man die Pflanzen aber zumindest im Winter mit einem lichtdurchlässigen Dach vor Nässe schützen. Auch während längerer Regenperioden kann ein solches Dach nötig sein. Ähnlich wie winterharte Kakteen zu pflegen, aber deutlich weniger lichtbedürftig sind Bitterwurz-Arten (*Lewisia*). Fast in jedem größeren Gartencenter erhältlich sind Kultursorten von *Lewisia cotyledon*. Diese Pflanzen stammen aus den Gebirgsregionen des westlichen Nordamerikas und wachsen dort an relativ schattigen Felswänden. Sie eignen sich deshalb sehr gut zur Bepflanzung schattiger, trockener Bereiche. Auch bei Lewisien ist ein Nässeschutz im Winter und während längerer Regenperioden wichtig. Weitere Informationen zur Kultur winterharter Kakteen geben Köhlein (2005), Kümmel & Klügling (1987).

Weniger nässeempfindlich als Freilandsukkulenten sind viele nordamerikanische Gräser. Eine sehr schöne, klein bleibende und auch leicht erhältliche Grasart aus den nordamerikanischen Prärien ist das Moskitogras (*Bouteloua gracilis*). Ein typischer Vertreter der Langgrasprärien ist die Mähnengerste (*Hordeum jubatum*). Dieses Gras ist im blühenden Zustand durch die langen Grannen sehr auffällig.

16.2.1. Froschlurche

Anaxyrus cognatus, A. woodhousii, Gastrophryne olivacea, Incilius alvarius, Pseudacris triseriata, Spea bombifrons

Rote Farbvariante der Texasklapperschlange (*Crotalus atrox*)

16.2.2. Echsen

Cnemidophorus sexlineatus, Crotaphytus collaris, Plestiodon multivirgatus, P. obsoletus, P. septentrionalis, Ophisaurus attenuatus, Phrynosoma cornutum, Sceloporus graciosus, S. undulatus, Urosaurus ornatus

16.2.3. Schlangen

Coluber constrictor, Crotalus atrox, C. oreganus, C. viridis, Heterodon nasicus, Lampropeltis calligaster, L. getula, L. triangulum, Masticophis flagellum, Pantherophis obsoletus, Pituophis melanoleucus, Rhinocheilus lecontei, Salvadora grahamiae, Sistrurus catenatus, Sonora semiannulata, Thamnophis elegans, T. marcianus

16.2.4. Schildkröten

Terrapene ornata

16.2.5. Spinnen und andere Spinnenartige

Latrodectus mactans

16.2.6. Insekten

Tenodera aridifolia

16.2.7. Weiterführende Literatur

Faber (1997); Brown (1998)

Aster dumosus **Nordamerika**

○ ♈ ☁ I_G ❄

Erigeron subtrinervis **USA (mittlerer Westen)**

○ ♈ ☁ I_G ❄

Eschscholzia californica **Kalifornien, Oregon**

○ ♈ ☁ I_G I_S ❄

Bouteloua gracilis **Nordamerika**

○ ♈ ☁ I_G ❄

Juniperus horizontalis **Nordamerika**

◗ ♈ ☁ I_G ❄

Lewisia nevadensis **USA (Sierra Nevada)**

◗ ♈ II ❄

Lewisia pygmaea **USA (Sierra Nevada)**

◗ ♈ II ❄

Opuntia fragilis **Kanada (Alberta)–südwestliche USA**

☼ ♈ II_G ❄

Cylindropuntia imbricata **südliche USA, Nordmexiko**

☼ ♈ ⤳ II_G ❄

Sedum oreganum **USA (Alaska–Nordkalifornien)**

◗ ⤳ II_G ❄

Yucca recurvifolia **USA (Georgia–Louisiana)**

○ ♈ I_G G ❄

Yucca glauca **Kanada (Alberta)–USA (Texas)**

○ ♈ I_G ❄

16.3. Europa

In Europa gibt es ein kleines Steppengebiet in Zentralspanien. Viel ausgedehnter sind Steppen im Osten Europas. Sie beginnen in der Region des Neusiedlersees und verlaufen nördlich des Schwarzen und des Kaspischen Meeres, wo sie sich übergangslos an die riesigen Steppen und Halbwüsten Zentralasiens anschließen.

In vielen inneralpinen Trockentälern und den französischen Cevennen findet man an Südhängen Felsensteppen. Ein erheblicher Anteil der hier vorkommenden Pflanzenarten hat Verwandte in den osteuropäischen Steppen. Trotzdem haben die Felsensteppen auf den ersten Blick wenig gemeinsam mit den weiten Grasländern der osteuropäischen und innerasiatischen Steppen. Der Grund liegt darin, dass die Felsensteppen an oft steilen Hängen vorkommen und die gesamte Vegetation viel kleinräumiger gegliedert ist als in den eigentlichen Steppen. Recht häufig sind in den Felsensteppen kleine Sukkulenten. Unter den rosettenbildenden Arten sind die beiden Hauswurz-Gattungen *Jovibarba* und *Sempervivum* zu nennen. Ebenfalls sukkulent sind die Mauerpfeffer (*Sedum*). In einigen Regionen sind außerdem Kakteen (*Opuntia humifusa*) verwildert.

Viele Zwiebelpflanzen wie Tulpen (*Tulipa sylvestris*) stammen ursprünglich aus eurasiatischen Steppengebieten.

Ein erheblicher Teil der heute in Mitteleuropa vorkommenden Wiesenpflanzen stammt ursprünglich aus den Steppengebieten Osteuropas, Klein- und Zentralasiens. Charakteristische Gräser

Freilandterrarium für Aspisvipern (*Vipera aspis*) im Vivarium Tablat (Schweiz). Bepflanzt mit Ackerschachtelhalm (*Equisetum arvense*), Ginster (*Genista* sp.) und Gräsern

sind Schwingel (z. B. *Festuca sulcata*), Rispengräser (z. B. *Poa bulbosa*), Federgras (*Stipa capillata*) Schillergras (*Koeleria glauca*), Quecke (*Agropyron repens*) und Seggen (z. B. *Carex humilis*). Mancherorts findet man auch Wermuth-Halbsträucher (z. B. *Artemisia lercheana*). Auch Zwiebelpflanzen wie Tulpen, Narzissen oder Hyazinthen sind Steppenbewohner aus diesen Regionen. Weiterhin stammen viele der in Gärten verwendeten Steingartenpflanzen aus Steppen oder Gebirgssteppen Europas und Asiens. So ist die Auswahl an verfügbaren Arten sehr groß. Insbesondere Gräser wie die diversen Schwingelarten (*Festuca*) oder *Koeleria* sind leicht erhältlich. Daneben werden auch eine größere Anzahl rosettenbildender Sukkulenten (*Sempervivum*) angeboten.

16.3.1. Froschlurche

Pseudepidalea viridis

16.3.2. Echsen

Anguis fragilis, Darevskia praticola, Eremias arguta, E. velox, Lacerta agilis, Ophisops elegans, Phrynocephalus guttatus, P. helioscopus, Pseudopus (Ophisaurus) apodus

16.3.3. Schlangen

Coronella austriaca, Dolichophis caspius, Eirenis modestus, Elaphe dione, E. hohenackeri, E. quatuorlineata, Gloydius halys, Hemorrhois ravergieri, Vipera aspis, V. darevskii, V. latastei, V. ursinii

16.3.4. Schildkröten

Agrionemys horsfieldii

16.3.5. Spinnen und andere Spinnenartige

Alopecosa schmidti

16.3.6. Insekten

Mantis religiosa

16.3.7. Weiterführende Literatur

Köhlein (1995, 2005), Richter (2001)

Cerastium biebersteinii **Krim**

☼ ⇝ ☁ I_G ❄

Ephedra distachya **westiches Mittelmeer–Sibirien**

○ ♈ ☁ II ❄

Festuca amethystina **Zentraleuropa–Kaukasus**

○ ♈ ☁ I_G ❄

Festuca glauca **Mittel- und Südeuropa–Ural**

○ ♈ ☁ I_G ❄

Koeleria macrantha **Europa, westliches Asien**

○ ♈ ☁ I_G ❄

Phedimus spurius **Kaukasus**

○ ⇝ I_G ❄

Potentilla speciosa **Dalmatien–Südwestasien**

○ ⇝ ☁ I_G ❄

Scutellaria orientalis **Südeuropa–Kaukasus**

○ ♈ ☁ I_G *

Sedum acre **Europa**

○ ⇝ I_G ❄

Sedum borissovae **Ukraine**

○ ⇝ IG ❄

Sempervivum arachnoideum **europäische Gebirge**

○ ♈ ⇝ IG ❄

Sempervivum globiferum **Ostalpen**

○ ♈ ⇝ IG ❄

Stachys byzantina **Krim, Kaukasus**

○ ⇝ IG ❄

Stipa pulcherrima **Europa, Westasien**

○ ♈ IG ❄

Thymus serpyllum **Südeuropa–Ukraine**

○ ⇝ IG ❄

16.4. Asien

Steppen sind die typische Vegetation großer Teile des gemäßigten Asiens. Man findet sie dort vom Ural bis nach China . Besonders in den südlicheren Regionen ist das Klima so trocken, dass Halbwüsten und nahezu vegetationslose Wüsten verbreitet sind. Außerdem liegen große Gebiete in abflusslosen Senken, sodass es hier im Laufe der Zeit zur Bodenversalzung kam. Obwohl manche dieser Senken potenzielle Steppengebiete wären, verhindert der hohe Salzgehalt das Aufkommen einer geschlossenen Grasdecke, sodass hier ebenfalls halbwüstenähnliche Pflanzengesellschaften vorhanden sind.

Ähnlich wie in Nordamerika kann man auch in Asien Kurz- und Langgrassteppen unterscheiden. Langgrassteppen findet man in Meeresnähe, Kurzgrassteppen im Innern des Kontinents. Im Norden und Osten geht die Steppe in eine Waldsteppe über. Im Osten findet man dann Arten der gemäßigten Wälder Ostasiens wie Eichen (*Quercus liaotungensis*, *Q. mongolica*), Ahorn (*Acer ginnale*) oder Linden (*Tilia amurensis*).

Charakteristische Pflanzen der innerasiatischen Steppen sind neben den Gräsern Gänsefußgewächse (Chenopodiaceae: *Atriplex*, *Chenopodium*, *Eurotia*, *Haloxylon*, *Kochia, Salsola*), Gattungen, deren mitteleuropäische Vertreter oft als Kulturlandbegleitpflanzen („Unkräuter") auftreten. Häufige asiatische Steppengräser sind Arten aus den Gattungen *Agropyron*, *Cleistogenes*, *Koeleria* und *Stipa*. Unter den Halbsträuchern dominieren Wermut- (*Artemisia*) und *Caragana*-Arten.

Leider sind aus den asiatischen Steppengebieten nur wenige mehrjährige Pflanzen im Handel erhältlich. Am ehesten werden solche Pflanzen in Gartenzentren angeboten. Recht häufig werden dagegen asiatische Zwiebelpflanzen wie Hyazinthen, Krokus, Tulpen oder Lauch verkauft. Diese eignen sich jedoch kaum für das Zimmerterrarium, außer man gräbt sie am Ende ihrer Wachstumsperiode aus und hält sie kühl und trocken bis zum darauffolgenden Frühjahr. In Freilandanlagen können sie jedoch besonders im Frühjahr für Farbtupfer sorgen und so die Attraktivität der Anlage deutlich steigern. Da Zwiebelpflanzen nicht das ganze Jahr oberirdisch sichtbar sind, wurde im Bildteil auf sie verzichtet.

16.4.1. Froschlurche

Pseudepidalea raddei, P. viridis

16.4.2. Echsen

Ablepharus pannonicus, Alsophylax pipiens, Darevskia raddei, Eublepharis turcmenicus, Eumeces schneideri, Eremias arguta, E. intermedia, E. lineolata, E. scripta, E. velox, Lacerta agilis, Laudakia caucasia, L. lehmanni, Mediodactylus russowii, Phrynocephalus guttatus, P. helioscopus, P. mystaceus, Pseudopus (*Ophisaurus*) *apodus, Tenuidactylus caspius, Teratoscincus scincus, Trapelus sanguinolentus*

16.4.3. Schlangen

Eirenis collaris, Elaphe bimaculata, E. dione, E. hohenackeri, E. quatuorlineata, Eryx tataricus, Gloydius halys, Hemorrhois ravergieri, Macrovipera lebetina, Montivipera raddei, M. wagneri, Platyceps rhodorachis, Naja oxiana, Psammophis lineolatus, Spalerosophis diadema

16.4.4. Schildkröten

Agrionemys horsfieldii

16.4.5. Insekten

Tenodera aridifolia

16.4.6. Weiterführende Literatur

Akman & Ketenoglu (1986); Akman et al. (1984); Kürschner et al. (1995); Richter (2001); Zohary (1973)

Steppennatter (*Elaphe dione*)

Acantholimon hohenackeri **Armenien–Iran**

○ ♈ ☁ II_G ✻

Achillea filipendulina **Zentralasien**

○ ♈ ☁ II_G G ❄

Artemisia rhodantha **Zentralasien**

☼ ♈ ☁ II_G ✻

Ephedra gerardiana **Himalaya–Westchina**

○ ♈ ☁ II_G ❄

Ephedra intermedia **Zentralasien**

○ ♈ ☁ II_G ❄

Festuca valesiaca **Europa, Westasien**

○ ♈ ☁ I_G ❄

Hylotelephium spectabile **Korea, Mandschurei**

○ ♈ I_G ❄

Onosma alborosea **Türkei–Irak**

○ ♈ ⇝ I_G ❄

Orostachys erubescens **Zentralasien**

○ ♈ II_G *

Orostachys iwarenge **Zentralasien**

○ ♈ ⇝ II_G *

Orostachys spinosa **Mongolei**

○ ♈ II_G *

Sedum sedoides **Kaschmir**

○ ♈ ⇝ I_G ❄

17. Wüsten und Halbwüsten

Wüsten und Halbwüsten findet man an den Westseiten und im Zentrum der Kontinente im Bereich der Wendekreise sowohl auf der Nord- als auch auf der Südhalbkugel. Aufgrund der großen Entfernungen zu den Ozeanen oder im Regenschatten von Gebirgszügen gelegen, erhalten diese Gebiete nur geringe Niederschlagsmengen. Im Allgemeinen liegen die Jahresniederschläge unter 400 mm. Extreme Trockengebiete können aber auch über Jahre niederschlagsfrei bleiben, sodass das langjährige Mittel bei weniger als 1 mm/Jahr liegt – z. B. die nahezu pflanzenfreien Bereiche der Atacama-Wüste in Nordchile oder Teile der Sahara im libysch-ägyptischen Grenzgebiet.

Die Temperaturen sind stark abhängig von der geografischen Breite und der Höhe über dem Meeresspiegel. Meist sind die Sommer ausgesprochen heiß, mit Temperaturen über 40 °C. Die Winter sind dagegen oft recht mild. In manchen Regionen muss aber dennoch mit Frost gerechnet werden – insbesondere in höheren Lagen.

Die Zusammensetzung der Vegetation ist stark abhängig von der Niederschlagsmenge, aber auch von der langjährigen Verteilung der Niederschläge. Je trockener das Gebiet ist, desto geringer ist der Deckungsgrad der Vegetation. Während in Halbwüsten noch bis zu 20 % der Bodenoberfläche von Pflanzen bedeckt sein kann, liegt der Deckungsgrad in Vollwüsten oft unter 1 %. Die Verteilung der Niederschläge spiegelt sich insbesondere in den vorhandenen Pflanzentypen wider. In Gebieten mit zwei Niederschlagsperioden sind Sukkulenten häufig. Werden längere, oft sogar mehrjährige Trockenperioden dagegen nur gelegentlich von ausgiebigen Niederschlägen unterbrochen, so dominieren einjährige Pflanzen (Ephemere), welche jeweils nur für wenige Wo-

Terrarium (100 x 70 x 70 cm) für Felsenklapperschlangen (*Crotalus lepidus*) in einer temporären Ausstellung der Sukkulentensammlung Zürich. Bepflanzt mit *Agave cerulata*, *Echinocereus engelmannii*, *Ferocactus gracilis* und *Euphorbia antisyphilitica* sowie *Agave cerulata*

Sonora-Wüste in Arizona (USA) mit diversen Kakteen (*Carnegiea gigantea*, *Stenocereus thurberi*, *Echinocereus engelmannii*, *Cylindropuntia bigelovii*), Ocotillos (*Fouquieria splendens*) und Wüstenbüschen. Lebensraum von Krallengeckos (*Coleonyx variegatus*), Leguanen (z. B. *Crotaphytus collaris*, *Sceloporus magister*) und Schlangen (*z. B. Crotalus atrox*, *C. mitchelli*, *C. scutulatus*, *Masticophis flagellum*)

chen unmittelbar nach den Regenfällen keimen, wachsen, blühen und fruchten. Die langen Trockenperioden werden als Samen überdauert.

17.1. Wüstenterrarien

Wüstenterrarien sind warm und trocken. Das Becken muss in jedem Fall geheizt werden. Dies kann einerseits über eine Bodenheizung erfolgen, besser ist aber der Einsatz starker Lampen, die sowohl möglichst viel sichtbares Licht als auch immer mehr oder weniger Wärmestrahlung (Infrarotstrahlen) aussenden. Auf keinen Fall verwenden sollte man reine Wärmestrahler (z. B. Elstein-Strahler). Viele Reptilien erkennen warme Stellen nur in Zusammenhang mit Licht. Bei reinen Infrarotstrahlern besteht immer die Gefahr von schweren Verbrennungen. Wichtig ist weiterhin, dass die Lampen und Heizungen während der Nacht ausgeschaltet sind, um einen nächtlichen Temperaturabfall zu gewährleisten, wie er für viele Wüstengebiete typisch ist.

Verwendet man Bodenheizungen, so müssen diese in einem möglichst großen Abstand zu den Pflanzen platziert werden. Dasselbe gilt für starke Wärmestrahler. Andernfalls trocknet das Substrat zu schnell aus und die Pflanzen verdorren, wenn man nicht sehr häufig gießt. Starke Strahler können außerdem zu Verbrennungen führen.

Von größter Bedeutung ist die Lichtmenge. Die meisten Wüstenpflanzen sind auf hohe bis sehr hohe Lichtintensitäten angewiesen. Viele Arten haben besondere Sonnenschutzmechanismen wie dichte, weiße Dornen, Schuppen oder Haare ausgebildet. Diese schützen den darunterliegenden Pflanzenkörper vor Schäden durch zu viel Licht. Dies bedeutet aber, dass man Wüstenterrarien sehr hell beleuchten muss. Bewährt hat sich die Installation einer größeren Anzahl Leuchtstoffröhren, um in einem ersten Schritt eine hohe, gleichmäßige Grundausleuchtung des Terrariums zu erreichen. Ergänzt werden die Leuchtstoffröhren durch Punktlichtquellen. In kleinen Becken können dies, bei ausreichender Entlüftung, kleine Halogenspotstrahler sein. Besonders bewährt haben sich Quecksilberdampf- (HQL) oder noch besser Metalldampfhalogenlampen (HQI). HQI-Lampen haben eine mit Leuchtstoffröhren vergleichbare, sehr gute Lichtausbeute im Verhältnis zum Stromverbrauch (= hoher Wirkungsgrad). Als Punktlichtquellen erzeugen sie aber lokal deutlich höhere Lichtintensitäten als die eher zur Ausleuchtung größerer Flächen geeigneten Leuchtstoffröhren. Selbst mehrheitlich nachtaktive Klapperschlangen sonnen sich morgens und abends regelmäßig im Strahlungskegel von HQI-Lampen, wenn solche installiert sind. Bei manchen Arten werden durch eine starke Beleuchtung sogar die Farben intensiver und kontrastreicher (z. B. bei der Tigerklapperschlange, *Crotalus tigris*). Tagaktive Wüstenechsen entfalten ihr natürliches Verhaltensrepertoire erst ab einer gewissen Lichtintensität, sodass man hier kaum ohne HQI-Lampen auskommt. Und auch die Wüstenpflanzen sind auf eine große Lichtfülle angewiesen. Hier sollte man aber auf einen ausreichenden Abstand zwischen den Lampen und den Pflanzen achten. Keinesfalls dürfen die Pflanzen näher als ca. 30 cm an eine 70- oder 150-W-HQI-Lampe heranwachsen, weil es sonst zu Verbrennungen kommt. Umgekehrt vergeilen die Pflanzen schnell, verkümmern oder sterben gar ab, wenn sie nicht genügend Licht bekommen. Grundsätzlich sollte man in einem bepflanzten und/oder mit tagaktiven Tieren besetzten Wüstenterrarium so viel Licht anbieten, wie nur möglich und gleichzeitig mit ausreichend großen Lüftungsflächen dafür sorgen, dass die Temperatur im Becken nicht zu stark ansteigt.

Wie schwierig es ist, in einem Wüstenterrarium für ausreichend Licht

Blauer Felsenleguan (*Petrosaurus thalassinus*)

chend Licht zu sorgen, verdeutlichen SAUER et al. (2004): Ein großes Wüstenterrarium (3 x 2,4 m, Höhe 3 m) wurde mit folgenden Lampen beleuchtet: 1 x HQI 1.000 W, 3 x HQI 400 W. Zusätzlich gelangte Tageslicht durch zwei Dachfenster (70 x 50 cm), in das Becken. Trotz dieser kräftigen Beleuchtung betrug die Lichtstärke direkt unter den Lampen am Boden nur gerade 5.100 Lux – vergleichbar mit der Helligkeit in einem lichten Laubwald – und ohne die 1.000-W-HQI-Lampe sogar nur noch 2.100 Lux. In Wüstengebieten werden aber regelmäßig Werte von mehr als 10.000 Lux erreicht!

17.2. Nordamerika

Im Südwesten der USA und in Nordmexiko finden sich ausgedehnte Wüsten- und Halbwüstengebiete. Im Vergleich zu anderen Wüsten sind die nordamerikanischen Trockengebiete floristisch außerordentlich vielfältig, was sich durch den Einfluss mehrerer Florenreiche erklären lässt. Im Allgemeinen unterscheidet man sieben Wüstentypen, mit teilweise mehreren Untertypen:

Die **Sonorawüste** erstreckt sich von Südarizona bis Nordwestmexiko inklusive eines Teils der niederkalifornischen Halbinsel (Baja California). Charakterpflanzen sind die Saguaro-Kakteen (*Carnegiea gigantea*). Neben kleinen Säulenkakteen (z. B. *Echinocereus engelmannii*, *E. triglochidiatus*, *Mammillaria grahamii*, *M. tetrancistra*, *M. thornberi*) findet man auch Agaven (*Agave deserti*, *A. parryi*). Die Kernregion der Sonorawüste ist verhältnismäßig dicht bewachsen, und in manchen Teilen entsteht durch die vielen Säulenkakteen mit den dazwischen wachsenden Büschen beinahe der Eindruck eines lichten Waldes. Eher „wüstenhaft“ ist ein als Coloradowüste bezeichneter Teil der Sonora. Dieses Gebiet ist trockener, und es fehlen die sonst so typischen Säulenkakteen. Zwischen den dominierenden Creosot-Büschen (*Larrea tridentata*) wachsen hier auch viele Ocotillos (*Fouquieria splendens*).

Die **Mojavewüste** befindet sich in Nordwestarizona, Südnevada und Südwest-Utah. Charakterpflanzen sind Joshua-Bäume (*Yucca brevifolia*) und Creosot-Büsche (*Larrea tridentata*). Neben einer Reihe von Kakteen wie z. B. *Echinocactus polycephalus*, *Echinocereus triglochidiatus*, *Mammillaria tetrancistra*, *Opuntia basilaris*) gedeihen hier oft recht dichte Grasbestände. Weite Gebiete gleichen dadurch einer Steppenlandschaft.

Die **Chihuahuawüste** umfasst Teile von Südwesttexas, Nord- und Zentralmexiko. Charakterpflan-

ze ist die Lechuguilla-Agave (*Agave lecheguilla*). Daneben wachsen hier eine Vielzahl von Kakteen (*Echinocactus horizonthalonius*, *Mammillaria lasiacantha*, *M. wrightii*, *Opuntia lindheimeri*, *O. phaeacantha*, *O. rufida*), Büschen, Gräsern und anderen Wüstenpflanzen wie Ocotillos (*Fouquieria splendens*) und Bodenbromelien (*Hechtia* spp.).

Die **Great-Plains-Wüste** liegt in Nordnevada, Utah und Westcolorado. Hier dominieren mehrjährige Büsche wie Wermut (*Artemisia*) und Gräser. Kakteen sind hier eher selten.

Die **Golfküstenwüste** befindet sich im mittleren Teil der Ostküste von Niederkalifornien (Baja California) und an der gegenüberliegenden Seite in Nordwestmexiko. Teilweise wird dieses Gebiet auch als Teil der Sonora betrachtet. Die Golfküstenwüste ist ausgesprochen trocken und heiß, da sie im Windschatten verschiedener Gebirge liegt, die sich auf der niederkalifornischen Halbinsel von Norden nach Süden ziehen. In der Golfküstenwüste gedeihen an die große Trockenheit angepasste Arten wie *Agave deserti* und der Creosot-Busch (*Larrea tridentata*). Die meisten Pflanzen sind sehr kleinblättrig. In Flusstälern (Arroyos) wachsen Kakteen (*Mammillaria* [*Cochemia*] *poselgeri*, *Opuntia* spp.), Mesquite-Büsche (*Prosopis glandulosa*) oder Eisenholzbäume (*Olneya tesota*).

Die **Vizcainowüste** liegt im mittleren Bereich auf der Westseite der niederkalifornischen Halbinsel. Dominante Pflanzen sind Gräser, Kakteen (z. B. *Ferocactus fordii*, *F. gracilis*, *Pachycereus pringlei*, *Mammillaria brandegei*, *M. dawsonii*, *M. gatesii*, *M. peninsularis*), Agaven (*Agave shawii*, *A. cerulata*), der Palo Adan (*Fouquieria digueti*), die Jojoba (*Simmondsia chinensis*) sowie die beiden Bursage-Arten *Ambrosia chenopodiifolia* und *A. camphorata*, der Elefantenbaum (*Pachycormus discolor*), der kleinblättrige Palo Verde (*Cercidium microphyllum*) und der Mesquite-Busch (*Prosopis glandulosa*).

Die **Magdalenawüste** umfasst den südwestlichen Teil der niederkalifornischen Pazifikküste. Morgennebel ist hier häufig, sodass Bäume und Kakteen stellenweise dicht mit Bartflechten (*Ramalina reticulata*) behangen sind. Recht häufig ist auch *Tillandsia recurvata*. Des Weiteren findet man Orgelpfeifen-Kakteen (*Stenocereus thurberi*), Igelkakteen (*Echinocereus brandegei*), Säu-

Terrarium (200 x 70 x 80 cm) für Trans-Pecos-Rattennattern (*Bogertophis subocularis*). Bepflanzt mit Erdbromelien (*Hechtia* spp.). Beleuchtung: vier 54-W-Leuchtstoffröhren. Der Bodengrund besteht aus einem Gemisch aus weißem Quarz- und Marmorsand. Im Wurzelbereich der Bromelien wurde ein Torf-Erde-Gemisch eingebracht. Zwischen den horizontal geschichteten Jurakalkplatten und in den hohlen Korkästen können sich die Schlangen verstecken.

Eine Reihe von Sukkulenten aus nordamerikanischen Gebirgen wie diese *Agave paryii* sind auch in Mitteleuropa winterhart, sodass sie sich für die Bepflanzung von Freilandterrarien eignen. Wichtig ist ein wasserdurchlässiges Substrat und ein Nässeschutz.

lenkakteen (*Ferocactus peninsulae*, *F. emoryi*, *Pachycereus gatesii*), Warzenkakteen (*Mammillaria dawsonii*), verschiedene Feigenkakteen (*Opuntia* spp.), Mesquite-Büsche (*Prosopis glandulosa*) und den Palo Adan (*Fouquieria digueti*). Agaven, die im südlichen Teil der Halbinsel vorkommen sind *Agave aurea*, *A. promontorii.*

Im Handel sind sehr viele Pflanzen aus den Wüsten und Halbwüsten Nordamerikas verfügbar. Insbesondere die Vielfalt an geeigneten Kakteen ist groß. Daneben werden aber auch diverse Agaven regelmäßig angeboten. Hier seien vor allem die kleineren Arten wie *Agave parryi*, *A. toumeyana*, und *A. utahensis* empfohlen. Alle drei Arten sind in Mitteleuropa winterhart, falls man ihnen einen Nässeschutz bietet. In Sukkulentengärtnereien bekommt man auch immer wieder nordamerikanische Erdbromelien der Gattung *Hechtia*. Im Vergleich zu Kakteen benötigen diese Bromelien deutlich weniger Licht und sind somit besser für die Bepflanzung von Wüstenterrarien geeignet.

17.2.1. Froschlurche

Anaxyrus cognatus, A. debilis, A. punctatus, A. woodhousii, Incilius alvarius, Pseudacris cadaverina, Scaphiopus couchii

17.2.2. Echsen

Callisaurus draconoides, *Cnemidophorus tigris*, *C. tesselatus*, *Coleonyx brevis*, *C. variegatus*, *Co-*

Großterrarium für Felsenhörnchen (*Spermophilus variegatus*) im Zoo Rotterdam. Bepflanzt mit einer gestreiften Kultursorte von *Agave americana* und Elefantenfußbäumen (*Beaucarnea recurvata*) sowie Kugelkakteen (*Ferocactus* sp.)

phosaurus texanus, *Crotaphytus bicinctores*, *C. collaris*, *Dipsosaurus dorsalis*, *Gambelia wislizenii*, *Heloderma suspectum*, *Holbrookia maculata*, *Petrosaurus mearnsi*, *P. thalassinus*, *Phrynosoma m'calli*, *P. modestum*, *P. platyrhinos*, *Sauromalus ater*, *S. hispidus*, *S. varius*, *Sceloporus cyanogenys*, *S. magister*, *S. orcutti*, *Uta stansburiana*, *Xantusia vigilis*

17.2.3. Schlangen

Arizona elegans, *Bogertophis rosaliae*, *B. subocularis*, *Chionactis occipitalis*, *C. palarostris*, *Crotalus atrox*, *C. cerastes*, *C. enyo*, *C. lepidus*, *C. mitchelli*, *C. molossus*, *C. ruber*, *C. scutulatus*, *C. tigris*, *Lampropeltis alterna*, *L. mexicana*, *L. pyromelana*, *L. triangulum*, *Lichanura trivirgata*, *Pituophis melanoleucus*, *Rhinocheilus lecontei*, *Salvadora grahamiae*, *Senticolis triaspis*, *Sistrurus catenatus edwardsi*, *Sonora semiannulata*

17.2.4. Schildkröten

Gopherus agassizii, *Pseudemys texana*

17.2.5. Spinnen und andere Spinnenartige

Aphonopelma chalcodes, *A. hentzi*, *Dugesiella* sp., *Eremobates pallipes*, *Latrodectus mactans*, *L. hesperus*, *Mastigoproctus giganteus*, *Phrynus* spp.

17.2.6. Skorpione

Centruroides sculpturatus, *Hadrurus arizonensis*, *Vaejovis spinigerus*

17.2.7. Hundert- und Tausendfüßer

Orthoporus ornatus, *Scolopendra heros*

17.2.8. Insekten

Litaneutria obscura

17.2.9. Weiterführende Literatur

Benson (1969, 1982); Earle (1990); Gentry (1978, 1982); Irish & Irish (2000); MacMahon (1998); Munz (1962); Roberts (1989); Stewart (1993, 1998); Tylor (1998)

Terrarium (100 x 60 x 100 cm) cm für Seitenwinderklapperschlangen (*Crotalus cerastes*) in einer temporären Sonderausstellung der Sukkulentensammlung Zürich. Bepflanzt mit *Echinocereus pectinatus*, *E. viereckii*, *Agave utahensis* und *Cylindropuntia imbricata*

Agave polianthiflora **Nordwestmexiko**

☼ ♈ II

Agave parryi **USA (Utah), Nordmexiko**

☼ ♈ II ❄

Agave toumeyana **südwestliche USA, Nordmexiko**

☼ ♈ II ❄

Agave schottii **südwestliche USA, Nordmexiko**

☼ ♈ II ❄

Agave victoriae-reginae **zentrales Nordmexiko**

☼ ♈ I

Bursera microphylla **südwestliche USA, Nordmexiko**

☼ ♈ III

Echeveria affinis **Nordwestmexiko**

○ ♈ II

Echeveria agavoides **Zentralmexiko**

○ ♈ II

Echinocereus pentalophus **USA (Südtexas), Nordmexiko**

☼ ♈ ⇝ II *

Echinocereus stoloniferus **Nordwestmexiko**

☼ ♈ II *

Echinocereus triglochidiatus **südwestl. USA, Nordmexiko**

☼ ♈ II ❄

Ferocactus alamosanus **Neu-Mexiko, Texas**

☼ ♈ II *

Ferocactus emoryi **südwestliche USA, Nordwestmexiko**

☼ ♈ II *

Ferocactus pilosus **Zentralmexiko**

☼ ♈ II *

Fouquieria columnaris **Baja California**

○ ♈ II

Graptopetalum bellum **Nordmexiko**

○ ♈ II

Hechtia epigyna **Mexiko**

○ ♈ II

Hechtia gayii **Baja California**

○ ♈ II

Hechtia montana **Mexiko**

○ ♈ II

Lophophora williamsii **Nordmexiko**

☼ ♈ II ☠ *

Mammillaria decipiens **Zentralmexiko**

☼ ♈ II *

Mammillaria poselgeri **Baja California**

☼ ♈ II *

Mammillaria sheldonii **Nordwestmexiko**

☼ ♈ II k *

Opuntia humifusa **südliche USA, Nordmexiko**

☼ ♈ II ❄

Opuntia fragilis **westliches Nordamerika**

☼ ♈ II_G ❄

Opuntia phaeacantha **südwestliche USA, Nordmexiko**

☼ ♈ II_G ❄

Opuntia polyacantha **westliche USA, Nordmexiko**

☼ ♈ II ❄

Simmondsia chinensis **Sonora-Wüste**

○ ♈ II

Stenocereus eruca **Baja California**

☼ ♈ II *

Yucca whipplei **südwestliche USA, Baja California**

○ ♈ II_G ❄

17.3. Südamerika

In Südamerika zieht sich die Atacama-Wüste von Peru bis in die nördlichere Hälfte Chiles entlang der Pazifikküste. In den Kerngebieten der Atacama regnet es nur alle paar Jahre ausgiebig (El-Niño-Phänomen). In tieferen Lagen auf der Westseite der Küstenkordillere ist Nebel und Hochnebel (Garua) sehr häufig. Ein großer Teil der jährlichen Niederschläge entsteht durch Kondensation des Nebels. Die Atacama-Wüste gehört deshalb zu den Nebelwüsten. Oberhalb der Nebelgrenze und in Regionen ohne Vorgebirge wie in Nord-Chile und im Süden von Peru ist das Klima noch trockener. Diese Gegenden sind, außer entlang von Flüssen, nahezu vegetationsfrei. Falls Pflanzen gedeihen, so sind dies oft Kakteen (z. B. *Espostoa melanostele*, *Haageocereus divaricatispinus*, *Melocactus peruvianus*, *Opuntia sphaerica*). An günstigen, relativ feuchten Standorten wie Bachtälern können aber auch Gräser und manchmal sogar kleine Büsche wachsen. Gegen Süden schließt sich eine Zwergstrauch-Sukkulenten-Halbwüste mit Feigenkakteen (*Opuntia sphaerica*) und Kugelkakteen an.

An zeitweise nebelreichen Standorten gedeihen erstaunlich viele Flechten, aber auch eine Reihe von Blütenpflanzen wie Tillandsien oder Kakteen. Gerade ältere Säulenkakteen sind hier oft dicht mit Flechten bewachsen. Mit zunehmender Nebelfeuchte (ca. 450–600 m ü. d. M.) kann sich in Peru die Loma-Vegetation entwickeln. Hier gedeihen verschiedene Kräuter und zum Teil sogar Bäume aus den Gattungen *Acacia*, *Carica* und *Caesalpinia*. Auf deren Ästen wachsen oft epiphytische Moose und Tillandsien. Eine Reihe von *Tillandsia*-Arten hat sich auf ein Leben in den Sanddünen spezialisiert und bildet hier große Bestände (z. B. *Tillandsia latifolia*, *T. purpurea*), die als oft mehrere Hundert Meter breite Streifen langsam dem feuchten Seewind entgegenwachsen. Diese Ananas-Gewächse decken ihren gesamten Wasserbedarf mithilfe ihrer grauen Schuppen über die Blätter. Die Wurzeln sind drahtartig steif und dienen nur der Verankerung im Sand. Die Atacama-Wüste ist neben der Rub-al-Kali in Arabien und Teilen der Sahara eines der vegetationsärmsten und ödesten Gebiete der Erde.

Im Bereich des zentralen und südlichen Andenkammes ist die Niederschlagsmenge zwischen 2.000 und 3.600 m ü. d. M. ausreichend, sodass eine trockene Gebirgssteppe (Puna) aufkommen kann. Allgemein unterscheidet man zwischen Feucht- und Trocken-Puna, Dornen-Sukkulenten-Puna und der vegetationslosen Wüsten-Puna. Bei sehr hoher Sonneneinstrahlung gedeihen in der Puna neben Gräsern auch viele krautige und in den trockeneren Regionen außerdem dornige Pflanzen wie Bromelien (*Abromeitiella*, *Puya*) und Kakteen. In abflusslosen Senken findet man stark salzhaltige Seen, in deren Umgebung bestenfalls salztolerante Pflanzen gedeihen können. Die meisten dieser Senken sind jedoch so gut wie vegetationslos.

Im Handel sind viele Kakteen aus südamerikanischen Trockengebieten erhältlich, sodass die Pflanzenbeschaffung kein Problem sein sollte. Insbesondere von Sukkulentengärtnereien werden oft, neben diversen Kakteen, auch Bromelien aus dieser Region angeboten (*Abromeitiella*, *Deuterocohnia*, *Puya*, *Tillandsia*).

17.3.1. Froschlurche

Rhinella limensis

17.3.2. Echsen

Ameiva edracantha, *Callopistes maculatus*, *Phyllodactylus lepidopygus*, *P. microphyllus*, *Phymaturus palluma*, *Microlophus koepckeorum*, *M. thoracicus*, *M. peruvianus*, *M. tigris*

17.3.3. Schlangen

Bothrops pictus, *Mastigodryas heathii*, *Tantilla fraseri*

17.3.4. Weiterführende Literatur

Heek & Schindhelm (2004); Seibert (1996)

Abromeitiella brevifolia **Südbolivien, Nordargentinien**

○ ♈ II

Copiapoa humilis **Chile**

☼ ♈ II *

Deuterocohnia lotteae **Bolivien**

○ ♈ II

Deuterocohnia scapigera **Südbolivien**

○ ♈ II

Echinopsis huascha **Argentinien**

☼ ♈ II *

Echinopsis pentlandii **Peru, Bolivien**

☼ ♈ II *

Fascicularia bicolor **Chile**

○ ♈ II

Maihuenia poeppigii **Chile**

☼ ♈ II *

Matucana aureiflora **Peru**

☼ ♈ II *

Parodia procera **Bolivien**

☼ ♈ II *

Peperomia nivalis **Peru**

○ ♈ II k

Puya raimondii **Peru, Bolivien**

○ ♈ II G

Tillandsia edithae **Bolivien**

☼ ♉ ⚞ II

Tillandsia latifolia **Kolumbien–Peru**

☼ ♉ ⚞ II

Tillandsia paleacea **Kolumbien–Nordchile**

☼ ♉ ⚞ ⚞ II

Tillandsia purpurea **Peru**

☼ ♈ ⚞ II

Tillandsia tectorum **Peru**

☼ ♉ ⚞ II

Villadia **sp.** **Peru**

○ ♈ II k

17.4. Nordafrika

Im nördlichen Afrika liegt mit der Sahara das größte zusammenhängende Wüstengebiet der Erde. Weite Teile der Sahara sind nahezu vegetationsfreie Fels-, Stein- oder Sandwüste. Nur in den Randzonen sowie in Oasen gedeihen größere Pflanzenbestände. Charakteristisch für Oasen sind Dattelpalmen (*Phoenix dactylifera*). Im Einflussbereich des Mittelmeeres nimmt sowohl die Artenvielfalt als auch der Deckungsgrad der Vegetation deutlich zu und die typische Mittelmeervegetation mit vielen hartlaubigen Sträuchern und Bäumen kommt auf.

An manchen Stellen der zentralen Sahara kann man vereinzelte, uralte Bäume und Büsche finden – Relikte aus einer Zeit mit deutlich höheren Niederschlägen. Ansonsten beschränkt sich die Vegetation in den eigentlichen Wüstengebieten auf kurzlebige Arten, die nach stärkeren Niederschlägen rasch keimen, wachsen, blühen und Samen bilden. In den Randzonen der Sahara findet man dagegen teilweise sehr artenreiche Pflanzengesellschaften. Neben Büschen und kleinen Bäumen (z. B. *Ephedra alata*, *Ficus salicifolia*, *Acacia* spp., *Tamarix* spp., *Cupressus dupreziana*), einjährigen Arten und Gräsern sind mancherorts Sukkulenten auffällig. In Nordafrika weit verbreitet sind Säuleneuphorbien (*Euphorbia echinus*, *E. officinarum*, *E. resinifera*), die große Polster bilden und oft zusammen mit dem kleinen Baum *Rhus tripartita* gefunden werden. Von Mauretanien über Senegal bis Niger verbreitet ist die sukkulente Euphorbienart *Euphorbia balsamifera*. Eine Säulensukkulente aus Nordwestafrika ist *Kleinia anteuphorbium*. Obwohl Aasblumen ihren Verbreitungsschwerpunkt im südlichen und östlichen Afrika haben, findet man einzelne Arten auch im nördlichen Afrika sowie auf den Kapverdischen Inseln (z. B. *Echidnopsis*, *Huernia*, *Orbea*). Am Südostrand der Sahara treten in Äthiopien und Somalia zusätzlich rosettenförmige Sukkulenten auf wie *Aloe* sowie lokal auch *Aeonium*.

Im Handel sind nur wenige Pflanzenarten aus den Wüsten- und Halbwüsten Nordafrikas erhältlich. Regelmäßig angeboten werden nur

Terrarium (100 x 60 x 100 cm) für Hornvipern (*Cerastes cerastes*) in einer temporären Sonderausstellung der Sukkulentensammlung Zürich. Bepflanzt mit *Kleinia* sp., *Euphorbia resinifera* und *E. echinus*

Sukkulenten-Halbwüste mit *Euphorbia echinus* und *E. resinifera* in Marokko. Lebensraum diverser Echsen (z. B. *Agama impalearis*, *Saurodactylus mauritanicus*, *Tarentola mauritanica*) und Schlangen (z. B. *Malpolon monspessulanus*)

Euphorbia resinifera und *E. echinus* sowie eine Reihe von Aasblumen wie *Caralluma joannis.*

Einzelne Tamariskenarten (*Tamarix*) sind in milden Gegenden Mitteleuropas winterhart. Dementsprechend findet man sie regelmäßig im Freilandpflanzenhandel. Andere nordafrikanische Pflanzen muss man in der Regel entweder in Sukkulentengärtnereien kaufen oder über botanische Gärten beziehen.

17.4.1. Froschlurche

Amietophrynus mauritanicus, Pseudepidalea brongersmai

17.4.2. Echsen

Agama impalearis, Ptyodactylus hasselquistii, Scincus scincus, Stenodactylus petrii, S. sthenodactylus, Trapelus mutabilis, Tropiocolotes steudneri, T. tripolitanus, Uromastyx acanthinura, U. aegyptia, U. dispar, Xenagama taylori

17.4.3. Schlangen

Cerastes cerastes, C. vipera, Echis carinatus, Gongylophis colubrinus, Macrovipera deserti, M. mauritanica, Naja haje, Psammophis schokari, Spalerosophis diadema, S. dolichospilus

17.4.4. Skorpione

Androctonus australis, A. bicolor, A. mauritanicus, Hottentotta franzwerneri, Leiurus quinquestriatus, Scorpio maurus

17.4.5. Insekten

Miomantis pharaonica

17.4.6. Weiterführende Literatur

BATANOUNY (1979); BORNKAMM (1986); DAVIS (1953); EL HADIDI (1980); FRANKENBERG & KLAUS (1980); FRANKENBERG (1978); GUBB (1909); HEPPE & NEATE (1971)

Acanthodactylus dumerilii

Aloe jacksonii **Äthiopien**

○ ♈ II

Aloe jucunda **Somalia**

○ ♈ II

Aloe somaliensis **Somalia**

○ ♈ II

Caralluma burchardii **Marokko, Kanaren**

○ ♈ II

Caralluma europaea **Spanien, Nordafrika–Israel**

○ ♈ II

Caralluma joannis **Südwestmarokko**

○ ♈ II

Cyanotis somaliensis **Somalia**

◗ ♈ ◇ II

Echidnopsis nubica **Sudan**

○ ♈ II

Euphorbia aphylla **Kanarische Inseln**

○ ♈ II

Euphorbia echinus **Marokko**

○ ♈ II ☠

Euphorbia resinifera **Marokko**

○ ♈ II ☠

Euphorbia officinarum **Marokko**

○ ♈ II ☠

Huernia recondita **Äthiopien**

○ ♈ II

Orbea decaisneana **Nordafrika**

○ ♈ II k

Tamarix africana **Nordafrika**

○ ♈ I_G G ❄

17.5. Südafrika

In Namibia und dem westlichen Südafrika liegt im Einflussbereich des südlichen Atlantiks eine stark von Nebel geprägte Küstenwüste: die Namib (Jahresniederschlag ca. 10 mm). Es handelt sich um eine Stein- oder Kieswüste. In einigen Regionen gibt es aber auch ausgedehnte Dünengebiete. Über weite Flächen ist die Namib ausgesprochen pflanzenarm oder sogar fast vegetationsfrei. In reinen Nebelwüstengebieten findet man vor allem Algen und Flechten. Wo ein Teil der Niederschläge als Regen fällt und für eine ausreichende Wasserversorgung sorgt, da trifft man auch auf höhere Pflanzen (Phanerogamen).

Ein erheblicher Teil der Namibpflanzen sind Sukkulenten – insbesondere Mittagsblumen (Aizoaceae). Sukkulenten haben in der Namib, wie im ganzen südlichen Afrika, eine außerordentlich große Artenvielfalt hervorgebracht. Daneben gedeihen hier auch Gräser (z. B. *Stipagrostis namaquensis*) und entlang von Flüssen Akazien (*Acacia albida*) sowie Tamarisken (*Tamarix usneoides*). Eine besondere Pflanze, die im Übergangsbereich von der inneren in die äußere Namib vorkommt, ist *Welwitschia mirabilis*. Die Pflanze ein botanisches Relikt, das nur zwei lange, riemenförmige und ständig weiterwachsende Blätter besitzt, die mehrere Meter lang werden können. *Welwitschia* bildet am natürlichen Standort die Grundlage eines besonderen Ökosystems, mit einer Reihe endemischer Tiere. Für die Kultur von *Welwitschia* sind große Gefäße nötig, die mit einem durchlässigen und mindestens 20–30 cm tiefen Substrat gefüllt sind.

Ein weiteres Wüsten- bzw. Halbwüstengebiet im südlichen Afrika ist die Karoo (Jahresniederschlag < 200 mm). Der größte Teil der Karoo ist eine Steinwüste. Man unterscheidet zwischen der Sukkulentenkaroo (< 800 m. ü. d. M.) und der Hochland- oder Strauchkaroo (800–1.200 m. ü. d. M.). Letztere besitzt eine große Artenvielfalt an sukkulenten Mittagsblumen (Aizoaceae) und Seidenpflanzengewächsen (Asclepiadaceae). Ebenfalls häufig sind Korbblütler (Asteraceae), Dickblattgewächse (Crassulaceae), *Aloe* (Liliaceae) und Zwiebelpflanzen (Liliaceae, Amarylidaceae, Iridaceae, *Oxalis*). Im Frühjahr kann es nach den kurzen Regenperioden stellenweise zu auffälligen Blütenmeeren kommen. In der Hochland- oder Strauchkaroo bestimmen Kleinsträucher das Landschaftsbild. Sukkulenten sind aber ebenfalls häufig. Gegen Osten nimmt der Anteil der Gräser im Übergang zum Grasland des Hogevelds zu.

Zwergpuffotter (*Bitis xeropaga*) aus der Namibwüste

Der Pflanzenhandel bietet eine außerordentlich große Vielfalt an Pflanzen aus den Wüsten- und Halbwüsten des südlichen Afrikas an. Insbesondere Sukkulenten aus diesem Gebiet sind in großer Zahl verfügbar. Doch nicht alle eignen sich gleichermaßen für die Bepflanzung eines Terrariums. Gut haltbar sind viele Vertreter der Gattungen *Aloe*, *Gasteria* und *Haworthia*. Dasselbe gilt für einen erheblichen Teil der grünen Vertreter der Gattungen *Crassula*, *Euphorbia*, *Orbea* und *Senecio*. *Senecio* ist allerdings zumindest für Säugetiere giftig. Über die Toxizität dieser Pflanzen für andere Tiere ist wenig bekannt (Eggli & Akeret 2000).

Insbesondere bei säulenförmigen Sukkulenten ist auf eine hohe Lichtintensität zu achten. Nur so kann man verhindern, dass die Pflanzen vergeilen. Noch mehr Licht benötigen graue oder silberne Arten. Deren Kultur gelingt nur, wenn täglich für mehrere Stunden ausreichend Tageslicht die Pflanzen erreicht. Ebenfalls sehr lichtbedürftig sind alle Fensterpflanzen wie lebende Steine (*Lithops*) oder die hochsukkulenten *Haworthia*-Arten. Solche Pflanzen können nur mit sehr intensiver Beleuchtung oder besser noch mit Tageslicht kultiviert werden. Ideal sind heizbare Freilandterrarien, die den Pflanzen und Tieren einen weitgehenden Regenschutz bieten sowie Terrarien an einem Südfenster oder noch besser unter einem nach Süden ausgerichteten Dachfenster. Die beste Lösung bieten Glasterrarien, die in einem Gewächshaus stehen. Allerdings ist immer darauf zu achten, dass kein übermäßiger Wärmestau entsteht.

Neben Sukkulenten sind auch noch einige weitere Pflanzen aus dem südlichen Afrika erhältlich. Von Spezialgärtnereien werden immer wieder diverse Storchenschnabelgewächse (*Pelargonium*) angeboten. Diese können oft auch in Sukkulentengärtnereien gekauft werden. Eine ganze Reihe sogenannter Sommerflor-Arten stammt ebenfalls aus den südafrikanischen Trockengebieten. Meist handelt es sich um einjährige Korbblütler.

17.5.1. Froschlurche

Poyntonophrynus vertebralis, *Breviceps macrops*

17.5.2. Echsen

Chondrodactylus angulifer, *C. bibronii*, *Lygodactylus capensis*, *Pachydactylus rangei*

17.5.3. Schlangen

Aspidelaps lubricus, *A. scutatus*, *Bitis caudalis*, *B. cornuta*, *B. peringueyi*, *B. schneideri*, *B. xeropaga*

17.5.4. Skorpione

Hottentotta arenaceus, *Hadogenes bicolor*, *Opistophthalmus pallipes*, *Parabuthus villosus*

17.5.5. Weiterführende Literatur

KNAPP (1973); JAARSVELD et al. (2000); WYK & SMITH (2001, 2003)

Terrarium (100 x 70 x 70 cm) in einer temporären Sonderausstellung der Sukkulentensammlung Zürich, bepflanzt mit mehrheitlich hochsukkulenten Pflanzen aus den Halbwüsten Südafrikas und Namibias. Die meisten dieser Pflanzen können im Terrarium nur bei sehr starker Beleuchtung erfolgreich kultiviert werden. Außerdem müssen unbedingt die lebensnotwendigen Vegetations- und Ruhezeiten beim Gießen und bei der Temperatur berücksichtigt werden.

Adromischus alstonii **Südwestafrika**

☼ ♈ II k

Aloe erinacea **Namibia**

○ ♈ II

Crassula arta **Südwestafrika**

☼ ⇝ II k

Crassula lycopodioides **Südwestafrika**

○ ⇝ II k

Crassula elegans **Namibia**

○ ♈ II

Euphorbia avasmontana **Namibia, südliches Südafrika**

○ ♈ II ☠

Euphorbia waterbergensis **westliches Südafrika**

○ ♈ II ☠

Lithops hookeri **Südafrika**

☼ ♈ I !

Pelargonium ceratophyllum **Namibia**

○ ⇝ II

Senecio radicans **Südnamibia, Südafrika**

○ ⇝ I ☠

Titanopsis calcarea **Südafrika (Kap-Provinz)**

☼ ♈ I k

Titanopsis hugo-schlechteri **Südnamibia**

☼ ♈ II k

17.6. Madagaskar

Im äußersten Süden und Südwesten von Madagaskar gibt es zwischen Morombe und dem Cap Sainte Marie einen nur gerade rund 30 km breiten Streifen entlang der Küste mit einem Halbwüstenklima. Im Mittel fallen hier zwischen 300 bis maximal 500 mm Niederschläge, mehrheitlich im Dezember und Januar in Form kurzer, heftiger Unwetter. Die Trockenzeit dauert in der Regel 10–11 Monate. Die Temperatur liegt im Jahresmittel bei 26 °C, kann im Sommer aber auf über 40 °C ansteigen.

Dieses Halbwüstengebiet ist von einem lichten, zuweilen aber auch völlig undurchdringlichen Dornbusch bewachsen und wird manchmal als „Dornenwüste" bezeichnet. Dominiert wird dieser Vegetationstyp von dicht bedornten Sukkulenten. Besonders auffällig sind *Alluaudia comosa*, *A. humberti*, *A. procera*, *Didierea madagascariensis* und die als Jungpflanze mehrheitlich kriechende *D. trollii*, alle aus der für Madagaskar endemischen Pflanzenfamilie der Didiereaceen. Weiterhin wachsen in diesem Dornbusch sogenannte „coralliforme", d. h. stark verzweigte, buschartige, blattlose und sukkulente Wolfsmilchgewächse wie *Euphorbia leucodendron*. Typisch sind auch einige Arten der Gattung *Pachypodium* wie das im Pflanzenhandel häufig unter der Bezeichnung „Madagaskarpalme" angebotene, dicht bedornte *Pachypodium lamerei*. Unter den kleineren und nicht oder nur wenig bedornten Sukkulenten findet man Vertreter aus den Gattungen *Aloe* und *Kalanchoë* oder das kletternde Kürbisgewächs (Cucurbitaceae) *Xerosicyos danguyi*. Auch Flaschenbäume wie verschiedene Baobab-Arten (*Adansonia* spp.) oder *Moringa drouhardi* gedeihen hier.

Das Angebot an Pflanzen aus den südwestmadagassischen Halbwüstengebieten ist im Handel recht groß. In fast jedem Pflanzencenter werden Madagaskarpalmen (*Pachypodium lamerei*) und Christusdorn (*Euphorbia milii*) verkauft. Eine Reihe weiterer Sukkulenten wie Vertreter der Gattungen *Alluaudia, Didierea*, *Euphorbia* oder

Großterrarium für Strahlenschildkröten (*Astrochelys radiata*), Madagaskar-Leguane (*Oplurus* sp.), Chamäleons (*Furcifer* sp.) und Schildechsen (*Zonosaurus laticaudatus*) im Zoo Frankfurt. Bepflanzt mit Christusdorn (*Euphorbia milii*), *Didierea madagascariensis*, *Aloe* sp. und diversen anderen madagassischen Pflanzen

Ein Kurzkopf-Taggecko (*Phelsuma breviceps*) hat ein leeres Schneckenhaus als Unterschlupf gewählt.

Kalanchoë werden von Sukkulentengärtnereien angeboten. Etwas schwieriger aufzutreiben sind südmadagassische *Aloe*-Arten. Sucht man solche Pflanzen, so lohnt es sich, eine auf madagassische Arten spezialisierte Gärtnerei zu besuchen. Hier bekommt man in der Regel auch eine größere Anzahl weiterer geeigneter Pflanzen.

17.6.1. Echsen

Chalarodon madagascariensis, Furcifer belalandaensis, F. verrucosus, Oplurus cyclurus, O. fierinensis, O. saxicola, Paroedura picta, Phelsuma breviceps, P. modesta, P. leiogaster, P. standingi, Pygomeles braconnieri, Zonosaurus karsteni, Z. quadrilineatus, Z. trilineatus

17.6.2. Schlangen

Acrantophis dumerili, Leioheterodon modestus, Liopholidophis thieli, Madagascarophis ocellatus, Mimophis mahfalensis

17.6.3. Schildkröten

Astrochelys radiata, Pyxis arachnoides

17.6.4. Weiterführende Literatur

Bittner (1992); Goodman & Benstead (2003); Hermanns et al. (1998); Koechlin et al. (1997); Preston-Mafham (1991); Pérrier de la Bâthie (1921); Rauh (1973, 1995)

Terrarium (100 x 70 x 70 cm) für Kurzkopf-Taggeckos (*Phelsuma breviceps*) in einer temporären Sonderausstellung der Sukkulentensammlung Zürich. Bepflanzt mit *Aloe* sp., *Euphorbia stenoclada, E. leucodendron* und *Senecio longiflorus*. Beleuchtung: Tageslicht und 18-W-Leuchtstoffröhre

Alluaudia comosa **Süd- und Südwestmadagaskar**

☼ ♈ II

Alluaudia humbertii **Südmadagaskar**

☼ ♈ II

Aloe bakeri **Südwestmadagaskar**

○ ♈ II

Crassula humbertii **Madagaskar (Cap Sainte Marie)**

○ ♈ II

Decaryia madagascariensis **Südmadagaskar**

○ ♈ II

Didierea trollii **Madagaskar**

☼ ⇝ II

Euphorbia cylindrifolia **Südostmadagaskar**

☼ ♈ II ☠

Euphorbia gottlebei **Madagaskar (Sakahara)**

○ ♈ II ☠

Euphorbia milii **Zentral- und Südmadagaskar**

☼ ♈ I ☠

Euphorbia leucodendron **Südmadagaskar**

○ ♈ II ☠

Euphorbia stenoclada **Südwestmadagaskar**

○ ♈ II ☠

Kalanchoe bracteata **Madagaskar**

○ ♈ II ☠

Kalanchoe dinklagei **Madagaskar**
○ ♈ ⇝ II

Pachypodium lamerei **Südwestmadagaskar**
○ ♈ I ♥

Pachypodium horombense **Südmadagaskar**
☼ ♈ II !

Operculicarya pachypus **Südwestmadagaskar**
○ ♈ II

Senecio crassissimus **Madagaskar**
○ ⇝ II ☠

Xerosicyos danguyi **Südwestmadagaskar**
○ ⇝ II

17.7. Arabische Halbinsel, Naher und Mittlerer Osten

Ganz im Westen des asiatischen Kontinents bilden die Negev-Wüste und der Sinai einen Übergang von der Sahara im Westen zu den Wüsten der Arabischen Halbinsel im Osten. Auf der Sinai-Halbinsel überwiegen Gebirgswüsten, während der Norden des Sinai und die Negev von ausgedehnten Sandfeldern geprägt sind. Die Niederschläge nehmen in der Negev von Norden (100–200 mm/Jahr) nach Süden (15–50 mm/Jahr) deutlich ab.

Auf dem Gebiet der relativ kleinen Negev treffen drei Vegetationszonen aufeinander. Es sind dies im Norden die östliche Mittelmeerflora, im Südwesten Florenelemente aus der Sahara und im Südosten aus der irano-turanischen Vegetation der arabischen Halbinsel.

Im Osten der Arabischen Halbinsel liegt mit der Rub-al-Khali ein riesiges, fast vegetationsloses Sandwüstengebiet. Artenreiche Pflanzengesellschaften findet man fast ausschließlich in den größeren Wadis. Am auffälligsten sind Akazien (*Acacia tortilis*) und Tamarisken. Hier gedeihen aber auch andere Pflanzen wie *Euphorbia granulata* und *E. arabica* oder am Ufer von permanenten Wasserläufen und schattigen Bewässerungskanälen Farne (z. B. *Adiantum capillus-veneris*) und Orchideen wie *Epipactis veratrifolia*. In steinigen Wüstengebieten treten die strauchartig wachsenden, sukkulenten *Euphorbia balsamifera*, *E. hadramautica*, *E. larica*, *E. schimperi* und *E. uzmuk* auf. Zu knorrigen, kleinen Bäumen wächst *Boswellia sacra* heran. In Sandgebieten ohne Wanderdünen stabilisiert das Wurzelgeflecht der stark verzweigten, kleine Büsche bildenden *Euphorbia riebeckii* den ansonsten losen Untergrund. Entlang der Küste des Roten Meeres findet man viele Pflanzen, die auch in den Randzonen der Sahara verbreitet sind wie Vertreter der Gattungen *Caralluma* (z. B. *Caralluma arabica*, *C. flava*, *C. penicillata*, *C. quadrangula*) und *Ceropegia*, *Euphorbia balsamifera* sowie Drachenbäume (*Dracaena serrulata*). Aus ostafrikanischen Gebieten stoßen tropische Gattungen wie Baobabs (*Adansonia digitata*), Wüstenrosen (*Adenium obesum = A. arabicum*), *Aloe* (z. B. *Aloe dhufarensis*), Reben (*Cissus rotundifolia, C. quadrangularis*), *Croton,* Aasblumen (*Huernia arabica, H. laevis*), *Jatropha* (*Jatropha dhofarica*), sukkulente Korbblütler (Asteraceae) wie *Kleinia leptophylla, K. obesa* und *K. saginata* oder Bogenhanf (*Sansevieria ehrenbergii*, S. *forskaliana*) bis auf die Arabische Halbinsel vor. Im Gegensatz zum Norden der Arabischen Halbinsel findet man im Süden relativ viele Sukkulenten. Ganz im Süden des Jemens sowie in den höheren Lagen des Südomans gibt es Übergänge zu den Akazien-Dornsavannen Ostafrikas. Hier gedeihen neben Gräsern und

Terrarium für Jemenchamäleon (*Chamaeleo calyptratus*) im Reptilium Landau. Bepflanzt mit einer großen *Euphorbia tirucalli*. Beleuchtet mit HQI 1.000 W

Büschen auch eine Reihe von Sukkulenten wie *Aloe inermis* oder *Euphorbia cactus*. Im Nordjemen ist eine ausgeprägte Höhenstufenfolge erkennbar. Hier wachsen viele immergrüne Arten in einem Hartlaubwald, in dem bereits zahlreiche tropische Gattungen vorkommen.

Auf der Arabischen Halbinsel fallen pro Jahr je nach Gebiet zwischen 15 und 100 mm Regen, mehrheitlich in den Wintermonaten. In Gebirgsregionen können jedoch auch hier in Höhenlagen von mehr als 2.000 m ü. d. M. zwischen 250 und 650 mm Niederschläge pro Jahr auftreten.

Im Osten des Persischen Golfes setzen sich die Wüsten der Arabischen Halbinsel über den Iran, Pakistan und Afghanistan bis nach Nordindien fort. Gegen Norden gehen die subtropischen Wüstengebiete des Nahen und Mittleren Ostens dann in die winterkalten Wüsten, Halbwüsten und Steppen Eurasiens über. Entlang der Küste des Irans und Pakistans sind savannenartige Vegetationsformen verbreitet. Die Wüsten des Mittleren Ostens sind mehrheitlich vegetationsarm. In den nördlicheren Gebieten verhindert die Winterkälte das Aufkommen tropisch-subtropischer Pflanzen. Typisch sind für weite Gebiete im Iran Beifußbestände (*Artemisia*). Gegen Südosten (östliches Pakistan, Nordwestindien) findet man dagegen wieder vermehrt tropische Vegetationselemente wie Sträucher und Bäume der Gattungen *Bauhinia*, *Commiphora*, *Cordia*, *Maytenus*, *Mimosa* und *Prosopis*.

Im Handel sind nicht sehr viele Pflanzen aus dem Nahen und Mittleren Osten erhältlich. Am häufigsten angeboten wird die binsenkakteenähnliche *Euphorbia tirucalli*. Die Art hat ein riesiges Verbreitungsgebiet von Afrika bis Indien. Alte Exemplare wachsen in der Natur zu stattlichen kleinen Bäumen heran. Im Terrarium überlebt dieses Wolfsmilchgewächs auch bei mäßigen Lichtverhältnissen. Allerdings wächst sie dann nur sehr langsam und treibt sehr dünne Triebe, die leicht abbrechen. Ebenfalls regelmäßig im

Terrarium (90 x 70 x 70 cm) für Leopardgeckos (*Eublepharis macularius*), bepflanzt mit einer *Euphorbia tirucalli*. Beleuchtung: zwei 18-W-Leuchtstoffröhren, ein 70-W-HQI-Strahler. Felsaufbauten aus aufeinandergeschichteten Vulkantuffbrocken. Durch die poröse Struktur sind diese relativ leicht. Der Bodengrund besteht aus zu Sand zerriebenem Kalktuff. Im Wurzelbereich der Euphorbie wurde ein Zimmerpflanzenerde-Torf-Sandgemisch eingebracht.

Handel ist *Aloe vera*. Die Art stammt vermutlich ursprünglich aus dem Jemen und wird heute für eine Vielzahl von Kosmetik- und Heilprodukten verwendet. Auch eine Reihe weiterer Sukkulenten wie *Caralluma*- und *Huernia*-Arten bekommt man gelegentlich in Sukkulentengärtnereien. Zwei Kletterpflanzen, die immer wieder mal sogar in Pflanzenzentren angeboten werden, sind die beiden Rebenarten *Cissus quadrangularis* und *C. rotundifolia*. Beide sind leicht sukkulent, ungiftig, wachsen bei guter Beleuchtung recht schnell und eignen sich hervorragend zur Bepflanzung von Terrarien für Jemenchamäleons (*Chamaeleo calyptratus*). *Cissus rotundifolia* ist allerdings nicht ganz einfach im Terrarium über einen längeren Zeitraum zu kultivieren. Weshalb die Art im Terrarium schlecht wächst, konnte jedoch bisher noch nicht ermittelt werden.

Eine Besonderheit, die gelegentlich zu sehr hohen Preisen angeboten wird, sind die sehr langsam wachsenden Weihrauch- oder Olibanumbüsche (*Boswellia* spp.) aus dem Süden der Arabischen Halbinsel.

17.7.1. Froschlurche

Bufo arabicus, *Pseudepidalea viridis*

17.7.2. Echsen

Acanthodactylus boskianus, *A. schmidti*, *Agamura persica*, *Chamaeleo calyptratus*, *C. monachus*, *Cyrtopodion scabrum*, *Eublepharis macularius*, *Laudakia caucasia*, *L. stellio*, *Mesalina brevirostris*, *M. guttulata*, *Phrynocephalus arabicus*, *Pseudotrapelus sinaitus*, *Ptyodactylus guttatus*, *P. hasselquistii*, *Scincus scincus*, *Stenodactylus doriae*, *S. grandiceps*, *S. sthenodactylus*, *Trapelus agilis*, *T. pallidus*, *T. ruderatus*, *Tropiocolotes nattereri*, *Uromastyx aegyptia*, *U. benti*, *U. thomasi*, *Varanus griseus*

17.7.3. Schlangen

Cerastes gasperettii, *Platyceps rhodorachis*, *Echis coloratus*, *Eristicophis macmahoni*, *Eryx jaculus*, *Eryx jayakari*, *Malpolon moilensis*, *Psammophis schokari*, *Pseudocerastes persicus*, *Spalerosophis diadema*, *Walterinnesia aegyptia*

17.7.4. Skorpione

Androctonus crassicauda, *Compsobuthus arabicus*, *Parabuthus liosoma*, *Scorpio maurus*, *Vachoniolus minipectinibus*

117.7.5. Insekten

Eremiaphila cerisy

17.7.6. Weiterführende Literatur

Collenette (1985); Danin (1983); Ghazanfar & Fischer (1998); Phillips (1988); Zohary (1973)

Wandterrarium (70 x 25 x 90 cm) für Fächerfingergeckos (*Ptyodactylus hasselquistii*) mit arabischer Getränkedose. Bepflanzt mit Rundblättrigen Reben (*Cissus rotundifolia*), Aasblumen (*Huernia* sp.) und *Aloe vera*. Beleuchtung: zwei 18-W-Leuchtstoffröhren. In der Rückwand aus Kalksteinen und gefärbtem Beton ist ein 25-W-Heizkabel eingemauert.

Adenium obesum **Ostafrika, Jemen**

○ ♈ II ☠

Aloe niebuhriana **südwestl. Arabische Halbinsel**

○ ♈ II

Aloe vera **Jemen**

○ ♈ I

Echidnopsis cereiformis **Sudan–Südarabien**

○ ♈ II ☠

Euphorbia arbuscula **Sokotra**

○ ♈ II ☠

Euphorbia fractiflexa **Jemen**

○ ♈ II ☠

Euphorbia tirucalli **Ostafrika, Arabien–Indien**

○ ♈ I ☠

Frerea indica **Nordwestindien**

☼ ♈ III

Huernia arabica **Arabische Halbinsel**

☼ ♈ II

Huernia laevis **Jemen**

☼ ♈ II

Sansevieria ehrenbergii **Ostafrika, Jemen**

○ ♈ II

Sansevieria forskaliana **Ostafrika, Jemen**

○ ♈ III

17.8. Australien

Ganz Zentralaustralien besitzt ein arides Klima. Im Gegensatz zu anderen Wüstengebieten gibt es aber keine regelmäßig wiederkehrenden Regen- und Trockenzeiten. In den trockensten Regionen Zentralaustraliens können die seltenen Niederschläge zu jeder Jahreszeit fallen oder aber auch über einen längeren Zeitraum ausbleiben. Diese unregelmäßige Niederschlagsverteilung dürfte mit ein Grund sein, weshalb Sukkulenten in Zentralaustralien fast vollständig fehlen. Auch die sonst in vielen Gegenden Australiens allgegenwärtigen Eukalypten sind hier kaum oder gar nicht vertreten. Die beiden Charakterpflanzen der zentralaustralischen Halbwüsten sind der Salzbusch (*Atriplex vesicaria*) und der Blaubusch (*Maireana sedifolia*), beides Chenopodiaceen. Sie können in reinen Beständen auftreten oder auch gemischt mit anderen Pflanzen als Strauch-Halbwüste. Der Salzbusch wird rund 12 Jahre alt. Er wächst auf lehmigen, salzhaltigen Böden. Sein Wachstum scheint durch einen gewissen Salzgehalt des Bodens gefördert zu werden. Er besitzt wie viele Salzpflanzen leicht sukkulente Blätter und kann überschüssiges Salz durch kurzlebige Blasenhaare ausscheiden.

Der Blaubusch wird dagegen sehr alt. Er besitzt ein Wurzelwerk, das mehrere Meter tief in den Boden eindringt. Er wächst deshalb dort, wo das Regenwasser durch einen porösen Boden tiefer einsickern kann und dort gespeichert wird, d. h. insbesondere auf steinigen Böden.

In der Gibson- und der Simpson-Wüste gibt es weite Sanddünengebiete. Hier findet man zwischen den Sanddünen bei günstigen Wasserverhältnissen Sträucher und kleine Bäume (*Acacia*, *Casuarina*, *Eremophila*). Die wichtigste Art ist die 4–6 m hohe Mulga-Akazie (*Acacia aneura*). Die Art kann lange Dürrezeiten überstehen, ist jedoch salzempfindlich. Mulga-Akazien gedeihen nicht nur in den Halbwüsten Zentralaustraliens,

Mulga-Buschhalbwüste mit Bartagame (*Pogona vitticeps*) im nordöstlichen New South Wales kurz vor einem heftigen Gewitter. Lebensraum des Wüstenlaubfrosches (*Litoria rubella*), diverser Geckos (*Diplodactylus damaeus*, *Rhynchoedura ornata*), weiterer Agamen (*Amphibolurus nobbi*, *Ctenophorus pictus*), des Gouldswaranes (*Varanus gouldi*) und diverser Schlangen (*Antaresia stimsoni*, *Pseudechis australis*, *Pseudonaja textilis*) sowie vieler weiterer Tiere

Vier Baustadien eines Kellerschachtterrariums (130 x 100 x 80 cm). Rück- und Seitenwände wurden mit Wärmedämmplatten verkleidet. Mit rötlichen Gehwegplatten aus indischem Krishna-Sandstein und rot eingefärbtem Beton wurde eine Felswand gebaut. Genaue Angaben zum Bau und zum Betrieb dieses Kellerschachtterrariums finden sich bei Akeret (2006).

sondern auch in den trockenen, lichten Hartlaub-Buschwäldern (Mulga-Vegetation) im Süden des Kontinents, die mit zunehmender Feuchtigkeit zu den eigentlichen Hartlaubwäldern überleiten.

Eine weitere wichtige Pflanzengruppe der australischen Halbwüsten sind die Igelgräser (*Triodia*, *Plectrachne*). Diese bilden das sogenannte Spinifex-Grasland. Die Wurzeln von *Triodia basedowii* gehen bis 3 m tief in den Boden. Die Blätter dieser horstbildenden Gräser sind sehr spitz und steif. Die Horste dienen vielen Kleintieren als Verstecke vor Feinden und der sengenden Sonne.

Pflanzen aus den zentralaustralischen Halbwüsten sind in Europa so gut wie nicht erhältlich. Gelegentlich werden allenfalls Casuarinen (*Casuarina*) in Gärtnereien, die sich auf Wintergartenpflanzen spezialisiert haben, verkauft. Einjährige Pflanzen, die ab und zu im Handel auftauchen, sind die zu den Amarantaceae gehörenden *Ptilotus exaltatus* und *P. manglesii*. Weitere *Ptilotus*-Arten sind in Australien als Samen zu kaufen. Leider keimen sie aber relativ schlecht. Auch von einer großen Anzahl weiterer Pflanzen werden in Australien Samen verkauft. Insbesondere in den „Visitor Centers" botanischer Gärten oder in Nationalpark-Shops bekommt man solche abgepackten Samen, die gemäß Auskunft mehrerer Parkranger auch ausgeführt werden dürfen, da sie aus lizenzierten Zuchtbetrieben stammen. Auf diese Weise kann man sich mit etwas Geduld die gewünschten Arten selbst heranziehen. Wer nicht selbst nach Australien reisen will, der kann sich die Samen auch von einem Samenhändler mit Ausfuhrlizenz schicken lassen (z. B. Kimseed, siehe Adressverzeichnis). Eine umfangreiche Liste findet sich außerdem bei Hibbert (2004).

Eine besonders attraktive Art ist die Wüstenerbse (*Clianthus formosus*). Die Anzucht dieser kriechenden Bodenpflanze mit ihren großen, roten Blüten ist schwierig, da sie empfindlich auf Wurzelnässe reagiert. Ein besseres Ergebnis lässt sich erzielen, wenn man sie bereits als Jungpflanzen auf eine Wurzelunterlage (z. B. Speiseerbsen) pfropft. Ebenfalls kriechend sind die oft im australischen Outback am Straßenrand wachsenden Wüstenmelonen. Ihre Samen sät man vorteilhafterweise auf leicht feuchtem, kalkfreiem Sand aus. In Sukkulentengärtnereien werden manchmal *Sarcostemma australe* oder sukkulente Portulac-Gewächse wie *Portulaca oleracea*, *P. intraterranea*, *P. pilosa* und *Calandrinia* spp. angeboten.

Im Folgenden soll noch der Bau und die Einrichtung eines Terrariums für Stachelschwanzwarane (*Varanus acanthurus*) in einem Kellerschacht kurz beschrieben werden. Hierfür wurde ein Kellerschacht (120 x 45 x 100 cm) nach oben mit einer Doppelstegplatte und darin eingebauten, verschließbaren Aluminium-Lüftungsblechen gegen ein Entweichen der Tiere gesichert. Zusätzlich ist der Schacht über der transparenten Doppelstegplatte mit einem massiven, festgeschraubten Metallgitter gegen Einbruch von außen gesichert. Beim Bau der Inneneinrichtung wurden in einem ersten Schritt wärmedämmende, 2 cm dicke Styroporplatten mit Silikon an die Betonwände geklebt. Anschließend wurden in halber Höhe Metallwinkel an die Betonrückwand des Lichtschachtes geschraubt. Auf diese Träger wurden rötliche Krishna-Sandsteinplatten gestellt. Weitere Sandsteinplatten wurden anschließend nach vorne versetzt daruntergestellt und der entstandene Hohlraum dahinter mit Styroporstücken aufgefüllt. Die Platten wurden in einem Gartencenter als Trittplatten verkauft. Bei der Auswahl wurde auf eine möglichst stark

Fertig eingerichtetes Kellerschachtterrarium (130 x 100 x 80 cm) für Stachelschwanzwarane (*Varanus acanthurus*) beim Verfasser. Bepflanzt mit *Brachychiton rupestris* und trockenen Gräsern (*Festuca glauca*). Beleuchtung: Tageslicht, ein 70-W- sowie ein 150-W-HQI-Strahler

strukturierte und unebene Rückseite der Platten geachtet, um später einen soweit wie möglich natürlich wirkenden Gesamteindruck zu erreichen. Im nächsten Schritt wurden die Fugen mit rot und rotbraun eingefärbtem Beton (Weißzement und Quarzsand im Verhältnis 1:2; Betonpigmente Bayrferox) ausgestrichen. Auch an den Seiten wurden Sandsteinplatten wie bei der Rückwand einbetoniert. In die Betonschichten wurde ein 50-W-Heizkabel eingemauert. Am Boden wurde eine Sickermatte in den Randbereichen des Kellerschachtes einbetoniert. Überschüssiges Gießwasser kann so durch die Matte im Erdreich des Schachtes versickern. Nach vorne wurde der Kellerschacht mit einem angebauten Vollglasterrarium auf 80 cm Gesamttiefe vergrößert.

Beleuchtet wird das Terrarium trotz Tageslicht mit je einer 150-W- bzw. 70-W-HQI-Lampe. Unter der 150-W-Lampe sonnen sich die Warane täglich ausgiebig. Weiter wurde das Terrarium an eine automatische Bewässerungsanlage angeschlossen. Drei Gardena Nebeldüsen versorgen die Pflanzen täglich für eine Minute mit Regenwasser.

Mit der Umgestaltung des Kellerschachtes zu einem Terrarium konnte der zuvor hässlich graue Betonkubus ansprechend gestaltet werden. Durch die am Vormittag, je nach Jahreszeit bis gegen 14:00 h in den Schacht scheinende Sonne erhalten die Warane viel Licht. Dies kommt auch den Pflanzen zugute. Da der Schacht nach unten hin wasserdurchlässig ist, können die Pflanzen – anders als in einem normalen Terrarium – problemlos mit größeren Wassermengen versorgt werden. Überschüssiges Wasser kann durch die Sickermatte nach unten abfließen.

Bepflanzt wurde das Terrarium mit einem australischen Flaschenbaum (*Brachychiton rupestris*) und trockenen Gräsern.

17.8.1. Froschlurche

Cyclorana platycephala, *Litoria rubella*

17.8.2. Echsen

Ctenophorus fordi, C. nuchalis, C. pictus, C. reticulatus, Diplodactylus conspicillatus, D. tesselatus, Gehyra variegata, Moloch horridus, Nephrurus amyae, N. laevissimus, N. levis, N. vertebralis, Pogona minor, P. vitticeps, Tiliqua multifasciata, Trachydosaurus rugosus, Underwoodisaurus milii, Varanus acanthurus, V. brevicauda, V. caudolineatus, V. eremius, V. giganteus, V. gilleni, V. tristis

17.8.3. Schlangen

Acanthophis pyrrhus, Antaresia stimsoni, Aspidites ramsayi, Oxyuranus microlepidotus, Pseudechis australis, P. nuchalis, Pseudonaja textilis

17.8.4. Weiterführende Literatur

KEITH (2004); MITCHELL & WILCOX (1988); URBAN (2001); WRIGHLEY & FAGG (2003)

Terrarium (50 x 70 x 60 cm) für Rübenschwanzgeckos (*Underwoodisaurus milii*). Bepflanzt mit trockenen Gräsern. Rückwand aus einbetonierten Buntsandsteinplatten

***Casuarina* sp.** **Zentralaustralien**

○ ♈ ☁ III

Clianthus formosus **Zentralaustralien**

☼ ⇝ ☁ III$_S$!

***Cucumis* sp.** **südliches Afrika, Zentralaustralien**

☼ ⇝ ☁ III$_S$

Ptilotus divaricatus **Zentralaustralien**

○ ♈ ☁ II$_S$

Sarcostemma viminale **Afrika, Asien, Australien**

○ ♈ ⇝ 🌵 II

Triodia scariosa **Zentralaustralien**

☼ ♈ ☁ III

18. Häufig gestellte Fragen

Wer sich mit der Bepflanzung von Terrarien befasst, der stößt früher oder später auf Diskussionsforen zum Thema „Terrarienpflanzen" im Internet. Mit Sicherheit das größte, deutschsprachige Diskussionsforum findet sich auf der Homepage der Deutschen Gesellschaft für Herpetologie und Terrarienkunde e. V. (DGHT): www.dght.de. Ein weiteres Pflanzenforum findet sich unter www.schlangenforum.ch. Hier tauchen immer wieder eine Reihe von Fragen auf, die in der Folge kurz beantwortet werden sollen:

18.1. Welche Pflanzen eignen sich zur Bepflanzung eines Bartagamenterrariums?

Die am häufigsten im Terrarium gehaltene Bartagame ist *Pogona vitticeps*. Die Art stammt aus den Trockengebieten in Zentralaustralien. Man findet sie häufig in Gebieten mit lichtem, meist hartlaubigem Buschwerk. Bartagamen fressen neben tierischer Kost (Insekten, Spinnen, kleine Wirbeltiere) auch Pflanzen. Sie vergreifen sich deshalb bei Bedarf auch an Terrarienpflanzen. Besonders begehrt sind saftige Sukkulenten, die meist nur wenige Tage im Terrarium überleben. Stark bedornte Sukkulenten werden in der Regel verschmäht. Da von solchen Arten jedoch für die relativ schweren Agamen eine nicht unerhebliche Verletzungsgefahr ausgeht, sollte man auf die Verwendung verzichten. Ebenfalls ungeeignet sind Tillandsien. Neben geografischen Gründen sprechen auch klimatische gegen die Verwendung dieser Ananasgewächse.

Sehr gute Erfahrungen konnten in Bartagamenterrarien mit hartlaubigen Sträuchern wie *Callistemon* gemacht werden. Werden sie täglich gegossen und sehr gut beleuchtet, so ertragen sie ohne Weiteres auch Temperaturen von mehr als 35 °C. Von den Tieren ebenfalls in Ruhe gelassen werden Palmfarne (*Cycas*). Wie bereits früher erwähnt, sollte man sich zwei Exemplare anschaffen. Sobald bei der Pflanze im Terrarium neue Blattansätze sichtbar werden, stellt man dieses Individuum ins Freie an einen halbschattigen Platz, und der zweite Palmfarn kommt ins Terrarium.

18.2. Womit bepflanzt man ein Terrarium für Jemenchamäleons?

Jemenchamäleons (*Chamaeleo calyptratus*) leben im äußersten Südwesten der arabischen Halbinsel in einem Gebiet, das sich klimatisch stark vom Rest Arabiens unterscheidet. Hier herrscht kein Wüstenklima. Die Niederschlagsmengen sind vielmehr so hoch, dass eine verhältnismäßig üppi-

Großterrarium für Bartagamen (*Pogona vitticeps*) und Kragenechsen (*Chlamydosaurus kingii*) im Zoo Berlin. Bepflanzt mit *Callistemon* sp. *Cycas revoluta* und *Hoya* sp.

Terrarium für ein Jemenchamäleon (*Chamaeleo calyptratus*) im Aquarium des Zoos von Köln. Bepflanzt mit Zierspargel (*Asparagus falcatus*)

ge, subtropische Vegetation mit vielen Sträuchern gedeiht. Leider sind aber nur wenige Pflanzen aus dieser Region im Handel erhältlich. Gelegentlich angeboten werden zwei Rebenarten: *Cissus quadrangularis* und *C. rotundifolia*. Beide eignen sich prinzipiell zur Bepflanzung eines Jemenchamäleon-Terrariums. Als Kletterpflanzen ranken sie zwischen den verzweigten Kletterästen. Leider werden jedoch insbesondere die fleischigen, leicht sukkulenten Blätter von *C. rotundifolia* von den Tieren häufig gefressen. Außerdem ist diese Rebenart im Terrarium nicht leicht zu pflegen, sodass *C. quadrangularis* der Vorzug gegeben werden sollte.

Pflanzengeografisch zwar nicht korrekt, aber trotzdem sehr gut geeignet sind Zierspargel. Besonders *Asparagus falcatus* ist sehr wüchsig und robust. Die Blätter scheinen den Chamäleons nicht sonderlich gut zu schmecken, sodass sie diese meist in Ruhe lassen. Durch seinen strauchartigen Wuchs dient der Spargel den Tieren auch als Klettermöglichkeit. Trotzdem sollte man nicht auf „normale“ Klletteräste verzichten. Diese stützen auch die recht feinen Äste der Spargel.

18.3. Kann man ein Terrarium für Grüne Leguane und andere Großechsen wie Warane, Wasseragamen oder Segelechsen bepflanzen?

Diese Frage kann nicht eindeutig mit ja oder nein beantwortet werden. Ob man lebende Pflanzen in einem Terrarium mit Grünen Leguanen (*Iguana iguana*) oder anderen Großechsen pflegen kann, hängt in erster Linie von der Größe des Terrariums ab. In Becken mit wenigen Kubikmetern Volumen wird man in den wenigsten Fällen Erfolg haben. In sehr großen Anlagen lassen sich dagegen lebende Pflanzen recht gut mit herbivoren Großechsen zusammenhalten. Neben der Größe des Terrariums ist aber auch die Einrichtung entscheidend. Wichtig sind insbesondere ausreichend und genügend dicke Kletteräste. Ordnet man die für das Wohlbefinden der Tiere wichtigen Licht- und Wärmequellen auf einen geeigneten Ast, so halten sich die Echsen bevorzugt dort auf. Die lebenden Pflanzen ordnet man so an, dass sie in Bereichen wachsen, wo sich die Tiere eher selten aufhalten.

Bei der Auswahl der Pflanzen sollte man darauf achten, robuste Arten zu wählen. Recht gut geeignet sind Palmfarne (*Cycas*, *Zamia* usw.). Diese urtümlichen Pflanzen besitzen harte, wenig schmackhafte und außerdem giftige Blätter, die von fast allen Pflanzenfressern gemieden werden. Ist das Terrarium ausreichend hoch, so kann man eventuell auch mit robusten Palmen in der Nähe der Rück- oder einer Seitenwand Erfolg haben. Wichtig ist, dass man versucht, die Palmen mittels kräftiger Äste zu stützen. Für Tiere aus den Neotropen kann man große, robuste Bromelien mit bedornten Rändern wie *Aechmea agavifolia*, *A. fasciata* oder *A. zebrina* verwenden. Die Epiphyten sollte man am oberen Ende eines schräg gestellten Astes platzieren. Die Tiere werden so weniger dazu verleitet, ständig über die Pflanzen zu klettern. Will man Kletterpflanzen verwenden, so sollte man kleinlaubige Arten wählen, die ihre Blätter eng an den Untergrund anschmiegen. Diese Wuchsform ist z. B. bei der Zwergkletterfeige (*Ficus pumila*) zu finden. Die kleinen Blätter sind für die Echsen nicht besonders attraktive Futterquellen und die an den Untergrund angelegten Blätter werden weniger leicht abgeknickt als abstehende Blätter. Können die Kletterpflanzen an Rück- oder Seitenwänden hochranken, so werden sie durch die Aktivitäten der Echsen weniger beeinträchtigt, als wenn sie Kletteräste als Unterlage verwenden müssen und die Tiere hier ständig auf sie treten bzw. sie mit ihren Krallen verletzen.

Ob man Erfolg hat mit der Bepflanzung von Terrarien für herbivore Großechsen kann kaum voraus gesagt werden. Zu viele Faktoren entscheiden gerade hier über Erfolg oder Misserfolg. Neben der Terrariengröße und der Auswahl der Pflanzen sind auch klimatische Faktoren und die Art der Einrichtung entscheidend. Nicht zu vernachlässigen ist außerdem der Charakter der jeweils gepflegten Tiere. Selbst innerhalb der selben Art kann man bei manchen Individuen Erfolg mit lebenden Pflanzen haben, während andere jeden Pflanzenwuchs binnen kurzer Zeit vernichten. Doch weil gerade Großechsen oft sehr individuelle Vorlieben haben, kann man selbst bei scheinbar hoffnungslosen Fällen Erfolge erzielen, indem man es mal mit einer anderen Pflanzenart versucht. Werden alle glatten Blätter gefressen, so kann es manchmal hilfreich sein, Arten mit behaarten Blättern zu wählen (z. B. *Tetrastigma voinierianum*). Ich kultiviere diese großblättrige und sehr wüchsige Rebe aus Vietnam seit vielen Jahren in einem großen Terrarium für Arguswarane (*Varanus panoptes horni*) sowie zusammen mit einem adulten Waran aus der *Varanus indicus*-Gruppe. Reißen die Warane mal einen Trieb herunter, so kann er leicht wieder an einem anderen Trieb oder an einem Kletterast hochgebunden werden. Abgebrochene Triebe schlagen

Großterrarium für Grüne Wasseragamen (*Physignathus cocincinus*) im Reptilium Landau, dicht bepflanzt mit Palmen und anderen Grünpflanzen. Dicke Stämme und Äste dienen den Echsen als Klettermöglichkeit, sodass die lebenden Pflanzen geschont werden. In großzügig bemessenen und gut beleuchteten Anlagen gedeihen Pflanzen in der Regel besser als in kleinen und nur schwach ausgeleuchteten Terrarien.

bei ausreichender Luftfeuchtigkeit in der Regel rasch wieder aus und kompensieren den Verlust. Seit mehreren Jahren wächst außerdem ein *Ficus binnendijkii* im Arguswaran-Terrarium. Nur kurze Zeit überlebten bei diesen Waranen dagegen Palmen. Sie wurden leider jeweils innerhalb kürzester Zeit buchstäblich niedergewalzt und die Blätter mit den scharfen Krallen regelrecht zerfetzt.

Auf jeden Fall lohnt es sich – zumindest bei ausreichend großen Terrarien – dass man bei anfänglichen Misserfolgen nicht gleich aufgibt, sondern versucht, die Situation zu analysieren und mittels einer veränderten Einrichtung oder anderer Pflanzenarten dennoch eine geeignete Bepflanzung zu finden.

Großterrarium für Grüne Leguane (*Iguana iguana*) im Zoo Berlin, bepflanzt mit diversen Feigen-Arten (*Ficus benjamina, F. binnendykii*). Lebende Pflanzen über einen längeren Zeitraum in einem *Iguana*-Terrarium erfolgreich zu kultivieren, gelingt nur in Ausnahmefällen in sehr großen Anlagen.

18.4. Womit kann man ein Terrarium für Königspythons bepflanzen?

Der Königspython (*Python regius*) ist ein Bewohner der Savannen und Trockenwälder Westafrikas. Besonders häufig sind diese Schlangen in der Nähe von Wasserläufen. Typisch für die Savannen Westafrikas sind neben Gräsern diverse Bogenhanfarten (*Sansevieria*). Häufig angeboten wird die fast unverwüstliche *Sansevieria trifasciata*, die selbst mit mäßigen Lichtverhältnissen zurechtkommt: In der Regel gedeihen diese Pflanzen bereits unter 2–3 Leuchtstoffröhren recht gut. Zumindest *S. trifasciata* verzeiht in der Regel auch mal eine gelegentlich etwas vernachlässigte Pflege. Sansevierien gehören zu den Sukkulenten und ertragen einen zeitweisen Wassermangel. Man sollte es aber mit dem spärlichen Wässern nicht übertreiben und die Pflanzen alle 2–4 Wochen reichlich gießen. Umgekehrt muss man darauf achten, dass das Kultursubstrat nicht vernässt. Auf keinen Fall darf man die Pflanzen im Bereich einer Bodenheizung platzieren.

Von *Sansevieria trifasciata* existieren eine Vielzahl an Kultursorten. Neben großwüchsigen Formen kennt man auch kleinbleibende, oft nur gerade 10–20 cm hohe Sorten. Wichtig ist, dass man hohe Bogenhanfsorten bzw. -arten durch stabile Kletteräste stützt, sodass sie von den Schlangen nicht zu Boden gedrückt werden können. Weniger empfindlich sind kleinwüchsige Formen, denen man den Vorzug geben sollte.

Ebenfalls geeignet wäre ein kräftiges Exemplar von *Dracaena deremensis*. Diese Pflanzen sind recht robust und gedeihen auch bei einer mäßig starken Beleuchtung. Wichtig ist, dass man diese Pflanzen mit Ästen oder Lianen (z. B. dicke Waldrebentriebe) etwas abstützt und so verhindert, dass die Schlangen sie niederdrücken.

Als Rankenpflanzen kann außerdem ein *Clerodendron thomsoni* verwendet werden. Diese bei guter Beleuchtung recht wüchsige Pflanze benötigt allerdings ein Stützgerüst, wo sie sich hochranken kann.

19. Adressen

19.1. Spezialgärtnereien

Die unten erwähnten Spezialgärtnereien und Bezugsquellen sind nach Postleitzahlen geordnet. Dadurch soll die Suche nach geeignetem Pflanzenmaterial in der Nähe des Wohnortes erleichtert werden. Die angegebenen Betriebe stellen nur eine willkürliche Auswahl dar, und die Liste erhebt keinen Anspruch auf Vollständigkeit.

Orchideengärtnereien bieten neben Orchideen oft auch Bromelien, Farne und andere, zumeist tropische Pflanzen an. Nichttropische Pflanzen findet man in Gartenzentren und Baumärkten. Oft lohnt sich auch eine Internet-Recherche bei der Suche nach bestimmten Pflanzen. Bei vielen Spezialgärtnereien können Pflanzen auch übers Internet bestellt werden. Vorsicht ist geboten, wenn die Pflanzen über internationale Grenzen verschickt werden! Hier müssen in jedem Fall die geltenden Artenschutzbestimmungen beachtet werden.

19.1.1. Deutschland

Niederlausitzer Orchideen & Tillandsien, Hauptstr. 3, D-01983 Allmosen, www.orchideen-lehradt.de

Großräschener Orchideen, W.-Seelenbinder-Str. 21, D-01983 Großräschen, www.orchideenwlodarczyk.de

Kakteen aus Sachsen, Herbert Schneider, Karl-Marx-Str. 20, D-04746 Hartha

Carow & Wrono, Spezialgärtnerei für Insektivoren, Ümpfingerstr. 5, D-07720 Nüdlingen

Orchideen Seidel GbR, Orchideen-Naturformen, Bromelien, exotische Pflanzen, Zimmerbonsai, Hauptstr. 119a, D-08115 Lichtentanne, www.orchideen-seidel.de

Orchideenzentrum-Chemnitz, Orchideen, Bromelien , Zschopauer Str. 277, D-09126 Chemnitz, www.orchideenzentrum-chemnitz.de

Orchideen-Valerius Gartenbau, Inhaber Dirk Jäger, Putenweg 70, D-12355 Berlin

ZOOLogiCa Aquarienpflanzen, Krummenseer

Aquaterrarium (100 x 60 x 80 cm) für Pfeilgiftfrösche, bepflanzt mit diversen Bromelien, Orchideen und Kletterfeigen (*Ficus pumila* var. *minima*). Die Rück- und Seitenwände sowie die Äste wurden aus Polyurethan-Schaumblöcken geschnitzt und mit Epoxid-Harz beschichtet. Beleuchtung: zwei 70-W-HQI-Strahler

Weg 1, D-15345 Altlandsberg/Ortsteil Wegendorf, http://homepages.compuserve.de/wasserpflanzen/gaertnerei/zoologica.html
Trinax Palmengärtnerei, Buchenallee 54, D-16341 Panketal, www.palms.de
Orchideen Rehbein, Curslacker Deich 270, D-21039 Hamburg, www.orchideen-rehbein.de
Orchideen-Garten Karge, Bahnhofstr. 24, D-21368 Dahlenburg, www.orchideengarten.de
Helmut Reuter, Bei der Klenkerei 38, D-27755 Delmenhorst
Orchideen Zentrum Celle, Orchideen Wichmann, Tannholzweg 1-3, D-29229 Celle, www.orchideen-wichmann.de
Plantarara, Spezialgärtnerei für fleischfressende Pflanzen, Herman-Bahlsen-Str. 3, D-30890 Barsinghausen, www.plantarara.com
Andreas Stockelbusch, Tropische Orchideen, Wielohweg 9, D-30938 Fuhrberg-Burgwedel
Radius Orchideenhandel, In der Bünte 3, D-30989 Gehrden
Wilhelm Hennis Orchideen, Große Venedig 4, D-31134 Hildesheim , www.hennis-orchideen.de
Rolfshagener Orchideen, Bromelien, Orchideen, Feldstr. 9, D-31749 Auetal (Rolfshagen)
Ludwig Orchideenzucht, Hainebuchenweg 2, D-31855 Aerzen
Orchideen Dürbusch, Ostring 13, D-33378 Rheda-Wiedenbrück, www.orchideen-duerbusch.de
Orchideen-Anzucht-Kultur Klaus-Dieter Lohoff, Wilfriedstr. 39, D-33649 Bielefeld, www.orchideen-lohoff.de
Vanessa's Garden Gifts, *Aloe*-Raritäten, Unterer Graben 14, D-34369 Hofgeismar
Kakteen aus der Rhön, Reinhardt Schneider, E.-Thälmannstr. 10, D-36460 Merkers
Schaurig Kakteen & Zubehör, Am alten Feldchen 5, D-36355 Grebenhain/Hochwaldhausen
Röllke Orchideenzucht, Flößweg 11, D-33758 Schloß Holte-Stukenbrock
Balling, Tillandsien, Sukkulenten, Hauptstr. 54, D-36341 Lauterbach-Allmenrod
Orchideen Tonn, Meierbreite 2, D-37249 Neu-Eichenberg, www.orchideen-tonn.de
Popow Orchideen , Sandkämperstr. 1, D-38442 Wolfsburg, www.popow-orchids.com
Orchideen Sühs, Am Solperts Garten 23, D-40764 Langenfeld, www.orchideen-suehs.de
Cornelius Olligs, Im Kamp 19, D-41569 Rommerskirchen
Eden-Plants, Ecke Wiesengrund/Am Kloster, D-41812 Erkelenz-Golkrath, www.eden-plants.de
Exotica – Botanische Raritäten, Wiesengrund 39, D-41812 Erkelenz-Golkrath, www.specks-exotica.com
Orchidpalace, Wittenerstr. 28, D-45527 Hattingen, www.orchideenshop.de
B. & D. Schwarz, Karl-Schneider Str. 8d, D-45966 Gladbeck, www.xaxim-shop.de
Baumann-Orchideen, Beethovenstr. 199, D-46145 Oberhausen
Orchideen Lucke, Bergschenweg 6, D-47506 Neukirchen-Vluyn, www.orchidee-lucke.de
Orchideen-Holm, Alte Bahn 206, D-47551 Bedburg-Hau Louisendorf, www.orchideen-holm.de
Orchideen Kuhlmann, Orchideen, Tillandsien, Hinsbecker Str. 17a, D-47929 Grefrath, www.orchideen-kuhlmann.de
Tropica Online-Shop, Tropische & subtropische Samenraritäten, Mecklenbercker Str. 327 B, D-48163 Münster, www.tropica.de
Lühr Sukkulenten, Mühlkamp 4, D-48369 Saerbeck, www.luehr-kakteen.de
Elsner-Orchideen, Königsberger Straße 9, D-48493 Wettringen, www.elsner-orchideen.de
Tillandsien-Handel Labude, Nordel 7, D-49176 Hilter a. T. W., www.labude.de
Lemförder Orchideenzucht, Am rauhen Berge 8, D-49448 Lemförde, www.loz.de
Westerman Bromelien, Orchideen, Bromelien, Uelserfeld 9, D-49843 Uelsen, http://bromelien-westermann.eu
Tropical-Orchids-Fochem, Am Grünen Weg 13, D-50259 Pulheim-Dansweiler
Bludau, Bot. Kostbarkeiten, Tillandsien, Martin-Luther-Str. 1, D-50765 Köln
FEMO-Luftnelken Mowinski, Orchideen, Til-

landsien, Voigtslach 9, D-51371 Leverkusen
Kakteen Piltz, Monschauer Landstr. 162, D-52355 Düren, www.kakteen-piltz.de
Gärtnerei Prinsler, Bromelien, Orchideen, *Rhipsalis*, Hängepflanzen, Eudenbachstr. 42, D-53773 Hennef-Hanf, www.gaertnerei-prinsler.de
Schronen Orchidarium & Alpengarten, In der Elkes 3–5, D-54689 Daleiden/Eifel, www.orchideen-schronen.de
Wasserpflanzengärtnerei, Burgundenstr. 17, D-55545 Bad Kreuznach-Planig, www.wasserpflanzen-brand.de
Winter-Kaktus, Raimgarten 3, D-55571 Odernheim. www.winter-kaktus.de
Dirk Wiederstein, Freilandfarne, Hauptstr. 9, D-56237 Sessenbach, www.farn-gaertnerei.de
Kriechel Kakteen, Heinrich-Heinestr. a Friedhof, D-56743 Mendig/Niedermendig
Orchideen Koch, Lindenhof, D-573568 Lennestadt-Grevenbrück, www.orchideen-koch.de
Schwerter Orchideenzucht, Bergstr. 8, D-58239 Schwerte/Ruhr, www.schwerter-orchideenzucht.de
Kliem, Sukkulenten, Westfeld 50, D-58730 Frödengerg-Arey, www.kakteen-kliem.de
Orchideen Röhl, Orchideen & Tropenpflanzen, Stemweg 14, D-59494 Soest-Paradiese, www.orchideen-roehl.de
Tillandsia-Center Wetterau, Horloffstr. 23, D-61209 Echzell, www.nebelanlagen.de
Blumen Schui, Exotengärtnerei, Hohemarkstr. 31, D-61440 Oberursel, www.blumen. schui.de
Köhres, Kakteen, Tillandsien, Wingertstr. 33, D-64390 Erzhausen, www.koehres-kaktus.de
Stork, Alte Darmstädter Str. 1, D-64521 Groß Gerau-Dornheim, www.orchideenhandel.de
Gärtnerei Pinkert, Orchideen, Tillandsien, Aschaffenburger Weg 15, D-64832 Babenhausen-Harreshausen;
M. A. Kakteenkulturen, Außerhalb 17, D-64851 Othberg-Lengenfeld, www.kaktusmichel.de
Tropica GmbH, Orchideen, Kakteen, Bonsai, Am Holzweg 17-21, D-65830 Kriftel/Taunus, www.tropica-may.de
Dennerle Aquaristik, Wasser- & Sumpfpflanzen, Kröpperstr. 17, D-66957 Vinningen, www.dennerle.de
Speyerer Orchideenzucht, Gottfried-Renn-Weg 4, D-67346 Speyer, www.orchideen-nothhelfer.de
Blumen-Janke, Orchideen, Mackenbacher Str. 72, D-67685 Weilerbach, www.blumen-janke.de
Navajo Country, Postfach 510 201, D-68242 Mannheim, www.fhnavajo.com
Wistuba-Exotic Plants, Mudauer Ring 227, D-68259 Mannheim, www.wistuba.com
Orchideen Netzer & Café Orchidee, Ortsstr. 138, D-69488 Birkenau-Hornbach, www.netzer.de
Uhlig Kakteen, Postfach 1107, D-71385 Kernen, www.uhlig.kakteen.de
Orchideen Bromelien Dötterer, Tillandsien, Orchideen, Im Blaisle 1, D-71691 Freiberg, www.doetterer.de
Orchideenzucht Steiger, Dürrstr. 31, D-72070

Terrarium (90 x 50 x 125 cm) für junge Timorwarane (*Varanus timorensis*), bepflanzt mit Wachsblume (*Hoya* sp.), Schaubenpalme (*Pandanus pygmaeus*) und Peffer (*Piper nigrum*). Beleuchtung: zwei 18-W-Leuchtstoffröhren, ein 70-W-HQI-Strahler

Tübingen , www.karinsorchideen.de
Junginger Orchideen, Afrikanische Orchideen, Begleitpflanzen, Reuteweg 18, D-72229 Rohrdorf, www.junginger-orchideen.de
Egbert Heybach Orchideen, Tillandsien, Orchideen, Liststr. 9, D-73230 Kirchheim/Teck
Kelbaß Orchideen & Zimmerpflanzen, Mögglinger Str. 100, D-73540 Heubach
Tropicfauna, Terrarienpflanzen, Jahnstr. 14, D-72406 Bisingen, www.tropicfauna.de
Baumschule Eberts, Bambuszentrum, Sarstr. 3, D-7570 Baden-Baden, www.bambus.de
Heinrich Hotz, Orchideen-Naturformen, Am Klosterberg 6 , D-76684 Östringen
Aqua Design Wasserpflanzen, Kapellenstr. 32, D-76676 Graben-Neudorf, www.plantella.de
Kakteenland Steinfeld, Wengelspfad 1, D-76889 Steinfeld/Pfalz, www.kakteenland.de
Rarepalmseeds, Am Schnepfenweg 57, D-80995 München, www.rarepalmseeds.com
Rosenheimer Orchideenzucht, Robert Koch Allee 31, D-82131 Gauting, www.orchideen.com
Wössner Orchideen, Hauptstr. 28, D-83246 Unterwössen, www.woessnerorchideen.de
Hoechstetter Wasser- & Sumpfpfl., Deisenham 31, D-83308 Trostberg, www.seerosen-hoechstetter.de
Cramer Orchideen, Zum Steiner 11, D-83489 Strub, www.cramer-orchidee.de
Flor do Brasil, Johann Brachner, Zugspitzweg 10, D-83533 Edling
Kakteengärtnerei Plapp, Drosselweg 5–7, D-84178 Jesendorf, www.kakteen-plapp.de
Befort Gartenbau, Orchideen, Kübelpfl., Asamstr. 21, D-85356 Freising, www.befort-gartenbau.de
Andreas Wistuba, *Nepenthes*, Friedhofweg 4, D-88437 Maselheim, www.wistuba.com
Flora Toscana, Mittelmeer- & Australienpfl. Schillerstr. 25, D 89278 Nersingen, www.flora-toskana.de
Pazuzu Extreme Flora, Donauried 11, D-89312 Günzburg, www.extremeflora.eu
Kenntner Orchideen, Birkelweg 12, D-89555 Steinheim-Sontheim, www.kenntner-orchideen.de
Schwarz Kakteen, Pflanzen & Zubehör, An der Bergleite 5, D-90455 Nürnberg-Katzwang, www.kakteen-schwarz.de
Orchideen Kopf, Hindenburgstr. 15, D-94469 Deggendorf, www.orchideen-kopf.de
Currlin Orchideen, Welbhausen 30, D-97215 Uffenheim, www.currlingorchideen.de
Eisenheimer Orchideengärtnerei, Setzweg 4, D-97247 Eisenheim, OT Obereisenheim
M&M Orchideen, Kaeppelesweg 11, D-97539 Wonfurt-Steinsfeld, www.m-m-orchid.com
Kakteen-Haage, Blumenstr. 68, D-99092 Erfurt, www.kakteen-haage.de
Nüdlinger Orchideenladen, Am Pfaffenpfad 10, D-97720 Nüdlingen, www.orchideen-beck.de

19.1.2. Schweiz

Orchidarium Daniel Page, Route de Promenthoux, CH-1197 Prangins, www.orchidarium.ch
Gartencenter Geissbühler, Industrie Neuhof 2, 3422 Kirchberg, www.gartencenter-kirchberg.ch
Orchideenkulturen Hofmann, Burgdorfstr. 15, CH-3510 Konolfingen
Swissthai Orchids, Blümlisalpstrasse 18, CH-3600 Thun
Weber Orchideen, Hofstettenstr. 40, CH-4107 Ettingen, www.weberorchideen.ch
Gärtnerei Gunzenhauser, Orchideenkulturen, Allmendstrasse 5, CH-4460 Gelterkinden
Gartencenter Zulauf, Degerfelderstrasse 4, 5107 Schinznach-Dorf, www.zulaufquelle.ch
Kakteen Gautschi, Wilstr. 1, CH-5503 Schafisheim, www.kakteen.ch
Luzerner Garten, Farne, Adligenswilerstr. 113, CH-6030 Ebikon, www.jenny-gaertnerei.ch
Eschmann Alpenpflanzengärtnerei, Waltwil, CH-6032 Emmen/LU
Garten-Orchideen, Chatzenrain 18, CH-6064 Kerns, www.gartenorchideen.ch
Gärtnerei Hoffmann, Madagaskarsukkulenten, Weiningerstr. 31. CH-8103 Unterengstringen
Gartencenter Hauenstein, Imstlerwäg 2, 8197 Rafz, www.hauenstein-rafz.ch
Ha-Ka-Flor, Untermattstr. 25, CH-8370 Sirnach, www.hakaflor.ch
Orchideen-Amsler, Untermattstr. 27/Auen, CH-

8370 Sirnach, www. orchideen-amsler.ch
Meyer Pflanzenkulturen, Orchideen, Bromelien, Kletterpflanzen, Roswies, CH-8602 Wangen, www.swissorchid.ch
Gartencenter Meier, Kreuzstrasse 2, CH-8635 Dürnten, www.meier-ag.ch

19.1.3. Österreich

Lieselotte Hromadnik, Tillandsien, Orchideen, Hauptstr. 37a, A-3420 Kritzendorf, www.members.telering.ag/tillandsia
Steininger Orchideen, Wienerstr. 59, A-3433 Königsstetten
Gärtnerei Zinterhof, Orchideen, Wassergasse 12, A-3443 Sieghartskirchen, www.zinterhof-orchideen.at
Gärtnerei Handlbauer, Wöranstr. 5, A-4201 Gramastetten
Tauber, Igler Str. 59, A-6080 Igls, www.glashaus-tauber.at
Lotte & Thomas Ederer, Gartenweg 33/10, A-7100 Neusiedl am See, www.orchideenvermehrung.at
Tillandsien Großhandel, Posch, A-8341 Saaz 65, www.tillandsien.at
Müller-Orchideen-Gärtnerei, Gänslestr. 8a, A-6890 Lustenau
Fritjung, Hollenegger Str. 22, A-8530 Deutschlandsberg
Orchideen Döpper, Winterharte Orchideen, Tulpenweg 14, A-9581 Ledenitzen

19.1.4. Niederlanden

Cactus Paradise Amsterdam, Bostbus 9662, NL-1006 GD Amsterdam
Klinge Orchideeën, Middenweg 54b, NL-1394 AL Nederhorst den Berg
Orchideeën Centrum De Wilg, Bernweg 16-B, NL-2911 CA Nieuwerkerk a/d IJssel
Sonnenberg Orchideeën, Develsluis 8a, NL-2995 XB Heerjansdam
Pazuzu Extreme Flora, carniv. Pflanzen, Orchideen, Zandweg 24, NL-3438 RC Nieuwengein
Orchideeën Wubben, Orchideen, Bromilien, Tolakkerweg 162, NL-3739 JT Hollandsche Rading, www.orchidwubben.com
Borch, Orchideeën, Coendersberglaan 46, NL-5709 MA Helmond, www.botorch.com
Claessen Orchideeën, Leveroysedijk 3, NL-6034 SW Nederweert-Eind, www.claessenorchideeen.nl
EPRIC, Orchideen, Kakteen, *Hoya*, Bromelien, Nieuwediep 9a, NL-6851 GB Huissen, www.epric.org
Reinhart Orchideeën, Westerveen 16, NL-9751 HW Haren, www.reinhartorchideeen.nl

19.1.5. Weitere Länder

Tropica Tropical Aquarium Plants, Postbox 3,

Terrarium für Biberschwanz-Agamen (*Xenagama tylori*) in einem Wintergarten. Eine 100-W-HQI-Lampe dient als UV- und Wärmespot. Bepflanzt wurde das Becken mit Aasblumen (*Caralluma hesperidum*, *Huernia hislopii*, *H. macrocarpa*, *H. tigrida*, *Orbea dummeri*, *Piaranthus geminatus*), *Aloe somaliensis*, *Aloe* spp. und einer *Euphorbia trigona*.

DK-8530 Hjortshøj, www.tropica.dk

Akerne Orchids, Laarsebeekdreef 4, B-2900 Schoten, www.akerne-orchids.com

Orchid Nursery, Lauwstraat 74, B-9051 Sint-Denijs-Westrem, www.orchideeen-petrens.be

B & T World Seeds, Paguignan, F-34210 Aigues-Vives, http://b-and-t-world-seeds.com

Kakteen–PH-Flora, spol. s r.o., Zahradní 166, 250 84 pošta Sibina, www.kakteen.cz

Mesa Garden, PO Box 72, Belen, NM 87002, USA

Kimseed, 42 Sarich Court, Osborne Park 6017, Western Australia, www.kimseed.com.au

Seeds from Tasmania, 91 Weston HillRoad, Sorell Tasmania, Australia 7172, www.wildseed-tasmania.com.au

Exotic Plants, 1 Scarteen South, RSA-Knysna, 6570, Südafrika, www.exotic-plants.de

19.2. Kulturbedarf, Einrichtungsmaterialien

M.R.S. Luftbefeuchtung & Zerstäubung,, Käthe-Kollwitz-Str. 61, D-04600 Altenburg, www.btd24.de

Onlineshop für Pflanzenzubehör, Kurze Gasse 1, D-08468 Reichenbach, www.kakteen-uwe.de

Avaria Import und Export, Auf der Rohfackel 12, D-44879 Bochum

Lumen Max GmbH, Max-Eyth Str. 47, D-46149 Oberhausen-Buschhausen, www.lumenmax.de

E.N.T. Terrarientechnik, Rudolf-Diesel-Str. 6, D-46459 Rees, www.terrarientechnik.de

Namiba Terra, Hülser Str. 130, D-Kempen, www.namibaterra.com

Orchideen-Kulturbedarf Meyer, Eckenheimer Landstr. 334, D-60435 Frankfurt a. M., www.orchideecomeback.de

Paula's Orchids accessoires, Talwiesenstr. 53. D-75323 Bad Wildbad, www.orchideenpaulas-zubehoer.com

Gantner-Kopf GbR, Kakteen- & Orchideensubstrate, Ringstr. 112, D-76356 Weingarten

Goetz Pflanzenzubehör, Ammerweg 6, D-76476 Bischweier, www.goetzpflanzenzubehoer.de

Suter Kunststoffe, Bernfeldweg 4, CH-3303 Jegenstorf, www.swiss.composite.ch

Reptophilia, Gossauerstr. 8, CH-9246 Niederbüren, www.terrarientechnik.ch

Orchideenkulturbedarf IRIS, Steinbauergasse 36, A-1120 Wien, www.orchideen12.at

Mexikohaus im botanischen Garten München mit Kakteen, Agaven und anderen Sukkulenten

Schild im Tropenhaus des botanischen Gartens Heidelberg

19.3. Vereine und Gesellschaften

Deutsche Gesellschaft für Herpetologie und Terrarienkunde (DGHT), Postfach 120433, D-68055 Mannheim, www.dght.de
DGHT-Landesgruppe Schweiz, www.dght.ch
Österreichische Gesellschaft für Herpetologie (ÖGH), Nat. hist. Museum Wien, Burgring 7, A-1010 Wien, www.herpetozoa.at
Deutsche Kakteen-Gesellschaft (DKG), Bachstelzenweg 9, D-91325 Adelsdorf, www.dkg.eu
Schweizerische Kakteengesellschaft (SKG), www.kakteen.org
Gesellschaft Österreichischer Kakteenfreunde (ÖKG), www.cactusaustria.at
Deutsche Orchideen Gesellschaft, Im Zinnstück 2, D-65527 Niedernhausen, www.orchidee.de
Schweizerische Orchideen Gesellschaft, Postfach, CH-5000 Aarau. www.orchideen.ch
Österreichische Orchideen Gesellschaft, Birkengasse 2, A-2604 Theresienfeld, www.orchideen.at
Deutsche Bromelien Gesellschaft, Wiesenstr. 2 D-04416 Markkleeberg, www.dbg-web.de
Bromelia Contact Groep, Bot. Garten Univ. Utrecht (Bromeliengruppe), Postfach 80.162, NL-3508 TD Utrecht, www.bromeliad.nl
Schweizerische Vereinigung der Farnfreunde (SVF), Bruno Jenny, Adligenswilerstr. 113, CH-6030 Ebikon, www.farnfreunde.ch
Gesellschaft für Fleischfressende Pflanzen, Weinstraße 114m, 67434 Neustadt, www.carnivoren.org
Schweizer Freunde carnivorer Pflanzen, Ruedi Fürst, Platte 3, CH-8547 Gachnang
Gesellschaft Schweizer Staudenfreunde, Edenstrasse 20, CH-8027 Zürich, www.staudenfreunde.ch

19.4. Botanische Gärten

Die meisten Universitätsstädte in Mitteleuropa haben einen botanischen Garten. Wer eine gewünschte Pflanze in einem botanischen Garten gesehen hat, der sollte sich in jedem Fall an einen Gärtner oder die Leitung des Gartens wenden. Die meisten Gärten geben Stecklinge, Samen oder gar Jungpflanzen bereitwillig an interessierte Personen ab. Oft entstehen dabei interessante Gespräche über die Anzucht und Pflege der gewünschten Arten. Auf keinen Fall darf man sich selbst bedienen und Pflanzenteile abreißen, abbrechen oder gar ausgraben! Eine detaillierte Übersicht der botanischen Gärten im deutschsprachigen Raum geben Klingenstein et al. (2002).

19.4.1. Botanische Gärten im Internet

Links zu botanischen Gärten weltweit findet man im Internet: www.biologie.uni-ulm.de/systax/infgard/gardens/germany.html

19.4.2. Pflanzenbilder

Die Pflanzenbilder im Artenteil entstanden im Freiland oder in einem der folgenden botanischen Gärten und Pflanzensammlungen:
Schweiz: Botanische Gärten Basel, Bern, Fribourg, Grüningen, Lausanne, St. Gallen, Zürich, Sukkulentensammlung Zürich, Stadtgärtnerei Zürich, Gärtnerei Hoffmann Unterengstringen, Berufsbildungsschule Winterthur
Deutschland: Botanische Gärten Berlin, Bonn, Hamburg, Heidelberg, Köln, Würzburg, Palmgarten Frankfurt, Zool.-bot. Garten Wilhelma Stuttgart
Australien: Zool.-bot. Garten Alice Springs, Botanische Gärten Brisbaine, Canberra, Sydney.

20. Literatur

AICHELE, D. & H.-W. SCHWEGLER (1986): Unsere Gräser: Süßgräser, Sauergräser, Binsen. – Franckh'sche Verlagshandlung, Stuttgart, 216 S.

AKERET, B. (1992): Anleitung zum Bau eines Schlupfkastens für Vollglasterrarien. – herpetofauna 78: 6–10.

– (2003a): Terrarienbepflanzung (Fotoreportage). – REPTILIA 40: 22–29.

– (2003b): Pflanzen im Trockenterrarium. – REPTILIA 40: 30–35.

– (2003c): Australische Frösche. – REPTILIA 41: 33–39.

– (2004): Grundlagen der Giftschlangenhaltung. – DRACO 17: 39–55.

– (2006a): Bau einer Großterrarienanlage für Warane und Hornvipern. – DRACO 26: 38-47.

– (2006b): Kellerschachtterrarien. – DRACO 26: 70–78.

– (2011): Bau, Einrichtung und Technik eines Aquaterrariums. – DRACO 46: 35–49.

AKMAN, Y. & O. KETENOGLU (1986): The climate and vegetation of Turkey. – Proc. Roy. Soc. Edinburgh B89: 123–134.

–, O. KETENOGLU, P. QUÉZEL & M. DEMIRÖRS (1984): A syntaxonomic study of steppe vegetation in central Anatolia. – Phytocoenologia 12: 563–584.

ALLAIN, Y.-M. & DORE J.-F. (2005): Kakteen und Sukkulenten. Richtig auswählen, vermehren und pflegen. – Gondrom Verlag, Bindlach, 120 S.

ANONYMUS (ohne Jahresangabe): Die Rote Mangrove. Überlebenskünstler aus dem Sumpf. – Tropica, Münster, 14 S.

ARMITANO, E. (1987): Bromeliaceaes of Venezuela. Native and cultived. – Ed. Armitano, Caracas, 397 S.

BÄRTELS, A. (1997): Farbatlas mediterrane Pflanzen. – Ulmer Verlag, Stuttgart, 400 S.

– (2003): Pflanzen des Mittelmeerraumes. – Ulmer Verlag, Stuttgart, 352 S.

BATANOUNY, K. H. (1979): The desert vegetation in Egypt. – Cairo Univ. Afr. Stud. Rev., Sp. Publ. 1: 9 – 37.

BECHERER, F. (2002): Kaktus & Co. Einfach & bestechend. – Gräfe und Unzer Verlag, München, 64 S.

BELL, C. R. & B. J. TAYLOR (1982): Florida Wild Flowers and Roadside Plants. – Laurel Hill Press, Chapel Hill (FL), 308 S.

BENSON, L. (1969): The Native Cacti of California. – Standford Univ. Press, Standford (CA), 243 S.

– (1982): The Cacti of the United States and Canada. – Standford Univ. Press, Standford (CA), 1044 S.

BERRY, F. & W. J. KRESS (1991): *Heliconia*. An identification guide. – Smithsonian Inst. Press, Washington & London, 334 S.

BIRD, R. (2005): Der perfekte Gartenteich. – Deutsch Edition XXL, 148 S.

BITTNER, A. (1992): Madagaskar. Mensch & Tier in Konflikt. – Birkhäuser Verlag, Basel, Boston, Berlin, 268 S.

BLANCKE, R. (1999): Farbatlas Pflanzen der Karibik und Mittelamerikas. – Ulmer Verlag, Stuttgart, 287 S.

BLAUSCHECK, R. (1995): Das Paludarium. Tropisches Leben im Wohnzimmer. – Landbuch Verlag, Hannover, 160 S.

BÖHME, W. (2000): Ein Bodenchamäleon (*Rhampholeon spectrum*) mit Pflanzenbewuchs: zweiter Nachweis von Moosen auf einem lebenden Wirbeltier. – herpetofauna, Weinstadt, 129: 5–10.

BÖHMER, B. & W. WOHANKA (1999): Farbatlas Krankheiten und Schädlinge an Zierpflanzen, Obst und Gemüse. – Ulmer Verlag, Stuttgart, 240 S.

BOLLINGER, T. & U. EGGLI (2005): Kakteen-Wunderland Brasilien. – Sukkulentenwelt 10, Zürich, 40 S.

BOMBA, G. (2000): Orchideenkultur im Haus. Die vier Kulturverfahren für tropische Orchideen.

– Ulmer Verlag, Stuttgart, 168 S.

BORNKAMM, R. (1986): Flora and vegetation of some small oases in S-Egypt. – Phytocoenologia 14 (2): 275–284.

BÖTTCHER, M. (2007): Die Versorgung von Reptilien in der Terrarienhaltung mit ultraviolettem Licht. – Elaphe 15(1): 32–37.

BOWN, D. (2000): Aroids. Plants of the Arum Family. – Timber Press, Portland, 392 S.

BROCK, J. (1997): Native Plants of Northern Australia. – Reed Books, Kew (VIC), 355 S.

BROWN, L. (1998): Grasslands. The National Audubon Society nature guides. – Alfred A. Knopf, Inc., New York, 606 S.

BUCHER, E. H. (1982): Chaco and Caatinga – South American arid savannas, woodland and thickets. – S. 48–79 in: HUNTLEY, B., J. & B. H. WALKER (Hrsg.): Ecology of tropical savannas. – Ecol. Stud. 42, 669 S.

BURRAS, J. K. & M. GRIFFITHS (1994): Manual of Climbers and Wall Plants. – Timber Press, 282 S.

CADET, L. J. T. (1981): Fleurs et Plantes de la Réunion et de l'Ile Maurice. – Times Editions/Les Editions du Pacifique, Singapore, 130 S.

CALLAWAY, D. J. & M. B. CALLAWAY (2000): Breeding Ornamental Plants. – Timber Press, 323 S.

CALLMANDER, M. W. (2001): *Pandanus* subg. *Martellidendron* (Pandanaceae) part II: revision of the section Martellidendron Pic. Ser. from Madagascar. – Bot. J. Linn. Soc. 137: 353–372.

CARTER, S. (1983–1994): Euphorbias from East Africa Part 1–9. – The Euphorbia Journal 1–9.

CHAFFEY, C. (2002): A Field Guide to Australian Ferns. Vol. 1. – Natureview Publ., Bangalow (NSW), 142 S.

CHEERS, G. et al. (1999): Botanica. Das ABC der Pflanzen. 10.000 Arten in Text und Bild. – Ull-Tandem Verlag, Köln, 1019 S.

CHINNOCK, R. J. & E. W. HEATH (1987): Common Ferns and Fern Allies in New Zealand. – Reed Methuen, Auckland, 77 S.

CLARKE, C. (1997): *Nepenthes* of Borneo. – Natural History Publ., Kota Kinabalu, 207 S.

CLIFTON, J. (2001): Climbing Gardens. – Frances Lincoln Verlag, 143 S.

COLLENETTE, S. (1985): An Illustrated Guide to the Flowers of Saudia Arabia. – Scorpion publ. Ltd, London, 514 S.

COLOMO, S. (1999): Guida Pratica alla Flora e alla Faune della Sardegna. – Editrice Archivio Fotografico Sardo, Nuoro, 273 S.

COOKE, I. (2005): Grasses and Bamboos. – New Holland publ., 96 S.

COURTENAY-LATIMER, M. & G. G. SMITH (1967): The Flowering Plants of the Tsitsikama Forest and Coastal National Park. – South Africa, National Parks Board, 64 S.

COWLING, R. & D. RICHARDSON (2000): Fynbos. South Africa's Unique Floral Kingdom. – Fernwood Press, 156 S.

CROUZET, S. & O. COLIN (2003): Bambus. – Ulmer Verlag, Stuttgart, 96 S.

CRUSIO, W. (1979): A revision of *Anubias* SCHOTT (Araceae). – Meded. Landbouwhogeschool Waageningen 79(14): 1–48.

– (1987): Die Gattung *Anubias* SCHOTT (Araceae). – Aqua-Planta Sonderheft 1. VDA-Arbeitskreis Wasserpflanzen, Frankfurt, 44 S.

DANIN, A. (1983): Desert vegetation of Israel and Sinai. – Cana, Jerusalem, 148 S.

DAVIS, P. H. (1953): The vegetation of the deserts near Cairo. – Journal of Ecology 41: 157–173.

DELBEEK, J. C. & J. SPRUNG (1996): Das Riffaquarium. – Dähne Verlag, Ettlingen, 543 S.

DENKEWITZ, L. (1995): Farngärten. – Ulmer Verlag, Stuttgart, 224 S.

DUELLMANN, W. E. (1979): The Herpetofauna of the Andes. – In: DUELLMANN W. E. (Hrsg.): The South American Herpetofauna: Its Origin, Evolution, and Dispersal. – Monograph of the Mus. Nat. His. Univ. of Kansas, 7: 371–459.

DÜLL, R. & B. DÜLL-WANDER (2008): Moose einfach und sicher bestimmen. – Quelle & Meyer Verlag, Wiesbaden, 463 S.

– & I. DÜLL (2008): Taschenlexikon der Mittelmeerflora. – Quelle & Meyer Verlag, Wiesbaden, 416 S.

– & H. KUTZELNIGG (2005): Taschenlexikon der Pflanzen Deutschlands. – Quelle & Meyer Verlag, Wiesbaden, 592 S.

DUNCAN, B. D. & I. GOLDA (1986): Ferns and Allied Plants of Victoria, Tasmania and South Australia. – Melbourne Univ. Press, Carlton, 258 S.

EARLE, W. H. (1990): Cacti of the Southwest. – Rancho Aroyo Book Distributor, Tempe (AZ), 210 S.

EBERTS, W. (2003): Bambus – einfach und exotisch. – Gräfe und Unzer Verlag, München, 64 S.

– (2005): Bambus – die schönsten Arten und Sorten. Auswählen, Gestalten, Pflege. – BLV Verlagsgesellschaft, 95 S.

EDIE, H. H. (1977): Ferns of Hong Kong. – Hong Kong Univ. Press, Hong Kong, 285 S.

EGGLI, U. (1994a): Sukkulenten. – Verlag Eugen Ulmer, Stuttgart, 336 S.

– (1994b): Xerophytic Euphorbias from Brasil. – The Euphorbia Journal 9: 11–23.

– (2000): Was sind Sukkulenten? – Die Sukkulentenwelt 5, Zürich: 9–10.

– & B. AKERET (2000): Gegenseitige Abhängigkeiten von Sukkulenten und Reptilien. – Die Sukkulentenwelt 5, Zürich: 45–48.

EHRENBERG, H. (1990): Positive und negative Erfahrungen bei der emersen Haltung von Cryptocorynen. – Aqua-Planta 15(4): 143–146.

EL HADIDI, M. N. (1980): Flora of Egypt. – Taeckholmia Additional Series.

ELLERY, K. & W. ELLERY (1997): Plants of the Okavango Delta: A Field Guide. – Tsaro, Durban, South Africa, 225 S.

ENGEL, D. H. & P. SUCHART (2000): A Field Guide to Tropical Plants of Asia. – Times Editions, Singapore, 280 S.

ERNST, W. (1971): Zur Ökologie der Miombowälder. – Flora 160: 317–311.

FABER, P. M. (1997): California's Wild Gardens. A Living Legacy. – The California native plants society, Sacramento, 236 S.

FASSETT, N. C. (1955): *Echinodorus* in the American Tropics. – Rhodora 57: 133–156, 174–188, 202–212.

FINK, M. C. (1952): Epiphyten-Stämme und sonstige Epiphyten-Arrangements. – Donau Verlag, Wien & Leipzig, 52 S.

FLEISCHER, Z. & B. SCHÜTZ (1982): Kakteenpflege. – Ulmer Verlag, Stuttgart, 338 S.

FOLEY et al. (1994): The reptiles and amphibians of Anza Borrego Desert State Park. Borrego Springs (California, USA). – Anza Borrego Desert Nat. Hist. Assoc.

FOSTER, F. G. (1993): Ferns to Know and Grow. – Timber Press, Portland, 229 S.

FRANKE, W. (2000): Faszination Gartenteich. – BLV-Verlag, 182 S.

FRANKENBERG, P. (1978): Florengeographische Untersuchungen im Raume der Sahara – Ein Beitrag zur pflanzengeographischen Differenzierung des nordafrikanischen Trockenraumes. – Ferd. Dümmlers Verlag, Bonn, 136 S.

– & D. KLAUS (1980): Atlas der Pflanzenwelt des Nordafrikanischen Trockenraumes. – Arbeiten aus den Geographischen Inst. der Univ. Bonn, Reihe A, Nr. 133.

GANDHI, R. (1999): Carallumas of the Indian subcontinent. – Indian Soc. of Cacti & Succulents, New Delhi, 42 S.

GARGIULLO M. B., B. MAGNUSON & L. KIMBALL, R. (2008): A Field Guide to Plants of Costa Rica. Oxford univ. press, 494 S.

GENTRY, H. S. (1978): The Agaves of Baja California. – Occ. Papers of the California Academy of Sciences 130, 119 S.

– (1982): Agaves of Continental North America. – The Univ. of Arizona Press, Tucson (AZ), 670 S.

GHAZANFAR, S. A. (1988): Savanna Plants of Africa. – Macmillan Publ, London, 224 S.

– & M. FISCHER (1998): Vegetation of the Arabian Peninsula. – Springer Verlag, Frankfurt, 372 S.

GIBBSONS, M. (1998): Palmen. Das neue, kompakte Bestimmungsbuch. – Könemann Verlagsgesellschaft, Köln, 80 S.

GILLILAND, H. B. (1962): Common Malayan Plants. 2d ed. – Univ. of Malaya Press, Kuala Lumpur:

228 S.

GODFREY, R. K. & J. W. WOOTEN (1981): Aquatic and Wetland Plants of Southeastern United States. – The Univ. of Georgia Press, Tallahassee, 933 S.

GONELLA, H. (1995): Paludarium. Der Tropenwald im Wohnzimmer. – bede-Verlag, Ruhmannsfelden, 86 S.

GOODMAN, S. M. & J. P. Benstead (2003): The natural history of Madagaskar. – The Univ. of Chicago press, Chicago & London, 1709 S.

GÖTZ, E., G. GRÖNER & W. CULLMANN (2000): Kakteen. Kultur, Vermehrung und Pflege. – Ulmer Verlag, Stuttgart, 340 S.

GRAMS, A. J. (2002): Proteaceae. – Ulmer Verlag, Stuttgart, 160 S.

GREIG, D. (2001): Field Guide to Australien Wildflowers. Over 1000 Common Australian Wildflowers. – New Holland Publ., Sydney, Auchland, London, Cape Town, 442 S.

– (2002): A photographic guide to wildflowers of South-eastern Australia. – New Holland Publ., Sydney, Auckland, London, Cape Town, 144 S.

GROSS, E. (2001): Tillandsien für Zimmer und Wintergarten. – Ulmer Verlag, Stuttgart, 93 S.

GROUNDS, R. (2006): Gräser und Bambusarten. Expertenwissen für Hobbygärtner. – Dorling Kindsley Verlag, München, 80 S.

GRUSS, O. & M. WOLFF (1995): *Phalaenopsis*. – Ulmer Verlag, Stuttgart, 190 S.

GUBB, A. S. (1909): Flora of the Algeria. – BallieÌre, Tindall & Cox.

HABERER, M. (2006): Taschenatlas Wasserpflanzen. – Ulmer Verlag, Stuttgart, 126 S.

HALLMEN, M. (2003): Freilandterrarien für Schlangen. – Natur und Tier - Verlag, Münster, 157 S.

HARDEN, G. J. (2002): Flora of New South Wales. – New South Wales Univ. press, Sydney, 4 Bände, 678, 690, 717 bzw. 775 S.

HECKER, K. & F. HECKER (2005): Gartenteiche. – Gräfe & Unzer Verlag, München, 128 S.

HEEK, W. VAN & W. SCHINDHELM (2004): *Browningia candelaris* in der Quebrada Tinaja. – Kakteen und andere Sukkulenten 55(10): 269–273.

HENKEL, F. W. & W. SCHMIDT (1997): Terrarien. Bau und Einrichtung. – Verlag Eugen Ulmer, Stuttgart, 168 S.

– & – (1999): Tropische Wälder als Lebensraum für Amphibien und Reptilien. – Landbuch Verlag, Hannover, 150 S.

HEPPER, F. N. & F. NEATE (1971): Plant Collectors in West Africa. – Regnum Vegetabile, 74 S.

HERMANS, J., U. EGGLI, D. J. SUPTHUT & I. THEISEN (1998): Mehr als nur Vanille: Sukkulente Orchideen in Madagaskar. Die Sukkulentenwelt, Zürich, 41 S.

HEWITT, T. (2004): Alles über Kakteen und andere Sukkulenten. Kultur, Pflege, Vermehrung. – Dorling Kindersley Verlag, München, 176 S.

HIBBERT, M. (2004): Aussie Plant Finder. – Florilegium, Glebe (NSW), 448 S.

HILGENHOF, R. (1996): Bau eines Paludariums unter besonderer Berücksichtigung der gemeinsamen Haltung arboricoler Echsen und kleiner Wasserschildkrötenarten. – Sauria 18(3): 17–27.

HILL, J. & G. GOODSHIP (1998): African violets. The complete guide. – The Crowwood press, Ramsburry, 124 S.

HOFFMANN, P. (2002): Dischidien für das Terrarium. – Amphibia 2: 32–34.

HOFFMANN, W. (1978): Sukkulenten. Mittagsblumen, Lebende Steine, Wolfsmilchgewächse u. a. – Falken Verlag, Niedernhausen, 64 S.

HORST, K. (1986): Pflanzen im Aquarium. – Ulmer Verlag, Stuttgart, 181 S.

HOSHIKAZI, B. J. & MORAN R. C. (2001): Fern Grower‘s Manual. – Timber Press, Portland 604 S.

HUECK, K. (1966): Die Wälder Südamerikas. – Gustav Fischer Verlag, Stuttgart, 422 S.

HUMBERT, H. (1939/41): Flore de Madagascar. – Imprimé officielle, Antananarivo. 2 Bände.

HUNTLEY, B. J., R. M. COWLING & D. M. RICHARDSON (1997): Vegetation of Southern Africa. Cambridge – Univ. press, Cambridge, New York, Melbourne, Madrid, Cape Town, 615 S.

INGRAM, G. J. & R. J. RAVEN (1991): An atlas of Queensland's frogs, reptiles, birds and mammals. – Brisbane Queensland Mus., Brisbane, 391 S.

Irish, M. & G. Irish (2000): Agaves, Yuccas and Related Plants. A Gardener's Guide. – Timber Press, Portland, 312 S.

Isley, P. T. (1987): *Tillandsia*. The World's most unusual Airplants. – Botanical press, Gardena, California, 256 S.

Jaarsveld, E. van, B.-E. van Wyk, G. Smith & E. Brodley (2000): Succulents of South Africa. A guide to the regional diversity. – Tafelberg publ., Cape Town, 144 S.

Jacobsen, N. (1992): Die Kultur einiger schwieriger *Cryptocoryne*-Arten in Buchenlauberde. – Aqua-Planta 17(1): 18–25.

Jahn, J. (1974): Das Freilandterrarium. Eine Anleitung zum Bau, zur Einrichtung und Pflege. – Lehrmeister Bücherei, Minden, 64 S.

Jahns, H. M. (1980): Farne, Moose, Flechten Mittel-, Nord- und Westeuropas. – BLV-Bestimmungsbuch, München, Wien & Zürich, 256 S.

Jehmlich, H. & M. Manke (1989): Farne. Pflanzen für das Heim. – Verlag für die Frau, Leipzig, 128 S.

Jelitto, L., W. Schacht & H. Simon (2002): Freiland-Schmuckstauden. Handbuch und Lexikon der winterharten Freilandstauden. – Ulmer Verlag, Stuttgart, 484 S.

Johnson, P. N. (1989): Wetland Plants in New Zealand. – DSIR, Wellington, 319 S.

Jones, D. L. (1995): Palms throughout the world. – Royal Botanic Garden, Kew, 410 S.

Kaletta, K.-H. & D. L. Schulz (1989): Bromelien. Pflanzen für das Heim. – Verlag für die Frau, Leipzig, 128 S.

Kasselmann, C. (1995): Aquarienpflanzen. – Ulmer Verlag, Stuttgart, 472 S.

Kawollek, W. (1992): Tillandsien – Arten und Kultur. – Naturbuch Verlag, Ausgsburg, 112 S.

Keith, D. A. (2004): Ocean shores to desert dunes: the native vegetation of New South Wales and the ACT. – Dept of Environment and Conservation (NSW), 353 S.

Kenneally, K. F., D. C. Edinger & T. Willing (1996): Broom and beyond. Plants and people of the Dampier Peninsula, Kimberley, Western Australia. – Dept. of Conservation and Land Managemend, Como (WA), 256 S.

Klingenstein, F., M. von den Driesch & W. Lobin (2002): Pflanzensammlungen in Deutschland, Österreich und der Schweiz. Ein erstes Verzeichnis bedeutender Lebendsammlungen. – Bundesamt für Naturschutz, Bonn, 156 S.

Klock, P. (1996): Das große Buch der Passionsblumen. – Lagerstoemia Verlag, Hamburg, 271 S.

Knapp, R. (1973): Die Vegetation von Afrika. – Fischer Verlag, Stuttgart, 626 S.

Koechlin, J., J.-L. Guillaumet & P. Morat (1997): Flore et Végétation de Madagascar. – Gantner Verlag, Vaduz, 687 S.

Köhlein, F. (1984): Freilandsukkulenten. Ulmer Verlag, Stuttgart, 287 S.

– (2005): Freilandsukkulenten. Hauswurz, Fetthenne & Co. – Ulmer Verlag, Stuttgart, 190 S.

Köhler, G. (1996): Krankheiten der Reptilien und Amphibien. Ulmer Verlag, Stuttgart, 168 S.

Krabbe-Paulduro, U. & E. Paulduro (1991): Bodengrund im Terrarium – einmal ganz anders. – Sauria 13(4): 15–18.

Krausch, H.-D. (1996): Farbatlas Wasser- und Uferpflanzen. – Ulmer Verlag, Stuttgart, 315 S.

Kümmel, F. & K. Klügling (1987): Winterharte Kakteen. – Neumann Neudamm Verlag, Melsungen, 215 S.

Kurata, S. (1976): *Nepenthes* of Mount Kinabalu. – Sabah National Parks Trustees, Kota Kinabalu, Malaysia, 80 S.

Kürschner, H., T. Raus & J. Venter (1995): Pflanzen der Türkei. Ägäis – Taurus – Inneranatolien. – Quelle & Meyer Verlag, Wiesbaden, 484 S.

Längst, S. (1992): Blumen & Garten. Pflanzen für den Wassergarten. – Mosaik Verlag, München, 160 S.

Lauber, K. (2001): Flora Helvetica. – Haupt Verlag, Bern, 1615 S.

LAVARACK, B. & B. GRAY (1992): Australian tropical Orchids. – Frith & Frith Books, Malanda (QU), 70 S.

LEME, E. M. C. & L. C. MARIGO (1993): Bromeliads of the Brazilian wilderness. – Marigo Comunicação Visual, Rio de Janeiro, 183 S.

LEYHE, U. (2003): Gräser und Farne. Die schönsten Arten und Sorten. Auswählen, gestalten, Pflege. – BLV Verlagsgesellschaft, München, 95 S.

LLAMAS, K. A. (2003): Tropical Flowering Plants. A Guide to Identification and Cultivation. – Timber Press, Portland, 424 S.

LOETSCHERT, W. (1995): Palmen. Botanik, Kultur, Nutzung. – Ulmer Verlag, Stuttgart, 159 S.

LÖTTERS, S., K.-H. JUNGFER, F. W. HENKEL & W. SCHMIDT (2007): Pfeilgiftfrösche. Biologie, Haltung, Arten. – Edition Chimaira, Frankfurt a. M., 668 S.

MAATSCH, R. (1980): Das Buch der Freilandfarne. – Verlag Paul Parey, Berlin, 196 S.

MACMAHON, J. A. (1998): National Audubon Society Nature Guides. Deserts. – Alfred A. Knopf Inc., New York, 638 S.

MANKE, E. (2002): Palmen und Zimmerbäume. Standort, Pflege, Vermehrung. – BLV Verlagsgesellschaft, München, 95 S.

MANSFELD, P. A. (2013): Die Gattung *Sansevieria*. Alle Arten und ihre Pflege. Books on demand, Norderstedt, 144 S.

MCMAKIN, P. D. (1988): A Field Guide to the Flowering Plants of Thailand. – White Lotus publ., Bangkok, 224 S.

MENZEL, P. & I. MENZEL (1988): Das Kletterpflanzenbuch. – Ulmer Verlag, Stuttgart, 228 S.

METCALF, L. (2004): Ferns of New Zealand. A photographic guide. – New Holland publ., Auckland, 132 S.

MEUSEL, W. (1977): Vivarienbepflanzung. – Urania-Verlag, Leipzig, Jena, Berlin, 59 S.

MIN, B. C., K. OMAR-HOR & O.-L. LIN (2003): 1001 Garden Plants in Singapore. – National Parks Board, Singapore, 501 S.

MINCH, M. (2006): Freilandanlagen für Schildkröten. – Edition Chimaira, Frankfurt a. M., 158 S.

MITCHELL, A. A. & D. G. WILCOX (1988): Arid Shrublands Plants of Western Australia. Univ. of Western Australia Press, Nedlands, 325 S.

MIYAWAKI, A. (1988): A general survey of Japanese vegetation. Contribution to the knowledge of flora and vegetation of Japan. – Veröffentl. Geobot. Inst. ETH Zürich. 98: 74–99.

–, S. OKUDA & R. MOCHIZUKI (1983): Handbuch der japanischen Vegetation [in japanisch mit lat. Pflanzennamen]. Tokyo.

MÜLLER, V. & W. SCHMIDT (2002): Schildkröten im Gartenteich. – Natur und Tier - Verlag, Münster, 112 S.

MUNZ, P. A. (1962): California Desert Wildflowers. – Univ. of California Press, Berkeley, Los Angeles, London, 122 S.

MURAKAMI, Y. & A. MIYAWAKI (1995): Heliophilic mantle communities in Japan. – Phytocoenologia 25: 107–152.

NICHOLSON, H. & N. NICHOLSON (1992): Australian Rainforest Plants. – Terania Rainforest Publ., Channon (NSW). Band 1–6.

NIERING, W. A. (1998): Wetlands. National Audubon Society nature guides. – Alfred A. Knopf, Inc., New York, 638 S.

NIETZKE, G. (1969): Die Terrarientiere. Band 2. – Ulmer Verlag, Stuttgart, 344 S.

– (2002): Die Terrarientiere. Band 3. Krokodile und Schlangen. – Ulmer Verlag, Stuttgart, 374 S.

OESER, R. (1966): Propagation of Tillandsias from Seed. – Bromeliad Society Journal 16: 8–12.

ONDRA, N. J. & S. HOLT (2003): Gräser im Garten. – Callwey Verlag, München, 144 S.

OUDSHOORN, W. (1986): Farne für Haus und Garten. – Ulmer Verlag, Stuttgart, 123 S.

PAFFRATH, K. (1979): Bestimmung und Pflege von Aquarienpflanzen. – Landbuch Verlag, Hannover, 202 S.

PEARSON, A. & S. PEARSON (1992): Rainforest Plants of Eastern Australia. – Kangroo Press, Kenthurst (NSW), 224 S.

PERL, P. & R. CHRIST (1979): Farne. – Time-Life

International (Nederland) B.V., 158 S.
Pérrier de la Bâthie, M. H. (1921): La Végatation de Malgache. – Annales du Musée Colonial de Marseille, 268 S.
Phillips, D. C. (1988): Wildflowers of Bahrain: A Field Guide to Herbs, Shrubs, and Trees. – Published privately, Manama, Bahrain, 206 S.
Piggott, A. G. (1988): Ferns of Malaysia in Colour. – Tropical press, Kuala Lumpur, 458 S.
Polunin, I. (1988): Plants and Flowers of Malaysia. – Times Editions, Singapore, 159 S.
Polunin, O. (1980): Flowers of Greece and the Balkans. A Field Guide. – Oxford Univ. Press, Oxford, New York, Toronto, 659 S.
Pooley, E. (2005): A Field Guide to Wild Flowers KwaZulu-Natal and the Eastern Region. – Natal Flora Publ. Trust, Durban, 630 S.
Preston-Mafham, K. (1991): Madagascar. A natural History. – Facts on File, Oxford, New York, 224 S.
Rauh, W. (1973): Über die Zonierung & Differenzierung der Vegetation Madagaskars. Tropische und subtropische Pflanzenwelt. – Akademie der Wissenschaft und der Literatur, Mainz, 146 S.
– (1990): Bromelien. Tillandsien und andere, kulturwürdige Bromelien. – Ulmer Verlag, Stuttgart, 458 S.
– (1995): Succulent and xerophytic Plants of Madagascar. Vol I. – Strawberry Press, Mill Valley (CA), 343 S.
Rauh, W. (1998): Succulent and xerophytic Plants of Madagascar. Vol II. – Strawberry Press, 385 S.
Recht, C., M. F. Wetterwald & W. Simon (1994): Bambus. – Ulmer Verlag, Stuttgart: 164 S.
Richter, M. (2001): Vegetationszonen der Erde. – Klett-Perthes-Verlag, Gotha & Stuttgart, 448 S.
Richter, W. (1978): Zimmerpflanzen von heute und morgen: Bromeliaceen. – Neumann-Neudamm Verlag, Melsungen, 384 S.
Riffle, R. L. & P. Craft (2003): Encyclopedia of Cultivated Palms. – Timber Press, Portland, 528 S.
Rinth, R. E. (1980): The Peninsular Malayan Species of *Dischidia*. – Blumea 26(1), 81–126.
Roberts, N. C. (1989): Baja California Plant Field Guide. – Natural History Publisching Company, La Jolla (CA), 309 S.
Romanowski, N. (1998): Aquatic and Wetland Plants. A Field Guide for Non-Tropical Australia. – Univ. of New South Wales Press, 116 S.
Röth, J. (1991): Tillandsien. Blüten der Lüfte. – Neumann Verlag, Radebeul, 216 S.
Rothmaler, W., E. J. Jäger & K. Werner (2000): Exkursionsflora von Deutschland. – Gustav Fischer Verlag, Heidelberg & Berlin, 4 Bände
Rücker, K. (1998): Die Pflanzen im Haus. Ein Handbuch für die erfolgreiche Pflege aller Zimmerpflanzen. – Ulmer Verlag, Stuttgart: 482 S.
Sainty, G. R. & S. W. L. Jacobs (1994): Waterplants in Australia. – Sainty & Associates, Darlinghurst, 327 S.
Sauer, K. (1989): Richtige Aquarien- und Terrarienbeleuchtung. – Engelbert Pfriem Verlag, 172 S.
–, B. Steck, H. Schuchart & H.-G. Horn (2004): Praxis Ratgeber Vivarienbeleuchtung. Das richtige Licht in Aquarium und Terrarium. – Edition Chimaira, Frankfurt, 287 S.
Schenk, G. (1997): Moss Gardening. Including Lichens, Liverworts and other Miniatures. – Timber Press, Portland, 261 S.
Schlüter, U. (2003): Die Langschwanzeidechsen der Gattung *Takydromus*. Pflege, Zucht und Lebensweise. – Kirschner & Seufer Verlag, Keltern-Weiler, 110 S.
Schmeil, O. & J. Fitschen (1993): Flora von Deutschland und angrenzender Länder. – Quelle & Meyer, Heidelberg, Wiesbaden, 802 S.
–, –, K. Senghas & S. Seibod (2003): Flora von Deutschland und angrenzender Gebiete. – Quelle & Meyer Verlag, Wiesbaden, 864 S.
Schmidt, D. (2002): Faszination Giftschlangen. Pro und Contra Terrarienhaltung. – DRACO 12: 4–24.
Schmidt, W. (1963): Vegetationskundliche Untersuchungen am Savannen-Reservat Lamto (Elfenbeinküste). – Vegetatio 28: 145–200.

Schneckenburger, S. (1989): Von Iguazu bis Feuerland. – Palmgarten Sonderheft 13, Frankfurt a. M., 73 S.

Schneider, F. (1979): Die Pflanzen des Terrariums. – Albrecht Philler Verlag, Minden, 112 S.

Schreitmüller, W. (1938): Terrarienpflanzen. Deutscher Almanach für Aquarien- und Terrarienfreunde. – Verlag „Das Aquarium", Berlin: 70–104.

Schuster E. (2000): Sumpf- und Wasserpflanzen. – Blackwell Wissenschafts Verlag, 248 S.

Schütt, P., H. Weisgerber & H.-J. Schucck (1994): Bäume der Tropen. – Nikool Verlag, Hamburg, 688 S.

Schwarz, B. & W. Schwarz (2001): Bromelien, Orchideen und Farne im Tropenterrarium. Terrarien Bibliothek, Natur und Tier - Verlag, Münster, 127 S.

Seçmen, Ö & E. Leblebici (1984): Aquatic flora of Western Anatolia. – Willdenowia 14: 165–177.

Seibert, P. (1996): Farbatlas Südamerika. Landschaften und Vegetation. – Ulmer Verlag, Stuttgart: 288 S.

Sfikas, G. (1998): Wild flowers of Cyprus. –Efstathiadis Group, Athen, 320 S.

Sinclair, V. (1998): The Floral Charm of Cyprus. – Interworld publ., New Barnet. 207 S.

Singh, M. (1994): Succulent Euphorbias of India. – New Delhi, 72 S.

(2002): Succulent plants of India. An Indroduction. – New Delhi, 65 S.

So, M. L. (1994): Common Ferns of the Philippines. – College of Arts and Sciences, Trinity College, Quezon City, Philippines, 105 S.

Sparrow, J. & G. Hanly (2002): Subtropical Plants. A practical gardening guide. – Timber Press, Portland, 176 S.

Speichert, G. & S. Speichert (2004): Encyclopedia of Water Garden Plants. – Timber Press, Portland, 386 S.

Stadelmann, P. (1992): Der Bach im Garten. – Gräfe & Unzer Verlag, München, 63 S.

Steens, A. (2003): Bromeliads for the Contemporary Garden. – Timber Press, Portland: 198 S.

Stephens, K. M. & R. M. Dowling (2002): Wetland Plants of Queensland: A Field Guide. – CSIRO, Collingwood (Vic), 160 S.

Stettler, P. H. (1978): Handbuch der Terrarienkunde. – Kosmos Verlag (Lizenzausgabe 2002 erschienen im Bechtermünz Verlag), 228 S.

Stewart, J. M. (1993): Colorado Desert Wildflowers. A Guide to Flowering Plants of the Low Desert, including the Coachella Valley, Anza-Borrego Desert, and Properties of Joshua Tree National Monument. – Cachuma Press, Los Olivos (CA), 120 S.

– (1998): Mojave Desert Wildflowers. A Field Guide to High Desert Wildflowers of California, Nevada, and Arizona. – Jon Stewart Photography, Albuquerque (NM), 210 S.

Supthut, D. & B. Akeret (2000): Die Heimat der Sukkulenten. Die Sukkulentenwelt 5, Zürich: 11–19.

– & U. Eggli (1994): Madagaskar – Ein Sukkulentenparadies am Verschwinden. – Mitt. Städt. Sukk.-Sammlung Zürich, Nr. 52.

Sutton, A. & M. Sutton (1998): Eastern Forests. – National Autubon Society nature guides, Alfred A. Knopf, Inc., New York, 639 S.

Tam, N. F. Y. & W. Yuk-Shan (2000): Field Guide to Hong Kong Mangroves. – City University of Hong Kong Press, Hong Kong, 88 S.

Tebbitt, M. C. (2005): Begonias. – Timber Press, Portland, 272 S.

Toogood, A. (2000): Handbuch der Pflanzen Vermehrung. Pflanzenvermehrung leicht gemacht. – Ulmer Verlag, Stuttgart, 319 S.

Towe, L. C. (2004): American Azaleas. – Timber Press, Portland, 188 S.

Trutnau, L. (1998): Schlangen im Terrarium. Band 2, Giftschlangen. – Ulmer Verlag, Stuttgart, 367 S.

Tylor, R. J. (1998): Desert Wildflowers of North America. – Mountain Press Publ., Missoula (MT), 349 S.

Uhlig, M. (2005): Kakteen & andere Sukkulenten. Schritt für Schritt zu prachtvollen Pflanzen. – Gräfe & Unzer Verlag, München, 128 S.

ULMER, T. & B. ULMER (1997): Passionsblumen. – Druck- & Verlagscooperative 85, 128 S.

UNGER, G. (1992): Die großen Kugelkakteen Nordamerikas. – G. Unger, Leibnitz, 465 S.

URBAN, A. (2001): Wildflowers & Plants of Inland Australia. – Paul Fitzsimons, Alice Springs (NT), 239 S.

VAN DE VELDE, S. (1998): Das Wasserpflanzenbuch. 158 Aquariumpflanzen, 174 Teichpflanzen. – v.d. Velde BV, 142 S.

WALLS, J. G. (2000): The Guide to Plants for the Reptile Terrarium. – t.f.h. publ. inc., Neptune City, 64 S.

WALTER, H. & S.-W. BRECKLE (1999): Vegetation und Klimazonen. – Ulmer Verlag, Stuttgart, 544 S.

Terrarium (120 x 140 x 150 cm) für Trauerwarane (*Varanus tristis*). Bepflanzt mit einer Schwarzholz-Akazie (*Acacia melanoxylon*). Beleuchtung: zwei 18-W-Leuchtstoffröhre (T5), ein 70-W- und ein 250-W-HQI-Strahler. Der künstliche Termitenhügel besteht aus einem Styroporzylinder, der mit eingefärbtem Beton überzogen wurde. Um eine naturnahe Oberflächenstruktur zu erzielen, wurden im letzten Arbeitsschritt walnussgroße, feuchte Mörtelstücke auf den Hügel geworfen und nach dem Abbinden des Zements überschüssiges Material mittels einer Drahtbürsten entfernt.

WANKE, D. & S. WANKE (1994): Brasilien – der *Echinodorus*-Arten wegen! – D. Aqu. u. Terr. Z. (DATZ) 47(9): 594–598.

WHEELER, J. R., B. L. RYE, B. L. KOCH & A. J. G. WILSON (1992): Flora of the Kimberley Region. – Dept. of Conservation and Land Managemend, Como (WA), 1327 S.

WHITHEY, S. (1998): Western Forests. National Audubon Society nature guides. – Alfred A. Knopf, Inc., New York, 670 S.

WILMS, T. (2005): Terrarieneinrichtung. Grundlagen, Materialien, Methoden. – Natur und Tier - Verlag, Münster, 128 S.

– & H. WERNING (2002): Wüsten – kaltes Land unter heißer Sonne. Überlebensstrategien Wüsten bewohnender Amphibien und Reptilien. – DRACO 10: 4–25.

WRIGLEY, J. W. & M. FAGG (2003): Australian native Plants. Cultivation, Use in Landscaping and Propagation. – Reed New Holland Publ., Sydney, Auckland, London, Cape Town, 696 S.

WYK, A.-E. VAN & G. F. SMITH (2001): Regions of Floristic Endemism in Southern Africa. A Review with Emphasis on Succulents. – Umdaus press, Hatfield, 198 S.

YOUNG, J. & C. YOUNG (1986): Collecting, Processing, and Germinating Seeds of Wildland Plants. – Timber Press, Portland, 236 S.

ZACHOS, E. (2005): Tempting Tropicals: 175 Irresistible Indoor Plants. – Timber Press, Portland, 364 S.

ZIMMER, K., A. WENN A. & A. TIEDTKE-CREDE (1986): Bromelien. Botanik und Anzucht ausgewählter Arten. – Parey Verlag, Stuttgart, 168 S.

ZINKERNAGEL, G. (1993): Schöne Ziergräser. – Ulmer Verlag, Stuttgart, 95 S.

ZOHARY, M. (1973): Geobotanical foundations of the Middle East. – Gustav Fischer Verlag, Stuttgart, 2 Bände.

21. Index

Dornwaldterrarium (60 x 60 x 140 cm) für Taggeckos (*Phelsuma standingi*). Bepflanzt mit madagassischen Sukkulenten (*Alluaudia comosa*, *Euphorbia milii*). Beleuchtung: 150-W-HQI-Strahler, 12x1-W-LED, zwei 15-W-Leuchstoffröhren T8, Tageslicht durch Fenster neben dem Terrarium

Aquaterrarium (200 x 75 x 120 cm) für Pfeilgiftfrösche (*Dendrobates* spp.) und südamerikanische Fische. Bepflanzt mit Bromelien, Orchideen, Moosfarnen (*Selaginella* spp.), Kletter- und Wasserpflanzen. Beleuchtung: sechs 70-W-HQI-Strahler. Rückwand und Epiphytenäste aus Polyurethan-Hartschaum, beschichtet mit lebensmittelechtem Epoxidharz. Auf das noch flüssige Harz wurde Korkpulver gestreut. Dieser Untergrund eignet sich für epiphytische Orchideen, die regelmäßig blühen.

22. Symbollegende

Lichtbedarf, Beleuchtung

☼ sehr hell, ○ hell
◗ halbschattig, ● schattig

Lebensweise

♈ Bodenpflanze
⇝ kriechende Pflanze
⥉ Kletterpflanze
⌇ Hänger, Ampelpflanze
🌴 Palme
♉ Epiphyt

Terrarium für Hundskopf-Boas (*Corallus caninus*) im Zoo Leipzig. Bepflanzt mit diversen Bromelien, epiphytischen Kakteen (*Rhipsalis* sp.), *Spathiphyllum wallisii* „Sensation" und *Ctenanthe burle-marxii* „Amagris"

Feuchtigkeitsbedarf

≈ Sumpf- oder Wasserpflanze
≋ hohe Luftfeuchtigkeit, häufig sprühen, eventuell Ultraschallverneber installieren
☂ hoher Wasserbedarf
☁ mäßiger Wasserbedarf, eventuell Trockenperiode nötig
🌵 geringer Wasserbedarf, eventuell Trockenperiode nötig, mehrheitlich sukkulente Pflanzen

Verfügbarkeit

I leicht erhältlich, Standardsortiment
I_G leicht erhältlich im Gartencenter
II mäßig schwierig erhältlich, oft in Spezialgärtnereien zu finden.
II_A Aquarienpflanzenhandel
II_S aus Samen ziehen
III schwierig erhältlich, z. B. in botanischen Gärten

Eignung, Besonderheiten

k für Kleinterrarien geeignet
G für Großterrarien geeignet
♥ Kultur einfach, für Anfänger geeignet
! Kultur schwierig, Spezialliteratur lesen
☠ Giftpflanze; nicht in Terrarien mit pflanzenfressenden Tieren verwenden.
🕷 anfällig für Schädlinge
m myrmecophil: Pflanze lebt in der Natur mit Ameisen zusammen. Manche Arten sind anfällig für Blatt- und Schildläuse, wenn sie ohne Ameisen kultiviert werden.
c carnivor: fleichfressende Pflanze. Nicht mit kleinen Tieren vergesellschaften.
N Blüten produzieren Nektar. Vorsicht bei Tieren mit Haftlamellen (Geckos, *Anolis*).
✻ kühle Überwinterung
❄ in Mitteleuropa winterhart, bei Sukkulenten im Winter ev. Nässeschutz erforderlich.